スーパーエリート問題集
さんすう 小学1年

スペシャルふろく

どんぐり方式
おもしろ文章題
えかきざん

糸山 泰造 著

文英堂

スペシャルふろく

どんぐり方式
おもしろ文章題
えかきざん

糸山 泰造 著

文英堂

すべての のびゆく子供たちの ために

▰ 気になる子供たち
　～満点落ちこぼれ現象～

　私は，大手進学塾で，中学受験・高校受験をする子供たちを数多く指導していたときに，たくさんの気になる子供たちを目にしてきました。

　小学校低学年の頃は満点ばかり取っていたのに，小学校高学年や中1の3学期頃になって，急に成績不振になる子供たちです。「計算はできるんですが文章問題が…」「基本はできるんですが応用が…」という前触れも共通していました。

　私は，この現象を「満点落ちこぼれ現象」と呼んでいます。原因は低学年のときにオリジナルの思考回路を作っていなかったことだと考えています。**自力で考えること（絶対学力の育成）**をしないで，暗記，計算，解法を覚えるというパターン学習で点数を取っていた子供たちです。

🐻 気になる子供たちの特徴

ちょっと複雑な文章問題を見て…

① 「わかんない」「習ってない」と言って，問題文を読もうともしない。
② 文脈を無視して，書いてある数字を使い，でたらめな計算をする。
③ 考えずに「たすの？ひくの？」と聞く。
④ 様々な計算をして，偶然答えが出るまで，何度も計算を続ける。
⑤ 頭の中だけで考え，文章を追えないと「難しい」と言ってあきらめる。
⑥ 面倒がって，意味もなく先を急ぐ。また，考えれば分かるのに，あきらめる。

　このような症状が出ている場合は，これまでの学習方法を一時休止し，本書のどんぐり方式を参考に，**「自分の頭で考え抜く」**という学習スタイルを取り入れられることをお勧めします。

　なかには，文章通りの絵図が描けるようになるまでに，6カ月以上かかる子もいますが，必ず描けるようになりますので急がさないでください。

▰ 誰もが，楽しく入試問題も
　解けるようになる

　さて，次に紹介する解答例は，私の主宰する「どんぐり倶楽部」で，中学や高校の入試問題をキャラクターだけ変えて出題し，受験勉強を一切したことがない小学生が，どんぐり方式（もちろんノーヒント）で解いたものです。

＜2006灘中・算数（1日目）③の改題＞
小5/どんぐり歴3年

田舎の一軒家に住んでいるケロ子さんの所から，一番近いバッ太くんのお家までは10kmあります。あるとき学校の用事で，ケロ子さんは自分の家からバッ太くんの家へ1時間で4km進む速さで歩きます。でも，今日は暑くて暑くて途中で何度もお休みをしなければ倒れてしまいそうだったので，30分歩いたら5分お休みしながら行くことにしました。一方，バッ太くんは1時間で12kmも進むことが出来るバッタボードに乗って自分の家からケロ子さんの家へ行き，ケロ子さんの家のチャイムを押して直ぐに自分の家に戻る「行って来い競争」をしていました。では，ケロ子さんとバッ太くんが，同時に家を出たとすると，バッ太くんがケロ子さんの家でチャイムを鳴らして戻ってくるときにケロ子さんを追い越すのはケロ子さんが家を出てから何分後でしょうか？また，その追い越した場所（地点）はケロ子さんの家から何kmの所になるでしょうか。

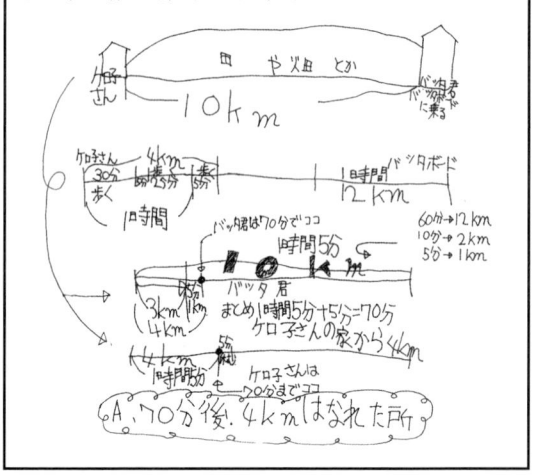

　これが，どんぐり方式で良質の算数文章問題を解いていると，自然に育つ力の一つです。

　このようなことは珍しいことではありません。無駄な学習をさせずに，子供の成長に合ったタイミングで，正しい手法を使って思考力養成をすれば，誰もが同じように育ちます。

　本書の問題は，「どんぐり倶楽部」の「良質の算数文章問題」年長～小6の700題から抜粋改訂し，若干の新作を加えたものです。

どんぐり方式 解き方のルール

1 問題文を読むのは1回だけ

最初は1行読んで（あげて）絵図を描くのがいいでしょう。それでも，何度も読むようであれば，1日で1行分だけ描くのでも結構です。重要なのは1回しか読まない，ということです。「何度も読みましょう」ではなく，「1回だけしか読めないんだよ」です。

また，読んでもらった方が楽しくできる場合は読んであげてください。

2 見えるように（具体的に）描く

「見やすさ」よりも「楽しさ」が大事です。**子供の自由な発想を一緒に楽しんでください。**もちろん，**問題文を絵図にした後は，その絵図だけで考えます。**簡潔な記号のような絵図ではなく，生き生きとした絵図が思考力養成には効果的です。

絵図の中には**文章での説明を入れないこと**と，問題文の中で数を確定できない場合，その部分を**オリジナルの絵図でどう描き起こすか**が，とても重要なポイントになります。

3 ヒント厳禁

語句の説明以外のヒントは厳禁です。白紙から生み出す**自力で描いた絵図**を使うことで，**100%の自信とオリジナリティー**が本当の学力を育てます。ただし，**知らない語句についての説明**だけは丁寧にしてください。

4 消しゴムは使わない

間違った場合でも，絵図は残しておいてください。考え方がわかります。

5 わかっても絵図を描く

頭の中で分かっても，答えが分かるように（見えるように）絵図を描いてください。

6 答えが出たら（見えたら）計算して確認する

絵図そのもので答えを出すことが大事です。計算は確認程度にしてください。**計算式がわからなくても，絵図で答えが出ていればOKです。**計算式を書かせるのは，**本人が書きたいという場合**だけにしてください。また，十分な思考回路が育っていない時期から，計算式を書かせていると「式が思いつかないから解けない」という"立式病"にかかってしまう場合があります。さらに，「10の補数と九九」以外の暗算は厳禁です。計算は，必ず筆算を使ってください。

7 答えは単位に注意して式とは別に書き出す

筆算や計算式に単位が不要でも答えには必要です。指定されている単位を確認しましょう。

8 「わからん帳」を作る

できなかった問題はコピーし，ノート（どんぐり倶楽部ではこれを「わからん帳」といいます）に貼り付け，**間をおいて再挑戦**することをお勧めします。長期休みに消化するのがベストです。「わからん帳」は最終的に，お子さんの弱点だけが具体例付きで集まっている**世界で唯一の最も効果的な問題集・参考書**になります。

キーワードは
ゆっくり ジックリ 丁寧に

　子供が本来持っている力を稼働させるために，親が出来ることは，ただ，ゆったりと「待つこと」です。最初の一歩が待てないばかりに，いつまで経ってもヒントを待ち，教えられたことしかできない頭を育ててしまっては「もったいない限り」です。

　学習方法は簡単です。特別な知識も不要です。親御さんが，お子さんの隣で，違う問題を面白おかしく，子供よりちょっと下手な絵図を大きく「ゆっくり・ジックリ・丁寧に」描いて楽しんでいる姿を見せ続ければいいんです。
　「文章を絵にするだけでいいんだ」ということを，言葉の説明ではなく疑似体験させることで，最初の一歩が踏み出しやすくなるからです。

1週間に1問…これが効く！
問題を数多く解くことは，お勧めしません。

　数多く解こうとすると，速く終わらせようとしますので，せっかくの多様な思考回路の作成の時間を，単純な思考回路を強化する時間にしてしまう危険性があります。

　問題が解ければいい，あるいは，速く解けた方がいいというのは，**多種多様なオリジナルの思考回路作成を終えてからの学習方法です。低学年のときは，どれだけ多種多様なオリジナルの思考回路を作ることが出来るかが重要なことなので，問題を使ってどれだけ楽しみながら，寄り道・脇道・回り道ができるかが勝負なのです。**

　人間の頭には，楽しく工夫をしているとき，最も効果的に思考回路が作られます。どんぐり問題には，

・類推力を育てるために，イメージが膨らむ設定
・展開力を育てるために，ストーリー性のある文章
・感情再現力を育てるために，
　　　擬人化されたキャラクター
・判断力を育てるために，
　　　解くのには不要な数字や展開
などが仕組まれています。思考力養成にはこれら全てが必要なのです。

　擬人化にともなって，単位が（匹→人など）変わっている場合もありますが，訂正せずに楽しんで頂きたいと思います。

ナゼ，今，どんぐり？

　私たちの思考回路（考える力）はオリジナルの工夫をするときに産まれます。昔でしたら，遊びなど日常生活の中で，オリジナルの工夫をする機会がたくさんありました。
　ところが，現代は勉強でも遊びでも習い事でも日常生活でも応用の利く思考回路が自然に育つことは非常に難しくなっています。

　ですから，これからは，**思考回路そのものを作り育てる思考回路養成教材が必要なのです。**それが，今回の「どんぐり方式・おもしろ文章題　えかきざん」です。

　偶然を期待して，大量学習させる時代は終わりました。これからは**「視考力を活用した思考力養成」**で確実に，本当の考える力・絶対学力を育てるようにしてください。

※読解とは「文章を絵図化すること」ですので，「おもしろ文章題　えかきざん」は国語の読解力も育てます。

もくじ

1. もぐらの もぐもぐ —— 6
2. たいようさんと かみなりさんの かけっこ —— 7
3. うみと そら —— 8
4. かぜの うた —— 9
5. にじいろの ふうせん —— 10
6. 金ぎょさんの ゆめ —— 11
7. ねぼすけ あさがおさん —— 12
8. かみしばいの かえるくん —— 13
9. おばけの お花見 —— 14
10. きりんの うきわ —— 15
11. せみの おみせ —— 16
12. かめさんの わすれもの —— 17
13. のうさぎさんの れいぞうこ —— 18
14. シャックリー1ごうと シャックリー2ごう —— 19
15. ろうそく名人 —— 20
16. 大きな 口で わらう わに —— 21
17. げん気な げんごろう —— 22
18. とびうおが すきな びっくりばこ —— 23
19. べんきょうずきの ぺんぎんさん —— 24
20. ざせきの ざりがに —— 25
21. ずるすずめ, ひますずめ, あわてすずめ —— 26
22. ぎょうれつ ダンゴムシ —— 27
23. かっぱの あっぱくん —— 28
24. 車の タイヤ —— 29
25. あたたかい かぜの 出る せんぷうき —— 30
26. しっぽに てっぽう —— 31
27. かめさんと かえるさん —— 32
28. 空とぶ どんぐり —— 33
29. ヒカルぴょん —— 34
30. マッキーと ラッキー —— 35
31. みのむし小学校 —— 36
32. きょ大ハムハムと ふつうハムハム —— 37
33. フンコロガシ —— 38
34. カメむしはなこさんと おおカマキリこさん —— 39
35. テントウムシ小学校 —— 40
36. ミミズの ニョロ —— 41
37. ぜんこくたからさがしの 日 —— 42
38. アリンコ小学校の うんどうかい —— 43
39. ピョンピョン, バサバサ, パタパタ —— 44
40. マフラーと ハラマキ —— 45

1 もぐらの もぐもぐ

● こたえ→べっさつ正かいとうしゅう55ページ

　きょうは，もぐらの もぐもぐが かいものに いく 日です。となりの「なんでも やすいよ しょうてん」では，なんでも 1はこにつき 3円 やすくして うって くれます。もぐもぐは 1はこ 12円と かいてある ごちそうみみずを 3はこ かいました。なん円 はらえば いいでしょうか。もちろん，1はこにつき 3円 やすくしてくれますよ。

2 たいようさんと かみなりさんの かけっこ

● こたえ→べっさつ正かいとうしゅう55ページ

　たいようさんと かみなりさんが かけっこを しました。たいようさんは １日に ちきゅうを １しゅうしか まわれませんが かみなりさんは １日に ちきゅうを ７しゅうも まわることが できます。では，たいようさんが ちきゅうを ３しゅう したときに かみなりさんは ちきゅうを なんしゅう しているでしょう。

3 うみと そら

● こたえ→べっさつ正かいとうしゅう55ページ

　うみくんと そらくんは どっちが 青(あお)いか はなしを しています。うみくんは「ぼくは しんごうきの 青を 8こ つけたぶんくらい 青いよ。」と いいました。そらくんは「ぼくは，うみくんの 青さの はんぶんの 青さだね。」と いいました。それでは 2人の 青さを あわせると しんごうきの 青の なんこぶんの 青さに なるでしょうか。

4 かぜの うた

● こたえ→べっさつ正かいとうしゅう55ページ

　かぜの うたが きこえています。かぜの うたは 1日に 3かい きくことが できます。きのうまでに 6かい きくことが できました。では,きょうは かぜの うたを ききはじめてから なん日めでしょうか。

5 にじいろの ふうせん

● こたえ→べっさつ正かいとうしゅう55ページ

　にじいろの ふうせんを うっている おみせが あります。その ふうせんは はこの 中に 入っていて そとからは 見えません。でも，はこを 6こ かうと かならず 2こ 入っているそうです。では，6この にじいろの ふうせんを 手に 入れるには なんこの はこを かわなければ いけないでしょうか。

6 金ぎょさんの ゆめ

● こたえ→べっさつ正かいとうしゅう56ページ

　金ぎょさんは 1日に 5この ゆめを みることが できるそうです。ありさんは 1日に 3この ゆめしか みることが できません。では，1しゅうかんでは どちらが なんこ おおくの ゆめを みるでしょう。

7 ねぼすけ あさがおさん

● こたえ→べっさつ正かいとうしゅう56ページ

　ねぼすけの あさがおさんが きょうは 花(はな)を さかせるのを わすれてしまいました。それで, あしたは いつもより 4こ おおく 花を さかせる ことに しました。

　きのうは いつもより 2こ すくなくて 3この 花を さかせて いたと すると, あしたは, なんこの 花が さくのでしょう。

8 かみしばいの かえるくん

● こたえ→べっさつ正かいとうしゅう56ページ

　かみしばいの 中に すむ かえるくんは よるになると かみしばいの 中の おうちから とび出して おにわで 水あびを します。ところが ある日 かえるくんは じぶんの おうちが わからなく なりました。かみしばいは みんなで 20まいです。まえから 6まいめまでと，うしろから 5まいめまでには かえるくんの おうちは ありません。のこりの ちょうど まん中に かえるくんの おうちが あると すると，かえるくんの おうちは まえから なんまいめ だったのでしょう。

9 おばけの お花見

● こたえ→べっさつ正かいとうしゅう56ページ

　おばけの お花見は にぎやかです。とくに うすぐらい ところに たくさんの さくらの 花が さいていると 大さわぎして たのしみます。きのうの お花見より きょうの お花見に きている おばけは 2人も おおくて 10人です。では，きのうと きょうの 人ずうを たすと みんなで なん人に なるでしょう。

10 きりんの うきわ

● こたえ→べっさつ正かいとうしゅう56ページ

　きりんの うきわを うっている おみせが あります。この うきわは ちょっと たかいのですが，きょうは かいてんいわいで 1こにつき 100円 やすくして うってくれます。おなじ うきわを 4こ かったら 2264円でした。では，おみせの 人は みんなでは なん円 やすくして くれたのでしょう。

11 せみの おみせ

● こたえ→べっさつ正かいとうしゅう57ページ

　せみの おみせには いろんな いろに ぬられた ぬけがらが たくさん おいてあります。ひとつも おなじ いろが ないそうです。きのうは その まえの 日より 3つ ふえていて,きょうは きのうより 6つ ふえていました。きのうの かずが 5つだったとすると,きのうの まえの 日の かずと きょうの かずの ちがいは いくつでしょう。

12 かめさんの わすれもの

● こたえ→べっさつ正かいとうしゅう57ページ

　のはらで のんびり おひるねしている かめさんが とつぜん わすれものを おもいだして はしりだしました。でも，かめさんは どんなに はやく はしっても とけいの ながい はりが 1しゅう する あいだに 3ぽしか あるけません。では かめさんが 12ほ あるく あいだに とけいの ながい はりは なんしゅう まわることに なるでしょうか。

13 のうさぎさんの れいぞうこ

● こたえ→べっさつ正かいとうしゅう57ページ

のうさぎさんの れいぞうこの 中(なか)に きのうの よるまで にんじんが 17本(ほん) ありました。ところが,きょうは 5本しか ありません。だれかが よるの うちに たべて しまったようです。では,にんじんを たべた うさぎが 3わで,3わとも おなじ かずの にんじんを たべたとすると,1わにつき なん本の にんじんを たべたことに なるでしょうか。

14 シャックリー1ごうと シャックリー2ごう

● こたえ→べっさつ正かいとうしゅう57ページ

　あるく はやさは おなじなのに 6ぽ あるくごとに 1かいの シャックリを する ニワトリの シャックリー1ごうと, 3ぽ あるくごとに 2かいの シャックリを する シャックリー2ごうが, いっしょに ミミズばたけに 出かけました。1ごうと 2ごうの シャックリが あわせて 30かいに なったときに はたけに ついたとすると, 1ごうと 2ごうは, それぞれ なんぽずつ あるいたことに なるでしょうか?

15 ろうそく名人

● こたえ→べっさつ正かいとうしゅう57ページ

　1本ずつ いろが ちがう すてきな ろうそくを つくっている ろうそく名人の おみせが あります。かいてんまえに おみせには 12本の ろうそくが あります。きょうは,あたらしく 3本の ろうそくを つくりました。そして,ごぜんと ごごで 2本ずつ うれたそうです。あすの かいてんまでに 3本の あたらしい いろの ろうそくを つくるとすると,あしたは なん本の ろうそくを おみせに ならべることが できるでしょうか。

16 大きな 口で わらう わに

● こたえ→べっさつ正かいとうしゅう58ページ

　20本の はが ある 大きな 口の わにを よく見ると，上の はに 4本の 虫ばが 見えました。また，よく見ると，下の はにも おなじ かずの 虫ばが ありました。では，虫ばに なっていない はは みんなで なん本 ありますか。

17 げん気な げんごろう

●こたえ→べっさつ正かいとうしゅう58ページ

　げん気な げんごろうが, 空を とぶ れんしゅうを しています。1かいめは たんぽぽ 1かいぶん, 2かいめは たんぽぽ 2かいぶん, 3かいめは たんぽぽ 3かいぶん, 4かいめは たんぽぽ 4かいぶんを とびました。では, 4かいぜんぶを あわせると たんぽぽ なんかいぶんを とんだでしょうか。

18 とびうおが すきな びっくりばこ

●こたえ→べっさつ正かいとうしゅう58ページ

とびうおが すきな びっくりばこの 中には たまごが 4こ 入っています。そして、その たまごの 中には 4この ひかる 石が 入っています。では、びっくりばこの 中には なんこの ひかる 石が あるのでしょう。

19 べんきょうずきの ぺんぎんさん

● こたえ→べっさつ正かいとうしゅう58ページ

　べんきょうずきの ぺんぎんさんは いつも ふでばこの 中に 16本の えんぴつを 入れています。えんぴつは 赤, 青, くろの 3しょくです。赤と 青の えんぴつの かずは おなじです。では, くろの えんぴつが 4本だとすると, 赤の えんぴつは なん本でしょう。

20 ざせきの ざりがに

●こたえ→べっさつ正かいとうしゅう58ページ

ざせきに すわっている ざりがには 15ひきです。立っている ざりがにの かずは すわっている ざりがにの かずより 6ひき すくないそうです。では，みんなで ざりがには なんびき いるのでしょう。

21 ずるすずめ，ひますずめ，あわてすずめ

● こたえ→べっさつ正かいとうしゅう59ページ

　ずるい すずめの ずるすずめが，ひまな すずめの ひますずめと あわてんぼうの すずめの あわてすずめに いいました。「いまから おかしを くばります。「ぼく(ずるすずめ)が 1つで きみ(ひますずめ)が 1つ。ぼく(ずるすずめ)が 1つで きみ(あわてすずめ)が 1つ。……」さて，ずるすずめが おかしを 14こ くばったとき，あわてすずめは なんこの おかしを もっているでしょう。

22 ぎょうれつ ダンゴムシ

●こたえ→べっさつ正かいとうしゅう59ページ

　ダンゴムシさんたちが 3れつに ならんでいます。1れつめは 7ひき,2れつめは 8ひき,3れつめは 10ぴきです。では,それぞれの れつで まえから 3ばんめと うしろから 6ばんめの あいだにいる ダンゴムシさんたちだけの かずを あわせると,みんなで なんびきに なるでしょう。

23 かっぱの あっぱくん

●こたえ→べっさつ正かいとうしゅう59ページ

　はっぱの らっぱを ふきながら かっぱの あっぱくんが およいで います。すると, どこからか おさかなさんたちが あつまって きました。おさかなは みんなで 21ぴき いました。あっぱくんの しっている おさかなさんは 9ひきでした。では, あっぱくんが しらない おさかなさんは なんびき いたのでしょう。

24 車の タイヤ

●こたえ→べっさつ正かいとうしゅう59ページ

　おじいちゃんの 車には タイヤが 8こ ついています。おとうさんの 車には タイヤは 5こ ついています。おかあさんの 車には おじいちゃんの 車に ついている はんぶんの かずの タイヤが ついています。では，3人の 車の タイヤの かずは ぜんぶで なんこかな。

25 あたたかい かぜの 出る せんぷうき

● こたえ→べっさつ正かいとうしゅう59ページ

　あたたかい かぜの 出る せんぷうきが 大やすうりで 100円でした。ごんべえどんは さむがりだったので 4だいも かって しまいました。ところが, ことしの ふゆは あたたかい ふゆに なると いわれたので, ごんべえどんは せんぷうきを 2だい かえすことに しました。かえすときには せんぷうきは 1だいにつき 20円 やすく なって しまいます。では, 2だいの せんぷうきを かえした ときに ごんべえどんは なん円 もらえるでしょう。

26 しっぽに てっぽう

● こたえ→べっさつ正かいとうしゅう60ページ

　しっぽに てっぽうを つけている さるが どうぶつえんから にげました。てっぽうには, かみで できている 玉が 8ぱつ 入っています。3ぽ あるくたびに 1ぱつの 玉を うつとすると, なんぽで 玉は なくなるでしょうか。

27 かめさんと かえるさん

●こたえ→べっさつ正かいとうしゅう60ページ

　大きな かめさんが 小さな かえるさんを せなかに のせて おうちに かえっています。すると，19ひきの かえるさんが おちてしまって，おうちに ついたら 4ひきの かえるさんしか かめさんの せなかには のっていませんでした。では，さいしょに のっていた かえるさんは なんびき だったのでしょう。

28 空とぶ どんぐり

● こたえ→べっさつ正かいとうしゅう60ページ

　どんぐりが 3こ いっしょに 空を とんでいます。すると,山の 中から 12この どんぐりが やってきました。では,どんぐりぜんぶを 5つの グループに わけると 1つの グループは,なんこに なりますか。

29 ヒカルぴょん

●こたえ→べっさつ正かいとうしゅう60ページ

　きょうは ヒカルぴょん1ごうと 2ごうの たんじょう日です。1ごうは 3本足ミミズ 8ぴきと 5本足おけら 3びきを もらい,2ごうは 7本足めだか 3びきと 2本足むかで 8ぴきを もらいました。では,もらったペットの 足の かずを あわせると どちらが なん本 おおいでしょう。

30 マッキーと ラッキー

●こたえ→べっさつ正かいとうしゅう60ページ

　マッキーと ラッキーは おちばひろいを しています。マッキーは 5ほ あるくたびに 2まい，ラッキーは 2ほ あるくたびに 1まいの おちばを ひろうことが できます。では，2人 あわせて ちょうど 18まいの おちばを ひろうには なんぷん かかるでしょう。2人とも あるく はやさは 1ぽで 1ぷん かかります。もちろん 2人は いっしょに スタートします。

31 みのむし小学校

● こたえ→べっさつ正かいとうしゅう61ページ

　みのむし小学校では，あさから 木に ぶら下がって たいそうを します。きょうは 天気が いいので みのむし小学生 19人が ぶら下がっています。1年生が 1人，2年生が 2人，3年生が 4人です。のこりの 4・5・6年生は おなじ 人ずうずつ ぶら下がっていると すると，4・5・6年生は なん人ずつに なりますか。

32 きょ大ハムハムと ふつうハムハム

● こたえ→べっさつ正かいとうしゅう61ページ

　きょ大ハムハムたちと ふつうハムハムたちが あそんでいます。きょ大ハムハムは ふつうハムハムの ちょうど はんぶんいます。かぞえてみると, みんなで 12ひきでした。では, ふつうハムハムは なんびき いるのでしょう。

33 フンコロガシ

●こたえ→べっさつ正かいとうしゅう61ページ

うんちが 30こ 山に なっています。そこへ フンコロガシが 3びき やってきて, それぞれ 3こずつ うんちを もっていきます。フンコロガシが 3びきぜんいん 2かい やってきて うんちを もって いくとすると, なんこの うんちが のこりますか。

34 カメむしはなこさんと おおカマキリこさん

●こたえ→べっさつ正かいとうしゅう61ページ

　カメむしはなこさんと おおカマキリこさんは, おまつりで わたがしを 10こずつ かいました。そして, ジャンケンを しながら かえりました。ジャンケンで かった人は まけた人から, わたがしを 1こ もらえます。ジャンケンは, カメむしはなこさんが 1かいかって, おおカマキリこさんが 3かい かちました。いま, 2人は わたがしを なんこずつ もっているでしょう。

35 テントウムシ小学校

●こたえ→べっさつ正かいとうしゅう61ページ

　テントウムシ小学校の 1年生 23人が 赤ぐみ・青ぐみ・みどりぐみの 3れつに ならんで います。赤ぐみは 青ぐみより 2人 すくなくて, みどりぐみは 赤ぐみより 6人 おおいそうです。では, 赤ぐみ・青ぐみ・みどりぐみの 3れつは, それぞれ なん人ずつが ならんでいるのでしょうか。

36 ミミズの ニョロ

● こたえ→べっさつ正かいとうしゅう62ページ

ミミズの ニョロは たからばこを 3はこ みつけました。赤いろの たからばこには きいろの たからばこよりも 4こ おおい たからが, きいろの たからばこには 青いろの たからばこよりも 3こ すくない たからが 入っています。たからばこを あけたら, みんなで 28この たからが ありました。では, 赤いろの たからばこには なんこの たからが 入って いたことに なるでしょうか。

37 ぜんこくたからさがしの 日

● こたえ→べっさつ正かいとうしゅう62ページ

　きょうは ぜんこくたからさがしの 日 です。どの たからばこにも 3このウメーゾあめが 入っています。かめきちくんは ごぜん中に たからばこを 2はこ 見つけました。ごごは いままでに 2はこの たからばこを 見つけました。では, きょう中に たからの かずを ぜんぶで 21こに するには, あと なんはこの たからばこを 見つければ いいでしょう。

38 アリンコ小学校の うんどうかい

● こたえ→べっさつ正かいとうしゅう62ページ

　アリンコ小学校の うんどうかいで, きょ大あめ玉つかみレースが はじまりました。赤ぐみと 白ぐみで きょうそうしたところ, とった かずは 赤ぐみは 白ぐみの はんぶんで, 白ぐみだけでは ３００こでした。では, みんなで とった あめ玉の かずは 赤ぐみと 白ぐみを あわせると なんこになるでしょう。

39 ピョンピョン，バサバサ，パタパタ

● こたえ→べっさつ正かいとうしゅう62ページ

　バッタの ピョンピョン，バサバサ，パタパタの 3人が 80円の サイダー1本を かうのに お金を 出しあいましたが，みんなで 62円にしか なりませんでした。たりないぶんは 3人の おかあさんたちが 出してくれることに なりました。では，3人の おかあさんは 1人 なん円を 出すことに なりますか。もちろん 3人とも 出す 金がくは おなじです。

40 マフラーと ハラマキ

● こたえ→べっさつ正かいとうしゅう62ページ

　みのむしクラスの みんなに，お正月の お年玉として，けいとの マフラーと けいとの ハラマキを 1つずつ くばることに なりました。ところが，くばってみると，どちらも みんなの ぶんは ありませんでした。だれが なにを もらったかを しらべてみたら，マフラーを もらった 人は 37人で ハラマキを もらった 人は 32人でしたが，その 中で りょうほう もらった 人が 27人 いました。また，どちらも もらっていない 人は いませんでした。ということは，このクラスは みんなで なん人の クラスだったのでしょうか？

どんぐりギャラリー

どんぐり倶楽部の子供たちの作品です。子供たちの生き生きとした思考のあとをごらんください。

しんたろうくんは 空をとぶ おさかなを きのう みました。おさかなは 赤いおさかなと 青いおさかなが いました。赤いおさかなが 3びき いたのですが 青い おさかなはなんびきかわかりません。その日の しんぶんで きのうのおさかなは みんなで 8ひきだった ことが わかりました。では, 青いおさかなは なんびき だったのでしょう。

ありんこの りんこちゃんが たびにでました。とてもとても とおい たびです。りんこちゃんは とちゅうで さびしくなって なきだしてしまいました。なみだが 一つ 二つと おちてきて, ついには おおきなおおきな いけが できました。そこで, りんこちゃんは, そのいけの なみだみずを のんでみることにしました。すると, 6かいで のんでしまうことが できました。では, 1かいで 3このなみだをのんだとしたら りんこちゃんが ながした なみだは なんこだったのでしょう。

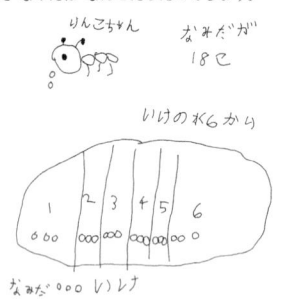

3本の でんせんに でんせんがめが とまっています。1本めの でんせんには 8ひき, 2本めの でんせんには 6ぴき, 3本めの でんせんには 4ひき とまっています。では, まえから 4ばんめと うしろから 4ばんめの あいだに いる すべての かめを たした かずと 3ぼんの でんせんに とまっている すべての かめの かずとの さは なんびき でしょう。

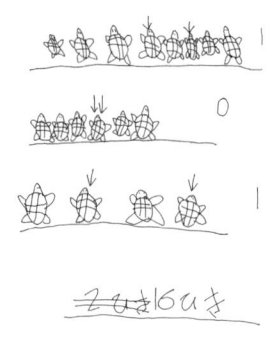

ミミズのニョロは 3しょくの たからばこを みつけました。赤いろの たからばこには きいろの たからばこよりも 4こ おおい たからが, きいろの たからばこには 青いろの たからばこよりも 2こ すくない たからが はいっています。たからばこを あけたら, みんなで 30こ の たからが ありました。では, 赤いろの たからばこには なんこの たからが 入っていたことに なるでしょうか。

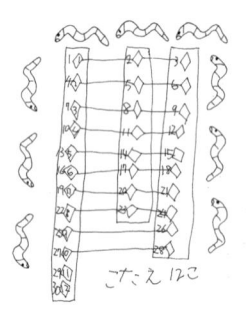

ニョロは1時間で 3歩しか進めないユックリミミズです。今日は天気がいいので, みんなでピクニックに行くことにしました。家から 6cm 離れた公園に集合するのですが公園まで行くのに何歩で, 何時間かかるのでしょうか。ニョロの3歩は 2mm と考えて答えましょう。

ボールのコロコロとゴロゴロは100cm転がりっこ競争で, 今日のお掃除当番を決める事にしました。コロコロは50分で20cm, ゴロゴロは60分で25cm進みます。どちらが何分早くゴールできるでしょう。

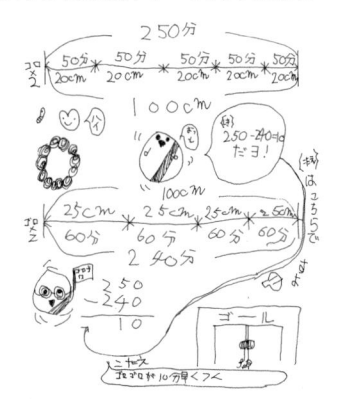

ごはん御飯は小魚プランクトンです。赤プランクトンと青プランクトンを合わせると12428匹います。赤プランクトンは青プランクトンのちょうど12倍だとすると，赤プランクトンと青プランクトンは，それぞれ何匹いるでしょう。

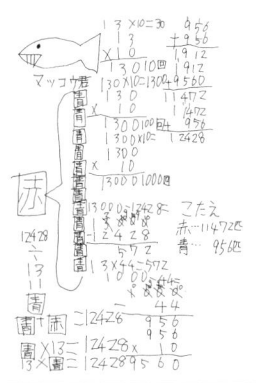

イカ君とタコ君が10枚CD飛ばしをしています。表が出たら7個お菓子をもらえますが裏だと，2個返します。最初は2人とも20個ずつのお菓子を持っています。では，イカ君が4枚，タコ君が9枚表を出したとすると，どちらが何個少なくもっているでしょう。

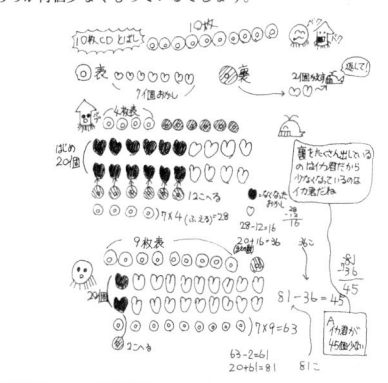

カニの介は一歩で25mm，カニの心は一歩で30mm歩く事が出来ます。二人は，お母さんに頼まれてお使いに行く事になりました。カニの介は15cm離れている魚屋さんへ，カニの心は12cm離れたパン屋さんへ行きました。二人が，家を出て帰って来るまでには，どちらが何歩多く歩くことになるでしょうか。

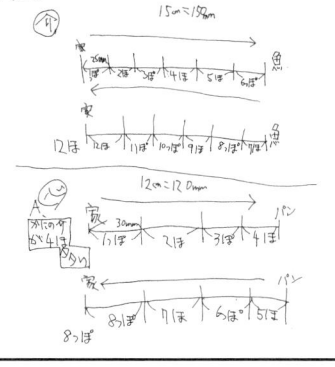

今日は，亀丸小学校の首延ばし大会の日です。決勝戦に残ったのは，赤亀君，青亀君，緑亀君，黄亀君の4人でした。青亀君は赤亀君より2m6cm長く，赤亀君は緑亀君よりも1m25cm長かったそうです。黄亀君が6m丁度で緑亀君の半分だったとすると，4人の合計の首の長さは何m何cmになるでしょうか。

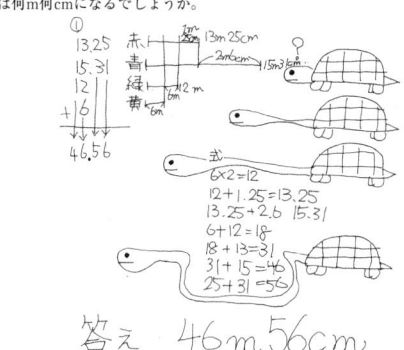

カブト3匹とクワガタ4匹を缶に入れて重さをはかったら2kg600gでした。缶はカブトと同じ重さで，カブトは3匹とも同じ重さです。また，クワガタは1匹がカブトと同じで，他の3匹はカブトのちょうど半分の重さです。では，軽いクワガタ1匹の重さは何gかな。

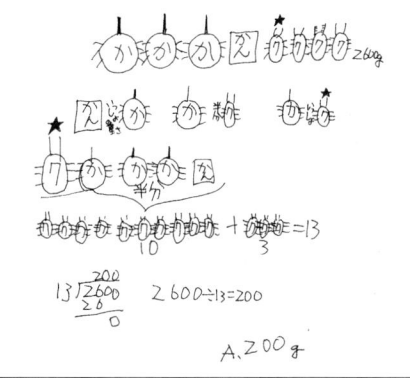

今日はハムスターのチェリーちゃんの誕生日です。毎年チェリーちゃんはハムハムマーケット商品券を貰うことにしています。今年は大好きな巨大ひまわりの種2個と立方体クルミ6個が買える280円の商品券3枚と，巨大ひまわりの種4個と立方体クルミ5個が買える350円の商品券2枚を貰いました。では，商品券全部の金額は巨大向日葵の種1個の何倍にあたるでしょうか。

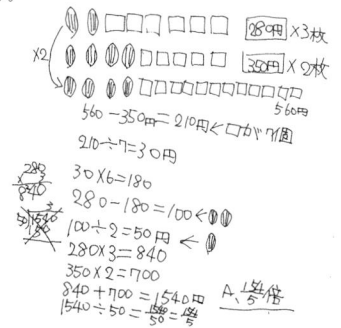

47

終わりに…
（健全な中学受験のために）

「わかる」とは，文字・言葉を視覚イメージで再現できること。

「考える」とは再現した視覚イメージを操作すること。

「判断する」とは視覚イメージ操作後に出来たものから最適な視覚イメージを選択すること。また，判断には自分の本当の感情を土台として作り上げてきたオリジナルの確かな判断基準が重要です。

勉強でも同じです。**自分で生みだしたもの（文章問題ならば自分で描いた絵図）を使うことが重要なのです。**感情を無視しても論理的思考は強化できますが，その理論を人間的に使いこなすことはできません。**感情再現を味わいながら論理的思考を育てることとは決定的に異なるのです。**同じように見えても，子供の豊かさ・温かさが全く違ってきます。これは**子供自身が自分の人生を楽しもうとするときに大変重要な要素となることです。**そして，大人になってからでは，取り返すことの出来ないものなのです。

考えることが楽しい，楽しいから考える，楽しく考えるから様々な工夫を生み出せる。これが**「生きる力」「人生を楽しむ力」**です。受験に関係なく，この考える力・絶対学力を育てるために**「どんぐり方式・おもしろ文章題　絵かき算」**を使っていただければ嬉しく思います。

■どんぐり倶楽部ホームページ（http://homepage.mac.com/donguriclub/）では「頭の健康診断」「漢字を一度も書かずに覚えてしまうIF法」「5分で無限暗算ができるようになる，デンタくん＋横筆算」等も公開しています。
　　連絡先：メール：dongurclub@mac.com
　　FAX：020-4623-6654
■「おもしろ文章題」の作品を募集しています。HPで公開しますので，希望者は，問題番号を添えて作品をメールかFAXにてお送りください。

B

Σ BEST シグマベスト

スーパーエリート問題集
さんすう 小学1年

前田卓郎
糸山泰造　編著

文英堂

読者のみなさんへ

◢ 多くのお父様・お母様方から
「**受験に強い子どもに育てるには，低学年のときにはどんなことをさせたらいいのでしょうか。**」
という声をおよせいただきます。

子供の個性は一通りではありませんから，万人に向く教材はありません。コツを捕まえるのが上手なお子様は，中学受験など，早めの受験に向く可能性が高いといえます。また，ゆっくりでも自分で問題解決していきたいお子様は，たとえ，小・中の間は目立った成績でなくても，もっと後で花開くこともあります。子供ののびる時期はその子独自のものですから，お子様に合った教材と時期を見極めることが，学力をのばす上では，最も重要です。

◢ しかし，**将来にわたってのびる本当の思考力を育成したい**，これは多くのお父様・お母様方がお考えになることではないでしょうか。特に低学年の時期は学習に対して白紙の状態なので，**この時期の学習方法がその後の勉強スタイルを決める場合も少なくありません。**

◢ 本書は，低学年のとき，このような「知能の耕し」をしておいたら，高学年になってぐんぐんのびるという教材を目標に編集しました。すなわち

> ① 知能レベルの高い子が，満足するようなハイレベルの教材であり，かつ学校では先の学年で習うことでも，既習のことの発展として，先取り学習ができる教材
> ② じっくりゆっくり時間をかけ，自分なりの解法を見つけて思考力を育成する教材

を目指しています。

◢ お子様が，いきいきと自分の力で考えて勉強に取り組むような態度の育成，これこそが，低学年のときに本当にやっておきたいことではないでしょうか。ものごとをじっくり考える思考力は一生ものですから，大事に育てていきたいもの。本書がその一助になることを願ってやみません。

特色と使い方

■無理なく力が付く3ステップ学習
教科書の学習内容と，その発展的内容を，☆ 標準レベル，☆☆ 発展レベル，☆☆☆ トップレベルの3段階で学習できる仕組みになっています。学習指導要領では，その学年では学ばないことでも，既習内容の発展で学べることについては，先取りして掲載し，レベルの高いお子様が飽きない内容になっています。さらに，中学受験で問われる素材を，その学年に合わせて，ゲーム感覚で楽しめるように工夫して取り入れました。低学年のときにこのような問題にあたっておくことで，高学年になって本格的な受験学習を始めたときに，スムーズに取り組めるようになります。

■復習テスト，実力テストでさらに力がつく
複数章ごとに**復習テスト**を，さらに，巻末に**実力テスト**を掲載しています。
これまでに学習してきたことが定着しているか，確認できます。

■考える力をのばす スペシャルふろく
別冊に「どんぐり方式 おもしろ文章題 えかきざん」を用意しました。
この教材は
　①文章をじっくり読み，絵図に表す力をつける
　②絵を描く作業の中から，解法の道筋を考え，答えを求める
ことを目標としています。パターンにはまらない文章題なので，はじめはとっつきにくいかもしれませんが，次第に**未知のパターンの問題に出会っても，自力で解決できる力**が育成できるようになります。お子様が楽しんで取り組めるように，お子様の生活経験で考えられ，そして，ちょっとユーモアあふれる問題設定になるよう，工夫されています。
大人の皆さまにも十分楽しめる内容ですので，じっくり時間の取れる週末などに，親子二人三脚で取り組んでみてください。

■くわしい正解答集
別冊の正解答集で，くわしく本問の解説をしています。
コラム「**受験指導の立場から**」では，本問の問題が今後，受験にどうつながっていくかを解説しています。

もくじ

1. かぞえて みよう …………………… 4
2. じゅんばんを かんがえよう … 10
3. かずが できるまで ……………… 16
- ◆ 復習テスト 1 …………………………… 22
4. たしざん(1) ………………………………… 24
5. ひきざん(1) ………………………………… 30
6. かずの 大・小くらべ ……………… 36
- ◆ 復習テスト 2 …………………………… 42
7. たしざん(2) ………………………………… 44
8. ひきざん(2) ………………………………… 50
9. □の ある しき (逆算) ………… 56
10. じこくの よみかた ………………… 62
- ◆ 復習テスト 3 …………………………… 68
11. たしざん(3) ………………………………… 70
12. ひきざん(3) ………………………………… 76
13. ながさ, ひろさ, かさの …………… 82
    くらべかた
- ◆ 復習テスト 4 …………………………… 88
- 力をつけるコーナー
  けいさんの くふう ……………… 90

14. たしざん・ひきざんの ……………… 92
    けいさん とっくん
15. まほうじん (魔方陣) ………………… 98
- ◆ 復習テスト 5 …………………………… 104
16. いろいろな かたち ………………… 106
- 力をつけるコーナー
  サイコロを きった ときの かたち ① ……………………………………… 112
17. かたちの ある ものを きる … 114
- 力をつけるコーナー
  サイコロを きった ときの かたち ② ……………………………………… 120
- ◆ 復習テスト 6 …………………………… 122
18. むずかしい もんだい(1) …… 124
19. むずかしい もんだい(2) …… 130
20. むずかしい もんだい(3) …… 136
- ◆ 復習テスト 7 …………………………… 142
- ◆ 実力テスト 1 …………………………… 144
- ◆ 実力テスト 2 …………………………… 148
- ◆ 実力テスト 3 …………………………… 152
- ◆ 実力テスト 4 …………………………… 156

1 かぞえて みよう

☆ **標準レベル** ●時間 15分 ●答え→別冊2ページ 得点 /100

1 いくつ ありますか。□に かずを かきなさい。

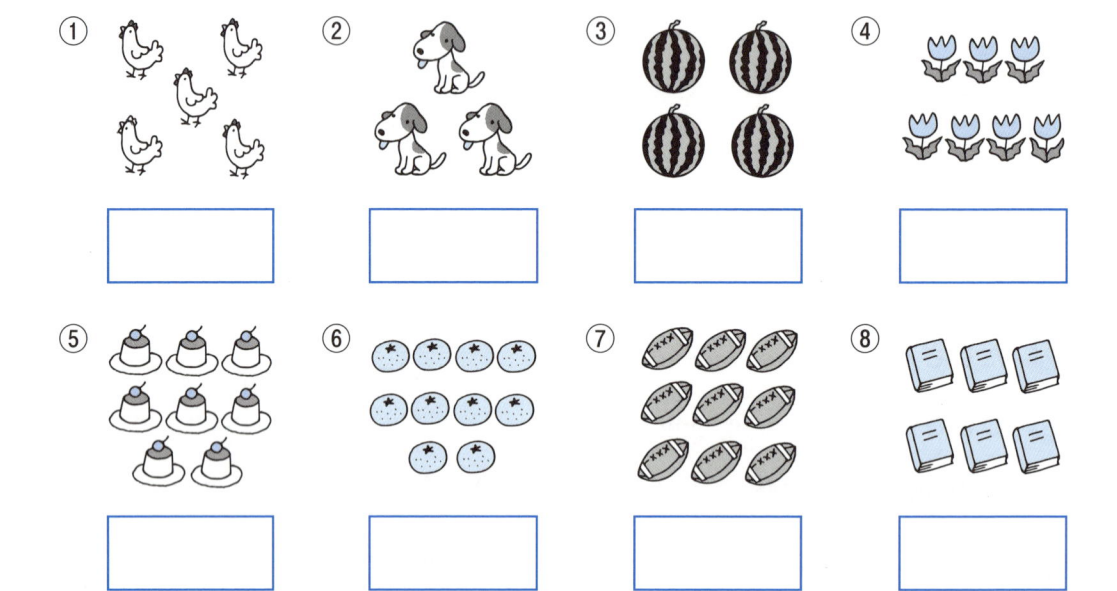

(3てん×8＝24てん)

① ② ③ ④

⑤ ⑥ ⑦ ⑧

2 つぎの 人は なん人 いますか。

(5てん×4＝20てん)

① ぼうしを かぶっている 子ども 　　　人
② かばんを もっている 男の子 　　　人
③ ぼうしを かぶって かばんを もっていない 子ども
　　　人
④ ぼうしを かぶって いなくて，かばんも もっていない 子ども
　　　人

標準レベル ☆

3 かずの おおい ほうに ○を つけなさい。 (4てん×4=16てん)

① ( ) ( )   ② ( ) ( )

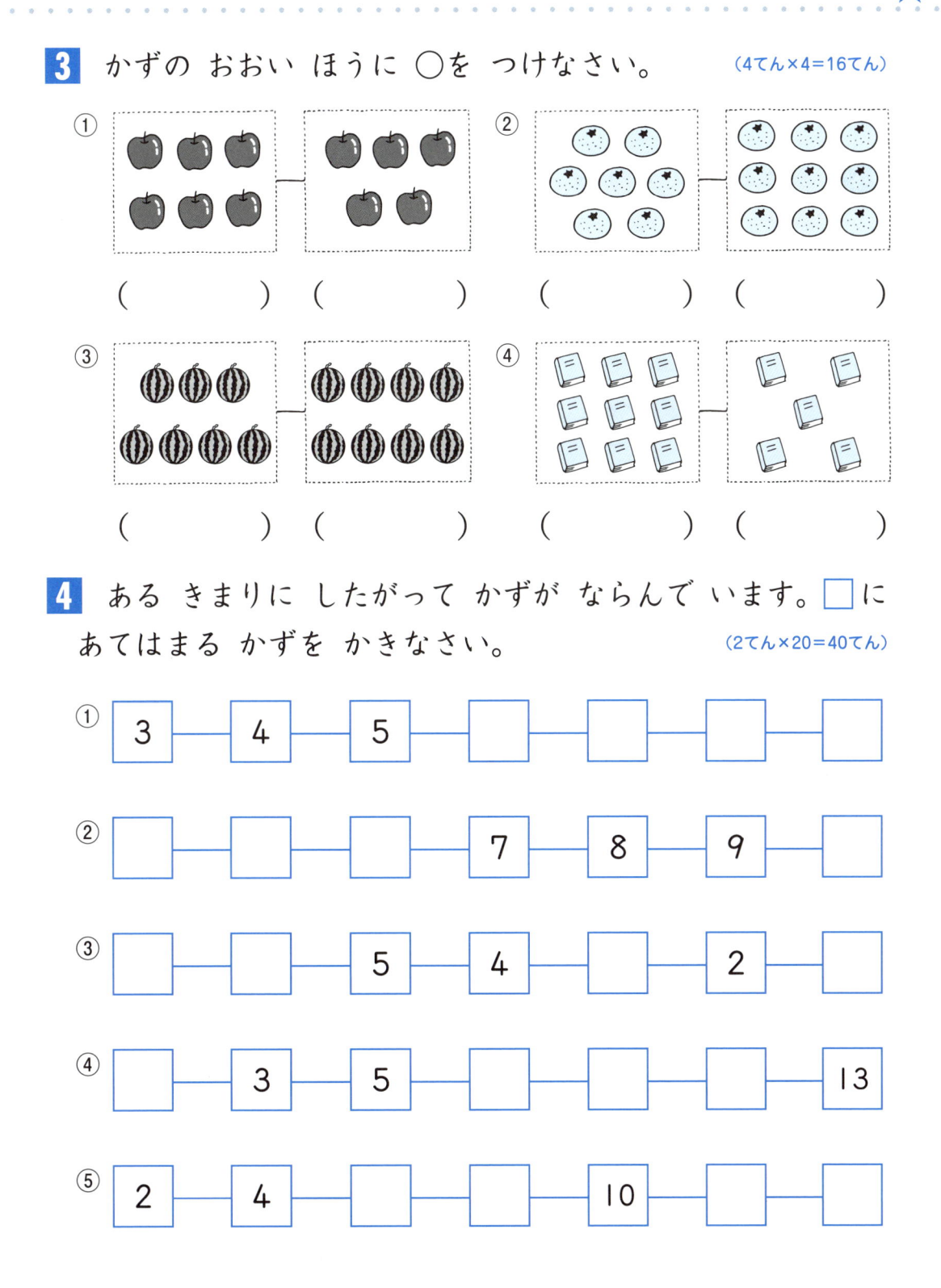

③ ( ) ( )   ④ ( ) ( )

4 ある きまりに したがって かずが ならんで います。□に あてはまる かずを かきなさい。 (2てん×20=40てん)

① 3 — 4 — 5 — □ — □ — □ — □

② □ — □ — □ — 7 — 8 — 9 — □

③ □ — □ — 5 — 4 — □ — 2 — □

④ □ — 3 — 5 — □ — □ — □ — 13

⑤ 2 — 4 — □ — □ — 10 — □ — □

おとなの方へ まずは，1つずつ数えることが大事です。しっかりと10までの数を指でおさえながら，数え上げる練習をし，量的なものを感覚でつかむことが大事です。何回もやっていくことです。

1 かぞえて みよう

★★ 発展レベル

● 時間 20分
● 答え→別冊2ページ

1 くだものの かずを すう字で かきなさい。　(4てん×5＝20てん)

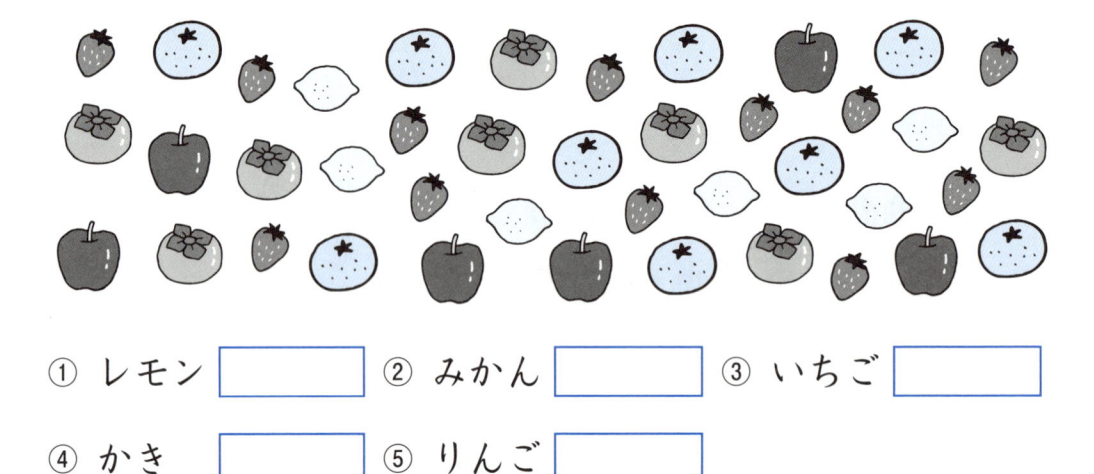

① レモン ☐　② みかん ☐　③ いちご ☐

④ かき ☐　⑤ りんご ☐

2 よりこさん，ゆうみさん，まさきさん，あすかさん，たかしさんの 5人は ケーキを 9こずつ もらって，いくつか たべました。下の ずは それぞれの 人が のこした ケーキの ずです。つぎの といに こたえなさい。　(5てん×4＝20てん)

よりこ　ゆうみ　まさき　あすか　たかし

① いちばん おおく のこした 人は だれですか。☐

② 3ばんめに おおく のこした 人は なんこ のこしましたか。☐ こ

③ いちばん おおく たべた 人は だれですか。☐

④ 2ばんめに おおく たべた 人は なんこ たべましたか。☐ こ

発展レベル ☆☆

3 つぎの かずを かきなさい。　　　　(5てん×6=30てん)
① 5 より 3 大きい かず
② 6 より 3 大きい かず
③ 8 より 2 大きい かず
④ 8 より 3 小さい かず
⑤ 9 より 4 小さい かず
⑥ 10 より 10 小さい かず

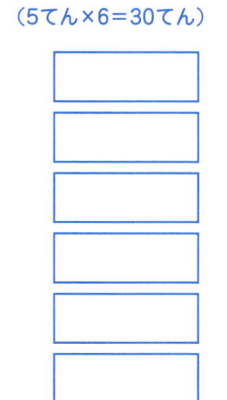

4 りんごと みかんが 8こずつに なるように するには、りんごと みかんが それぞれ あと いくつ あれば よいですか。

(5てん×6=30てん)

① 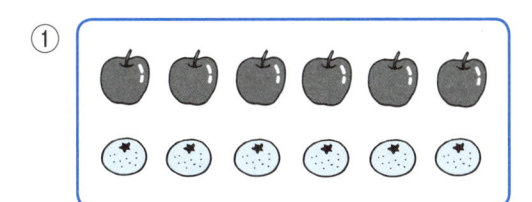
りんごが（　　　）こ
みかんが（　　　）こ

② 
りんごが（　　　）こ
みかんが（　　　）こ

③ 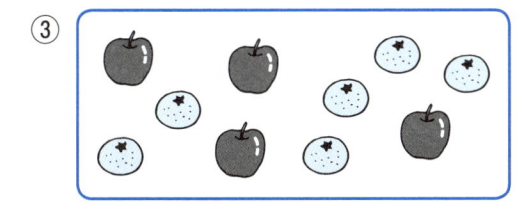
りんごが（　　　）こ
みかんが（　　　）こ

④ 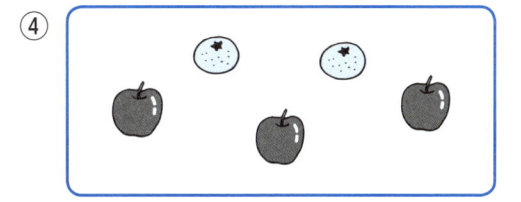
りんごが（　　　）こ
みかんが（　　　）こ

⑤ 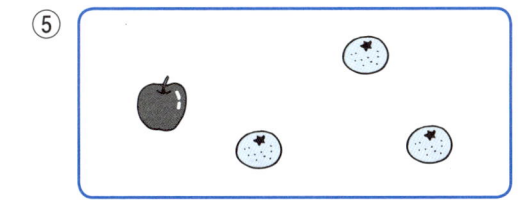
りんごが（　　　）こ
みかんが（　　　）こ

⑥ 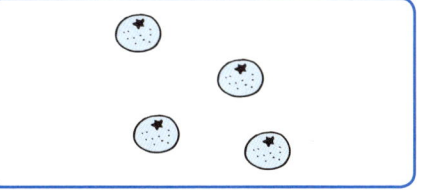
りんごが（　　　）こ
みかんが（　　　）こ

1 かぞえて みよう

★★★ トップレベル ●時間20分 ●答え→別冊2ページ 得点 /100

1 ●と▲と★の マークが ずの ように あります。

(5てん×5=25てん)

① ●は ぜんぶで なんこ ありますか。 □こ

② ▲は ぜんぶで なんこ ありますか。 □こ

③ まるの 中に 入っている ●は なんこ ありますか。 □こ

④ まるの 中にも 四かくの 中にも 入っている ★は なんこ ありますか。 □こ

⑤ まるにも 四かくにも 入っていなくて 三かくには 入っている マークは ぜんぶで なんこですか。 □こ

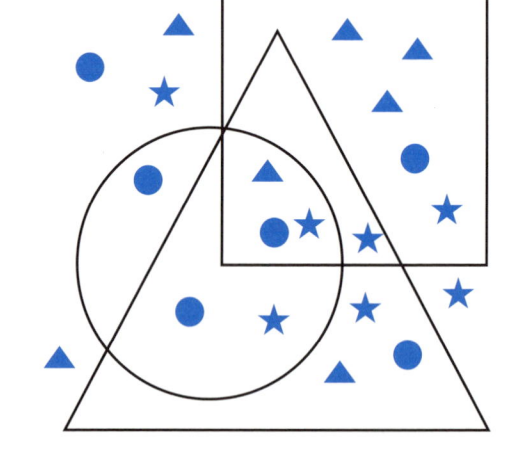

2 □に あてはまる かずを かきなさい。

(5てん×5=25てん)

① 8より 3 小さい かずは 4より □ 大きい。

② 2より 5 大きい かずは 10より □ 小さい。

③ 5より 5 大きい かずより 4 小さい かずは □ です。

④ □ より 4 大きい かずより 2 大きい かずは 7 です。

⑤ 4より 3 大きい かずは, □ より 1 小さいです。

3 10この キャンディーを たくやくんと いもうとで わけます。つぎの もんだいに こたえなさい。

(5てん×3=15てん)

① おなじ かずに なるように わけると なんこずつに なりますか。　　　　□こずつ

② たくやくんが いもうとよりも 4こ おおく なるように わけると，それぞれ なんこに なりますか。
たくやくん □こ，いもうと □こ

4 10本の えんぴつを よりこさん，ゆうみさん，よしみさんで わけます。よりこさんが ゆうみさんより 2本 おおく，ゆうみさんが よしみさんよりも 1本 おおく なるように わけると，それぞれ なん本に なりますか。

(5てん×3=15てん)

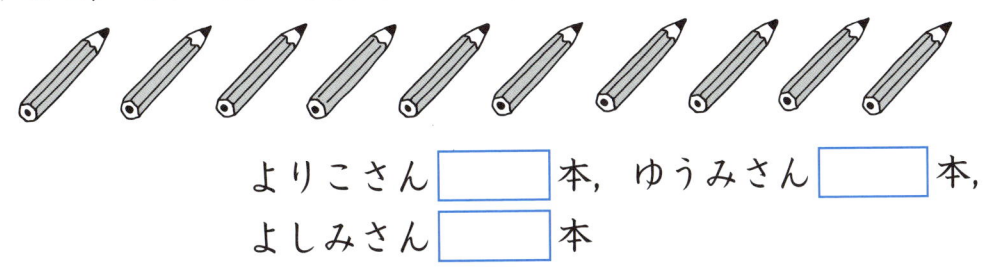

よりこさん □本，ゆうみさん □本，よしみさん □本

5 つぎの ように かずが ならんで います。□に あてはまる かずを かきなさい。

(4てん×5=20てん)

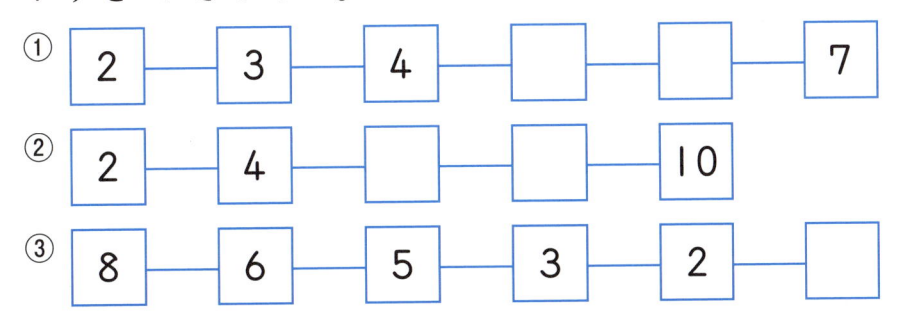

① 2 — 3 — 4 — □ — □ — 7

② 2 — 4 — □ — □ — 10

③ 8 — 6 — 5 — 3 — 2 — □

(ヒント：③は はこと はこの あいだの かずが みんな おなじでは ありません)

2 じゅんばんを かんがえよう

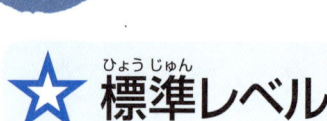

☆ 標準レベル ●時間15分 ●答え→別冊3ページ 得点 /100

1 □に あてはまる かずや 名まえを かきなさい。

(4てん×5＝20てん)

左 トラ　いぬ　ねこ　ライオン　やぎ　うさぎ　きりん　さる　ぞう 右

① さるは 左から □ ばんめ です。

② きりんは 右から □ ばんめ です。

③ 左から 4ばんめの どうぶつは □ です。

④ 右から 7ばんめの どうぶつは □ です。

⑤ いちばん 右の どうぶつは 左から □ ばんめ です。

2 ある きまりに したがって 下の ように かずを ならべます。

(4てん×4＝16てん)

| 1 | 3 | 5 | 7 | ……

① 6ばんめの かずは いくつですか。 □

② 12ばんめの かずは いくつですか。 □

③ 15は なんばんめの かずですか。 □ばんめ

④ 25は なんばんめの かずですか。 □ばんめ

3 ☐に あてはまる かずや 名まえを かきなさい。

(8てん×8＝64てん)

まえ　よりこ　たくや　かずお　ちひろ　まさこ　ゆうき　ゆうみ　たかゆき　ゆうすけ　さやか　うしろ

① ちひろさんは まえから ☐ ばんめです。

② うしろから 6ばんめの 子どもは ☐ さんです。

③ かずおさんの うしろには ☐ 人の 子どもが います。

④ たかゆきさんの まえには ☐ 人の 子どもが います。

⑤ まえから 4ばんめの 子どもは うしろから ☐ ばんめです。

⑥ まえから 7ばんめの 子どもと うしろから 2ばんめの 子どもとの あいだに いる 子どもは ☐ さんです。

⑦ まえから 4ばんめと いちばん うしろの 子どもとの あいだには ☐ 人の 子どもが います。

⑧ まえから 9ばんめの 子どもと うしろから 7ばんめの 子どもとの あいだには ☐ 人の 子どもが います。

おとなの方へ　ものの順序や位置を正しく数で表すことが大事です。その際，基準がどこなのか，そして，「前から」とか，「左から」のように，条件をはっきりさせることが大事です。1番目，2番目といった，順番を表す数と，何個，何人という，ものの個数を表す数の違いも学習を通じて理解していくようにさせましょう。

2 じゅんばんを かんがえよう

☆☆ 発展レベル　●時間 20分　●答え→別冊3ページ　得点 /100

1 □に あてはまる かずや 名まえを かきなさい。

(5てん×6=30てん)

左　けんた　ちひろ　よりこ　としえ　りえ　たくや　いちろう　ゆうこ　あきこ　のぞむ　たかゆき　右

① 左から 2ばんめの 子どもは 右から □ばんめです。

② ちょうど まん中に いるのは □さんです。

③ としえさんの 右には 男の子が □人 います。

④ 右から 5人の 子どもの 中で ちょうど まん中に いるのは □さんです。

⑤ 女の子の 中で いちばん 左の 子と 右から ふたりめの 男の子との あいだには 子どもが □人 います。

⑥ 右から 3人めの 子と 左から ふたりめの 子の あいだには 男の子が □人 います。

2 ある きまりに したがって 下の ように かずを ならべます。

(5てん×2=10てん)

| 2 | 4 | 6 | 8 | 10 | ……

① 8ばんめの かずは いくつですか。　□

② 20は なんばんめの かずですか。　□ばんめ

発展レベル ☆☆

3 子ども 11人で マラソンきょうそうを しています。いま，いちろうさんは まえから 2ばんめ，ゆきさんは うしろから 3ばんめ，じろうさんが ちょうど まん中に いるそうです。また，たくやさんの すぐ うしろが よりこさんで，よりこさんが，まえから 4ばんめを はしっているとき，つぎのといに こたえなさい。

(8てん×3=24てん)

① たくやさんは うしろから なんばんめを はしっていますか。　　　　　　　　　　　　　　　□ばんめ

② いちろうさんと ゆきさんの あいだを はしっているのは なん人ですか。　　　　　　　　　□人

③ じろうさんと いちろうさんの あいだを はしっている 子どもは なん人 いますか。　　　□人

4 ある きまりに したがって 下のように かずを ならべます。

(9てん×4=36てん)

	1れつめ	2れつめ	3れつめ	4れつめ	5れつめ	6れつめ	7れつめ	8れつめ	9れつめ	10れつめ	11れつめ
1だんめ	1	5	9	13	17						
2だんめ	2	6	10	14	18						
3だんめ	3	7	11	15	☆						
4だんめ	4	8	12	16	20		★				

① ☆に 入る かずは いくつですか。　□

② ★に 入る かずは いくつですか。　□

③ 1だんめの 8れつめに 入る かずは いくつですか。　□

④ 43は，なんだんめの なんれつめに 入りますか。

□だんめの □れつめ

13

2 じゅんばんを かんがえよう

★★★ トップレベル　●時間20分　●答え→別冊4ページ

1 つぎの ような カードが あります。　　(5てん×4=20てん)

左 | 4 | 7 | 9 | 5 | 3 | 2 | 10 | 8 | 6 | 右

① 左から 3ばんめの カードと 右から 3ばんめの カードの かずの ちがいは いくつですか。　□

② 左から 7ばんめの カードと かずが 2ちがう カードは 右から なんばんめ ですか。　□ばんめ

③ 右から 5まいの カードを つかって, 左から 大きい じゅんに ならべかえます。その 5まいの うち, ちょうど まん中の カードの かずを かきなさい。　□

④ 上の まん中の 5まいの カードを つかって, 左から 小さい じゅんに ならべかえます。その 5まいの うち 右から 4ばんめに ある カードの かずを かきなさい。　□

2 8人で, マラソンを しています。はじめ, たくやくんは 4いでしたが, 2人を ぬきました。みどりさんは はじめ 5いでしたが, そのあと, 3人に ぬかれました。あおいさんは ずっと トップをはしりつづけています。つぎの といに こたえなさい。　(6てん×3=18てん)

① たくやくんは いま, なんいですか。　□い

② あおいさんと みどりさんの あいだには いま, なん人が はしっていますか。　□人

③ たくやくんは そのあと 4人に ぬかれました。たくやくんと みどりさんの あいだには なん人が はしって いますか。　□人

3

① ア **3**　イ **4**　ウ **5**　エ **1**

② **7** ばんめ

③ **5**

4

ア **48**　イ **86**

3 かずが できるまで

☆ **標準レベル** ●時間 15分 ●答え→別冊5ページ 得点 /100

1 いちばん 大きい かずを ◯で かこみなさい。 (2てん×5=10てん)
① (38, 36, 39)　　② (108, 109, 107)
③ (88, 87, 89, 86)　　④ (114, 108, 120, 116)
⑤ (456, 465, 546, 564)

2 つぎの □ に あてはまる かずを かきなさい。 (4てん×4=16てん)

① 10が 6こと 1が 4こで □ です。

② 100が 2こと 10が 6こと 1が8こで □ です。

③ 128は 100が □ こと 10が □ こと 1が □ こです。

④ 245の 百のくらいの かずは □ で, 十のくらいの かずは □ で, 一のくらいの かずは □ です。

3 ある きまりで かずが ならんでいます。□に あてはまる かずを かきなさい。 (3てん×16=48てん)

① 50 — 60 — □ — □ — 90 — □ — □

② 50 — □ — 60 — 65 — □ — □ — □

③ 80 — 82 — 84 — □ — □ — □ — □

④ 100 — 95 — 90 — □ — □ — □ — □

4 つぎの といに こたえなさい。　　　　　　（3てん×2＝6てん）

① 50円玉が 2まいと 10円玉が 4まいと 1円玉が 4まいでは なん円に なりますか。　　□円

② 680円を 100円玉と 10円玉だけで つくると，100円玉が □ まい，10円玉 が □ まい から できます。ただし，100円玉は できるだけ おおく つかうようにします。

5 ずの ような せんを かずのせん と いいます。かずのせんを つかって つぎの かずを もとめなさい。

（4てん×5＝20てん）

① 86より 6 大きい かず

② 98より 9 小さい かず

③ 100より 13 大きい かず

④ 128より 6 小さい かず

⑤ 93と 109の ちょうど まん中の かず

① □　② □　③ □　④ □　⑤ □

おとなの方へ　まずは，3けたまでの整数を扱えるようになることが目標です。その数は100が何個，10が何個，1が何個で構成されているか理解することが大事です。その後，和や差を求める計算へと進み，さらに，数の規則性までをふくむ数列の基礎へと発展させます。

3 かずが できるまで

★★ 発展レベル

● 時間 20分
● 答え→別冊6ページ

1 つぎの かずを 見て □ に あてはまる かずを かきなさい。
(2てん×15=30てん)

| 109 | 111 | 103 | 115 | 101 | 105 |
| 113 | 119 | 121 | 123 | 107 | 117 |

① 十のくらい が 1の かずは, □ と □ と □ と □ と □ です。

② 118より 大きい かずは, □ と □ と □ です。

③ 108より 小さい かずは, □ と □ と □ と □ です。

④ 116より 大きくて 122より 小さい かずは, □ と □ と □ です。

2 220から 260までの かずの 中で, つぎの かずを ぜんぶ かきなさい。
(6てん×3=18てん)

① 一のくらいが 6の かず
□

② 十のくらいも 一の くらいも おなじ すう字の かず
□

③ 十のくらいも 一の くらいも すう字が 3より 大きい かず
□

発展レベル ☆☆

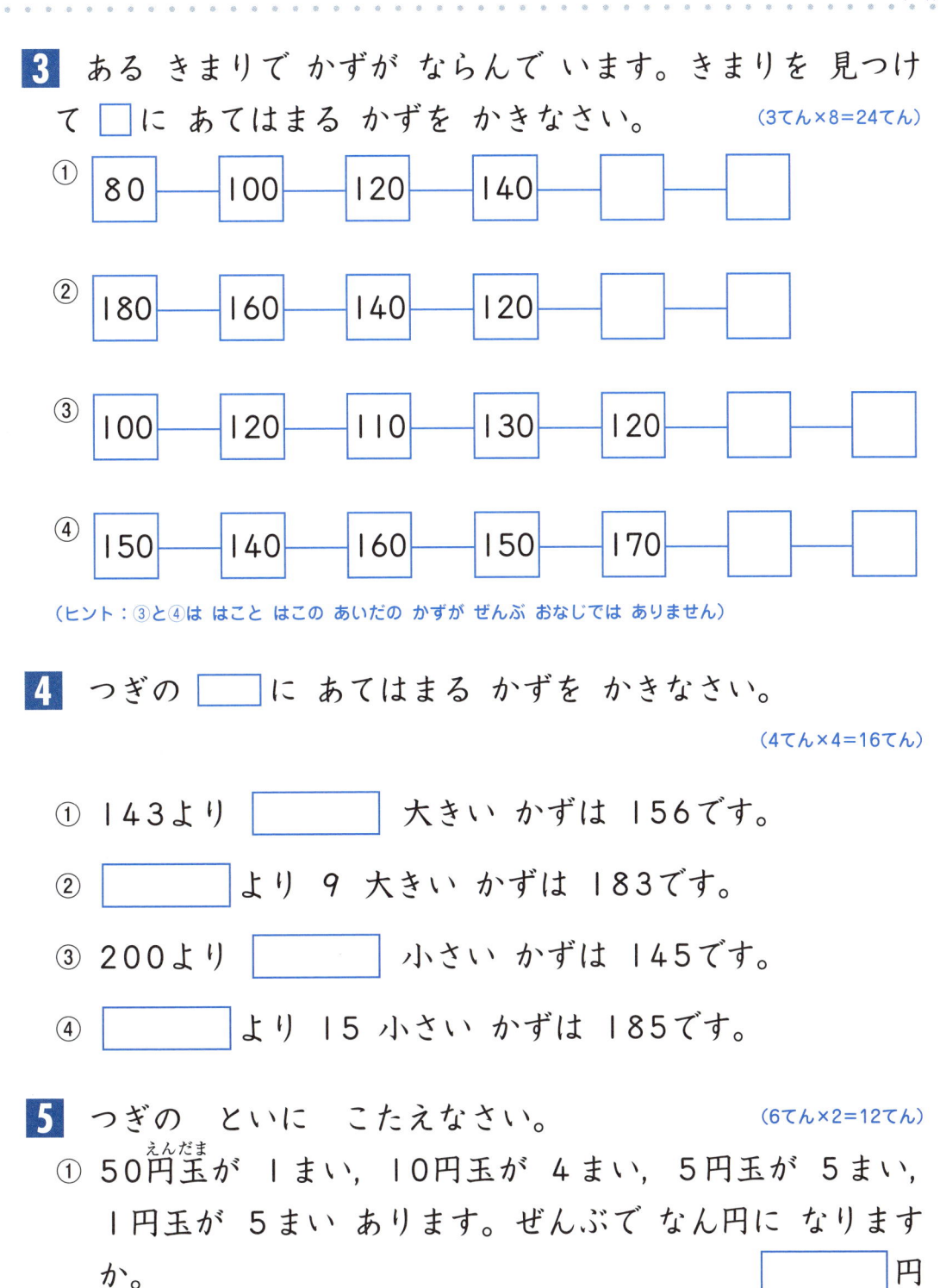

3 ある きまりで かずが ならんで います。きまりを 見つけて □に あてはまる かずを かきなさい。 (3てん×8=24てん)

① 80 — 100 — 120 — 140 — □ — □

② 180 — 160 — 140 — 120 — □ — □

③ 100 — 120 — 110 — 130 — 120 — □ — □

④ 150 — 140 — 160 — 150 — 170 — □ — □

(ヒント：③と④は はこと はこの あいだの かずが ぜんぶ おなじでは ありません)

4 つぎの □に あてはまる かずを かきなさい。 (4てん×4=16てん)

① 143より □ 大きい かずは 156です。

② □ より 9 大きい かずは 183です。

③ 200より □ 小さい かずは 145です。

④ □ より 15 小さい かずは 185です。

5 つぎの といに こたえなさい。 (6てん×2=12てん)

① 50円玉が 1まい，10円玉が 4まい，5円玉が 5まい，1円玉が 5まい あります。ぜんぶで なん円に なりますか。　□円

② 10円玉が 8まいと 5円玉が 3まいと 1円玉が なんまいか あって，ぜんぶで 102円に なります。1円玉は なんまい ありますか。　□まい

3 かずが できるまで

★★★ トップレベル ●時間20分 ●答え→別冊7ページ

1 ☐に あてはまる かずを かきなさい。 （6てん×5＝30てん）

① 150より 10大きい かずは 180より ☐ 小さい。

② 240より 20小さい かずは ☐ より 20大きい。

③ 170と 190の ちょうど まん中に なる かずは ☐ です。

④ 10が 10こと 1が ☐ こと 15で 123です。

⑤ 100が ☐ こと 10が 18こで 580です。

2 ⓪③④⑥⑦⑧⑨の 7まいの カードの うち, 2まいの カードを 1まいずつ つかって, かずを つくります。つぎの かずを かきなさい。 （4てん×6＝24てん）

① いちばん 小さい かず ☐

② 4ばんめに 大きい かず ☐

③ 十のくらいが 6の かずの 中で, 2ばんめに 小さい かず ☐

④ 一のくらいが 4の かずの 中で, 3ばんめに 大きい かず ☐

⑤ 85に いちばん ちかい かずは, ☐ と ☐

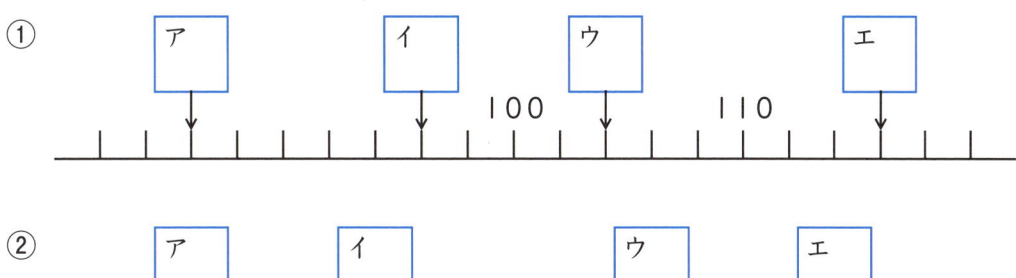

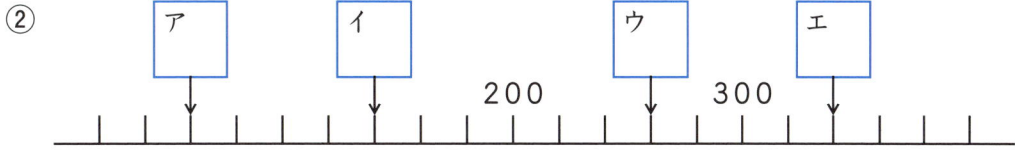

3 つぎの かずのせんの 上の かずについて □に あてはまる かずを かきなさい。　　　　　　　　　　(2てん×8=16てん)

① ア　イ　ウ　エ　　100　110

② ア　イ　ウ　エ　　200　300

4 つぎの といに こたえなさい。　　　(5てん×6=30てん)

① 10円玉が 20まい あります。お金は なん円 ありますか。
　　　　　　　　　　　　　　　　　　　　　　　□円

② 10円玉 4まいと, 5円玉が 3まいと, 1円玉が 2まい が あります。ぜんぶで なん円ですか。　□円

③ 100円玉が 12まい あります。お金は なん円 ありますか。　□円

④ 500円玉が 3まい あります。お金は なん円 ありますか。　□円

⑤ 500円玉が 4まいと 100円玉が 20まいと 10円玉が 10まい あります。お金は なん円 ありますか。
　　　　　　　　　　　　　　　　　　　　　　　□円

⑥ 500円玉が 6まいと 100円玉が 3まいと 10円玉が なんまいか あり, お金は 3480円 あります。10円玉は なんまい ありますか。　□まい

れんしゅうテスト1

● 時間 20分
● 答え → 別冊8ページ
得点 /100

① つぎの かずを 大きい じゅんに 左から ならべなさい。
(10てん×2=20てん)

① 5　2　6　4　0　1　3
⇒ □ □ □ □ □ □ □

② 2　9　3　8　0　6　7　4
⇒ □ □ □ □ □ □ □ □

② ある きまりに したがって かずが ならんで います。□に あてはまる かずを かきなさい。
(2てん×11=22てん)

① □ — □ — 5 — 7 — □ — 11

② □ — □ — 7 — □ — 5 — 4

③ □ — 4 — 7 — □ — □ — 16

④ □ — 14 — □ — 6 — 2

③ つぎの □に 入る かずを こたえなさい。
(6てん×4=24てん)

① 10を 3こ, 1を 4こ あわせた かずは □ です。

② 10を 8こ, 1を 6こ あわせた かずは □ です。

③ 10を 4こ, 1を 36こ あわせた かずは □ です。

④ 100を 6こ, 10を 8こ, 1を 7こ あわせると □ です。

④ 赤い おはじきが 2こ, 青い おはじきは 赤い おはじきより 3こ おおく あります。あわせると なんこに なりますか。

(4てん)

☐ こ

⑤ サイコロの 1の うらは 6, 2の うらは 5, 3の うらは 4と, むかいあう めんの すう字の わ(たしざん をした こたえ)が 7に なります。

サイコロを 下の ずのように みちに そって ころがしていくと, ☐ のところでは, サイコロを ま上 から 見た ときの めんの すうじは いくつですか。

(10てん×3=30てん)

①

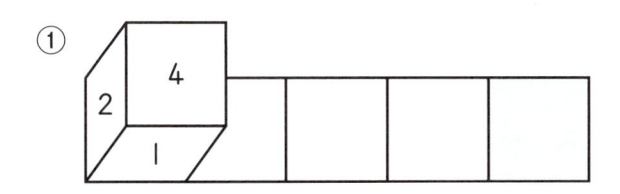

②

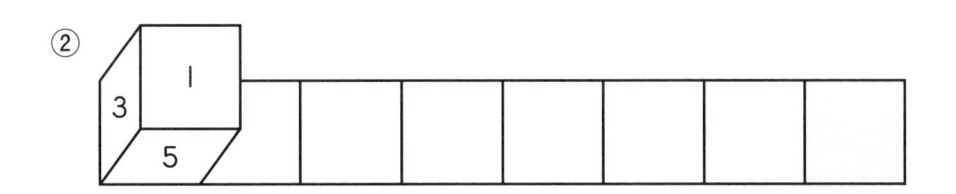

③

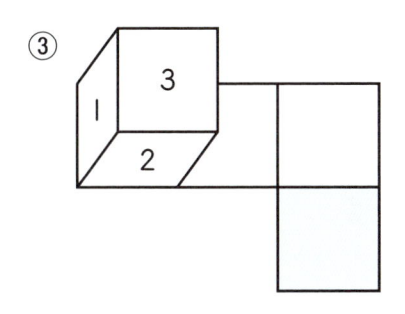

4 たしざん(1)

★ 標準レベル

1 つぎの たしざんを しなさい。 (2てん×10=20てん)

① 2 + 3 = ☐   ② 4 + 5 = ☐
③ 6 + 4 = ☐   ④ 7 + 8 = ☐
⑤ 9 + 5 = ☐   ⑥ 7 + 3 = ☐
⑦ 3 + 9 = ☐   ⑧ 4 + 7 = ☐
⑨ 8 + 9 = ☐   ⑩ 9 + 7 = ☐

2 つぎの ☐に あてはまる かずを かきなさい。 (2てん×8=16てん)

① 8と 6で ☐   ② 4 + 9 = ☐
③ 6 + 9 = ☐   ④ 9 + 9 = ☐
⑤ 5と ☐で 14   ⑥ 8と ☐で 13
⑦ 3と ☐で 10   ⑧ 16は ☐と 9

3 つぎの かずを かきなさい。 (2てん×4=8てん)

① 8より 7 大きい かず   ☐
② 7より 9 大きい かず   ☐
③ 18より 6 大きい かず ☐
④ 23より 9 大きい かず ☐

4 まん中の かずと まわりの かずを たしなさい。

〈れい〉 アは 2＋8＝10より 10と なります。(2てん×23＝46てん)

① ② ③ ④

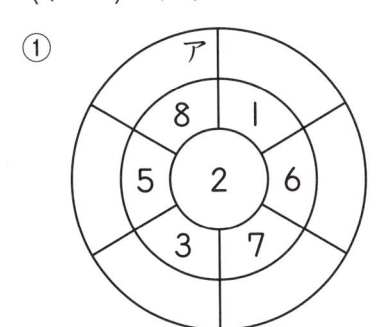

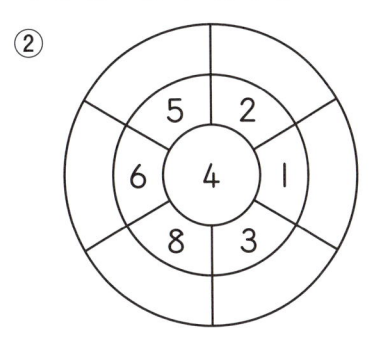

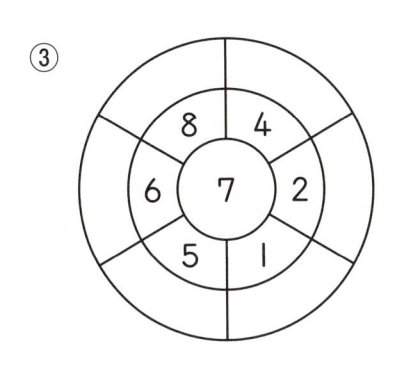

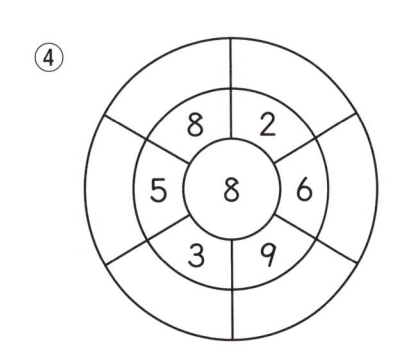

5 みどりさんは おはじきを 6こ もって います。よりこさんは おはじきを 4こ もって います。いま, ふたりは おかあさんから おはじきを 2こずつ もらいました。ふたりの もって いる おはじきを あわせると なんこに なるでしょう。

(10てん)

☐ こ

4 たしざん(1)

★★ 発展レベル　●時間20分　●答え→別冊8ページ　得点 /100

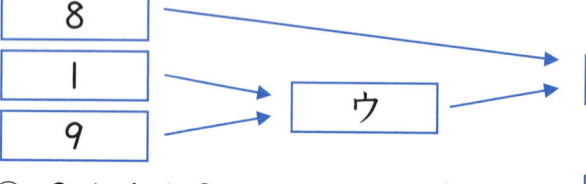

1 下の きまりで 3つの かずの たしざんを します。
たとえば，下の れいでは 3＋5＝8 となり，あの はこには 8が 入ります。つぎの □ に あてはまる かずを かきなさい。

(3てん×6＝18てん)

〈れい〉 3, 5 → あ

① 4＋2＋7
4, 2 → ア
7 → イ
ア □　イ □

② 8＋1＋9
8, 1 → ウ
9 → エ
ウ □　エ □

③ 8＋6＋2
8, 6, 2 → オ, カ
オ □　カ □

2 つぎの たしざんを しなさい。　(3てん×8＝24てん)

① 1＋2＋3＝□
② 2＋4＋6＝□
③ 3＋4＋5＝□
④ 3＋6＋8＝□
⑤ 3＋2＋7＝□
⑥ 6＋2＋9＝□
⑦ 4＋4＋4＝□
⑧ 5＋3＋5＝□

3 つぎの たしざんを しなさい。　　　(4てん×4=16てん)

① 1＋2＋2＋3＝ ☐　　② 2＋5＋1＋3＝ ☐

③ 4＋2＋3＋5＝ ☐　　④ 4＋1＋4＋7＝ ☐

4 下の ずは けいさんめいろです。①から ③の ように すすむと ㋐から ㋙の どの 出口に 出ますか。
　　　　　　　　　　　　　　　　　　(8てん×3=24てん)

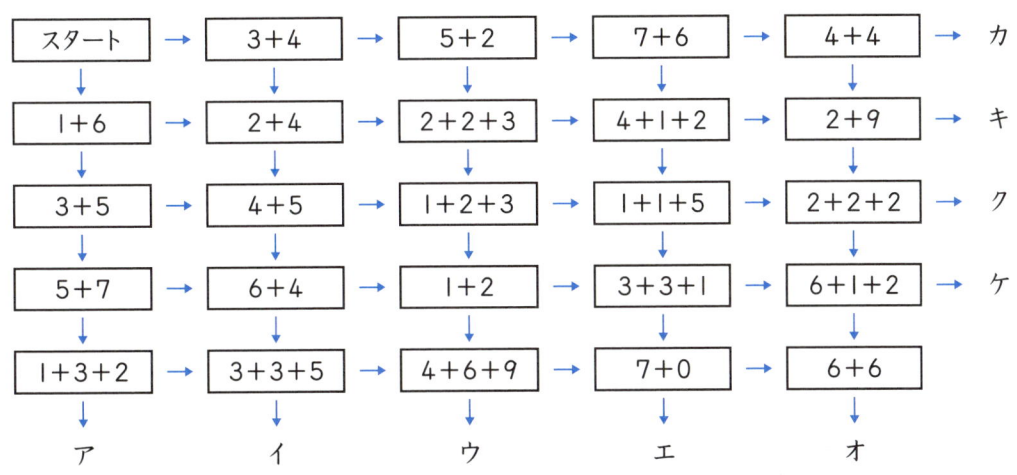

スタート	→	3＋4	→	5＋2	→	7＋6	→	4＋4	→ カ
1＋6	→	2＋4	→	2＋2＋3	→	4＋1＋2	→	2＋9	→ キ
3＋5	→	4＋5	→	1＋2＋3	→	1＋1＋5	→	2＋2＋2	→ ク
5＋7	→	6＋4	→	1＋2	→	3＋3＋1	→	6＋1＋2	→ ケ
1＋3＋2	→	3＋3＋5	→	4＋6＋9	→	7＋0	→	6＋6	
↓		↓		↓		↓		↓	
ア		イ		ウ		エ		オ	

① こたえが すべて 7に なるように すすむ ばあい。
　　　　　　　　　　　　　　　　　　　　　　☐

② こたえが 7，8，9，…と，1つずつ 大きく なるように すすむ ばあい。
　　　　　　　　　　　　　　　　　　　　　　☐

③ こたえが 7，6，7，6，…と なるように すすむ ばあい。
　　　　　　　　　　　　　　　　　　　　　　☐

5 よりこさんは おはじきを 6こ もっています。みわさんから 3こ，おかあさんから 5こ おはじきを もらいました。よりこさんは ぜんぶで なんこの おはじきを もって いますか。
　　　　　　　　　(しき9てん　こたえ9てん，けい18てん)

[しき]

　　　　　　　　　　　　　　　　　　　　☐ こ

4 たしざん(1)

★★★ トップレベル　●時間20分　●答え→別冊9ページ

1 つぎの けいさんを しなさい。　(4てん×8＝32てん)

① 3＋7＋6＝ □　　② 6＋4＋7＝ □

③ 5＋5＋8＝ □　　④ 5＋4＋9＝ □

⑤ 5＋3＋6＝ □　　⑥ 2＋8＋4＝ □

⑦ 3＋5＋2＋2＝ □

⑧ 4＋3＋2＋3＝ □

2 よりこさんたちは じゃんけんを 6かい しました。ひとりだけ かったときは その人が 3てん，ふたりが かったときは その ふたりが 2てんずつ，あいこは 1てん，まけたときは てんすうを もらえません。それぞれ ぜんぶで なんてんに なりますか。　(しき5てん　こたえ5てん，けい30てん)

	1かいめ	2かいめ	3かいめ	4かいめ	5かいめ	6かいめ
よりこさん	チョキ	グー	パー	チョキ	パー	グー
たかしくん	パー	グー	チョキ	チョキ	パー	グー
なおきくん	パー	パー	グー	グー	パー	チョキ

(よりこ) しき

□ てん

(たかし) しき

□ てん

(なおき) しき

□ てん

3 女の子 19人が 1れつに ならんで います。よりこさんは れつの ちょうど まん中に います。ゆうみさんは れつの 左から 6ばんめ,さやかさんは れつの 右から 7ばんめに います。

(6てん×2=12てん)

① よりこさんは れつの 左から なんばんめに いますか。

　　　　　　　　　　　　　　　　　　　□ばんめ

② ゆうみさんよりも 左に いる 人と,さやかさんよりも 右に いる人は あわせて なん人 いますか。　□人

4 こうじさんは キャンディーを 3こ もって います。こうじさんより よりこさんの ほうが 2こ おおく,なおみさんは よりこさんよりも 5こ おおく,たもつさんは なおみさんより 2こ おおい かずの キャンディーを もって います。いちばん たくさんの キャンディーを もって いるのは だれで なんこ ですか。

(13てん)

　　いちばん おおいのは □さんで □こ

5 6まいの カード 1, 2, 6, 7, 8, 9 が あります。この 6まいの カードの 中から 3まいを えらんで,下の しきに あてはめ,たしざんの しきを つくろうと おもいます。あてはまる かずを かきなさい。ただし,たとえば,26を つくるばあい 2 6 とする とします。

(13てん)

　　　　　3 + □ = □□

5 ひきざん(1)

☆ **標準レベル** ●時間 15分 ●答え→別冊9ページ 得点 /100

1 つぎの ひきざんを しなさい。　(3てん×10＝30てん)

① 6 − 3 ＝ ☐　　② 4 − 2 ＝ ☐
③ 8 − 5 ＝ ☐　　④ 7 − 2 ＝ ☐
⑤ 9 − 3 ＝ ☐　　⑥ 9 − 6 ＝ ☐
⑦ 8 − 7 ＝ ☐　　⑧ 5 − 3 ＝ ☐
⑨ 6 − 4 ＝ ☐　　⑩ 9 − 7 ＝ ☐

2 つぎの ☐ に あてはまる かずを 入れなさい。(3てん×5＝15てん)

① 4は 9より ☐ 小さいです。
② 8は 12より ☐ 小さいです。
③ 17は 9より ☐ 大きいです。
④ 19は 9より ☐ 大きいです。
⑤ 8より 6大きい かずは, 6と あわせると, 11に なる ような かずより ☐ 大きいです。

3 つぎの ひきざんの 中で いちばん こたえの かずが 小さいものを えらんで, きごうで こたえなさい。　(8てん)

あ 9−8　　い 18−9　　う 7−6の こたえに 3 たしたもの

☐

4 つぎの かずの れつでは, 右に 1つ すすむと, おなじ かずだけ, かずが へって いきます。□に あてはまる かずを かきなさい。
(3てん×9=27てん)

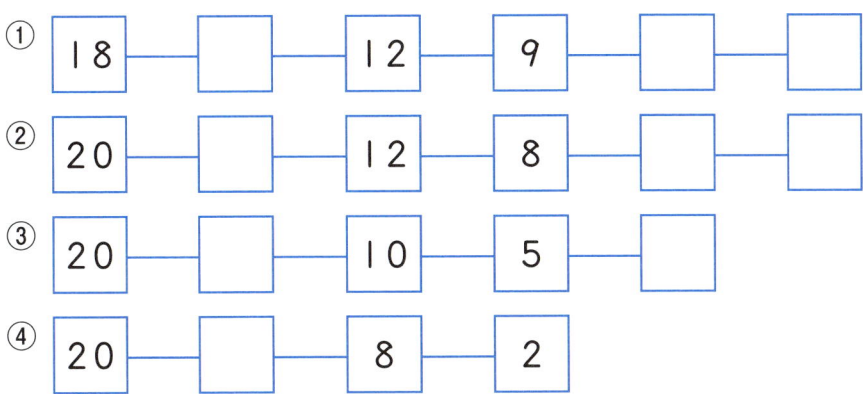

① 18 — □ — 12 — 9 — □ — □
② 20 — □ — 12 — 8 — □ — □
③ 20 — □ — 10 — 5 — □
④ 20 — □ — 8 — 2

5 つぎの といに こたえなさい。　(しき5てん　こたえ5てん, けい20てん)

① きほさんは 9さいで, きほさんと かすみさんの 年れいは あわせて 18さいです。かすみさんは いま, なんさい ですか。

しき

　　　　　　　　　　　　　　　　　□さい

② りほこさんは かすみさんより 6さい 年下で ある とき, りほこさんは なんさいですか。

しき

　　　　　　　　　　　　　　　　　□さい

おとなの方へ
まずは10までの数でひくひき算を固めていきます。くり下がりのひき算は10を作ることから考えます。瞬時に答えられるくらい習熟しないと, 今後の学習が難しくなります。

5 ひきざん(1)

★★ 発展レベル ●時間 20分 ●答え→別冊10ページ

1 まん中の かずから まわりの かずを ひきなさい。 （2てん×11=22てん）
〈れい〉アは 10-2=8より 8と なります。

① 中心10、まわり ア, 5, 7, 4, 2
② 中心16、まわり 8, 6, 7, 9
③ 中心14、まわり 4, 9, 8, 7

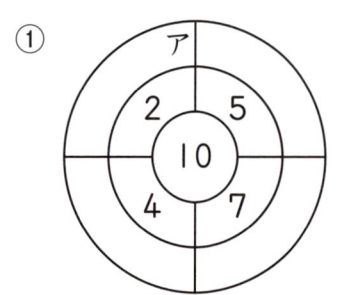

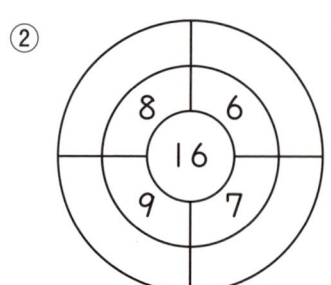

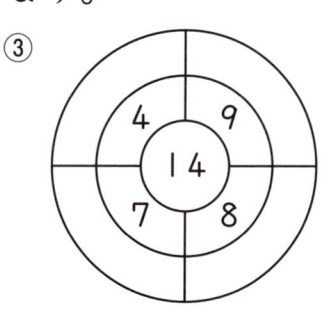

2 □に あてはまる かずを かきなさい。 （2てん×5=10てん）

① 9は 14より □ 小さいです。

② 14より 7小さい かずは □ です。

③ 15より □ 小さい かずは 9です。

④ 13より 3 小さい かずより さらに 6 小さい かずは □ です。

⑤ 15より 9 小さい かずより さらに 3 小さい かずは □ です。

3 □に あてはまる かずを かきなさい。 （3てん×8=24てん）

① 11-3-4＝□   ② 12-5-3＝□

③ 13-6-5＝□   ④ 12-3-4＝□

⑤ 15-6-4＝□   ⑥ 17-7-5＝□

⑦ 18-9-7＝□   ⑧ 11-8-3＝□

発展レベル ☆☆

4 こたえが おなじに なるように □に かずを 入れなさい。

(3てん×6=18てん)

① 5＋3＋9
　＝
　3＋6＋□

② 7＋8＋4
　＝
　5＋□＋4

③ 2＋5＋7
　＝
　3＋4＋□

④ 8＋4＋2
　＝
　□＋9－6

⑤ 2＋6＋9
　＝
　7＋□＋2

⑥ 5＋6＋7
　＝
　2＋6＋□

5 おまんじゅうが 17こ あります。さきほど，となりの おうちに 9こ あげました。つぎに，ゆみこさんが 3こ たべました。さらに，おとうさんが 4こ たべました。のこりの おまんじゅうは なんこに なりましたか。

(13てん)

□ こ

6 さほさんは いちごを 20こ かいました。それを みきさんと ともやくんに 9こずつ あげてから のこりを たべました。さほさんが たべた いちごは なんこだったでしょう。

(13てん)

□ こ

5 ひきざん(1)

★★★ トップレベル
●時間20分
●答え→別冊10ページ

1 ☐に あてはまる かずを かきなさい。 （4てん×5＝20てん）

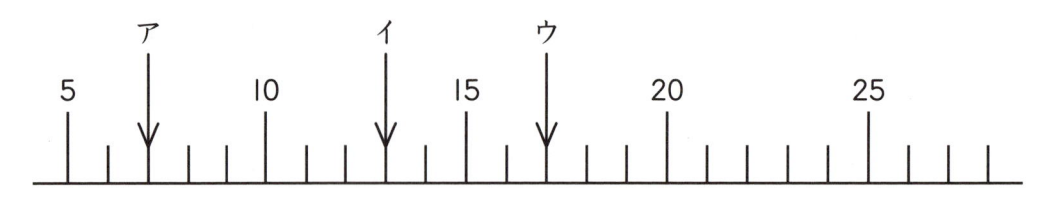

```
     ア          イ          ウ
5    ↓    10    ↓    15   ↓    20          25
|—|—|—|—|—|—|—|—|—|—|—|—|—|—|—|—|—|—|—|—|
```

① 15は アより ☐ 大きい かずです。

② イより 3 小さい かずは ☐ です。

③ イから アを ひくと ☐ です。

④ アに 4を たした ものは，8より ☐ 大きい かずです。

⑤ ウから アを ひいた ものから，さらに 2を ひいた ものは イより ☐ 小さいです。

2 ゆりさんと みきさんと かずおくんと たくやくんと よりこさんの 5人で どんぐりを ひろいに いきました。ゆりさんは 18こ ひろいました。よりこさんは ゆりさんより 5こ すくなく，たくやくんよりも 2こ すくなく ひろいました。みきさんは たくやくんより 3こ すくなく，かずおくんより 5こおおく ひろいました。 （10てん×2＝20てん）

① たくやくんは なんこ ひろいましたか。 ☐ こ

② かずおくんは なんこ ひろいましたか。 ☐ こ

3 こたえが おなじに なるように □に かずを 入れなさい。

(8てん×3=24てん)

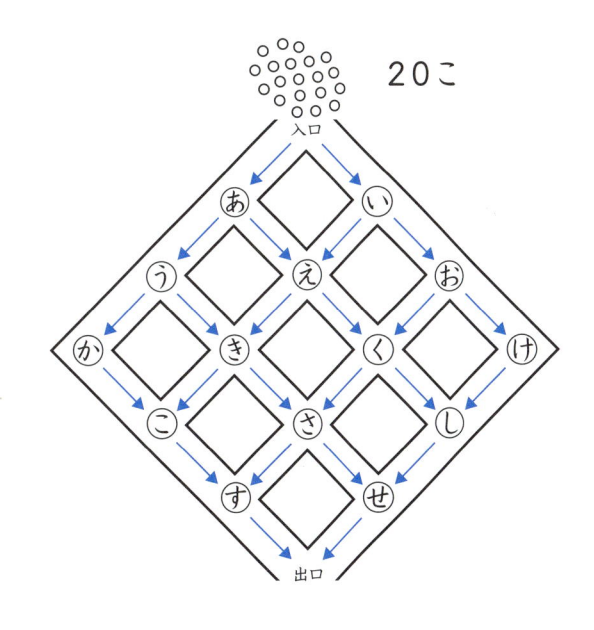

① 13−7−1
   =
   12+2−□

② 17−8−6
   =
   20−7−□

③ 16−8−□
   =
   18−9−7

4 右の ずは おもしろパチンコです。入口から 入れた 玉は やじるしの ほうこうに みちを とおって 出口で あつめられます。パチンコ玉は ぜんぶで 20こ 入れたそうです。このとき, つぎの といに こたえなさい。

(12てん×3=36てん)

① 玉を ぜんぶ 入れおわった あと, ⓘを とおった 玉を かぞえると 3こだったそうです。このとき, ⓐを とおった 玉は なんこでしたか。　　　　□こ

② このとき, ⓐを とおってから ⓔを とおった 玉は 8こ でした。また, ⓘを とおってから ⓞを とおった 玉は 1こ でした。このとき, ⓔを とおった 玉は ぜんぶで なんこだったでしょう。　　　　□こ

③ さらに, ⓤを とおってから ⓚを とおった 玉は 3こで した。ⓔを とおってから ⓚ(き)を とおった 玉は 9こでし た。さらに ⓚ(き)を とおってから ⓢを とおった 玉は 8こ でした。このとき, ⓒを とおった 玉は なんこ でしたか。　　　　□こ

6 かずの 大・小くらべ

標準レベル ●時間15分 ●答え→別冊11ページ

1 つぎの かずを ぜんぶ かきなさい。 （6てん×4=24てん）

① 1より 大きくて 7より 小さい かず

② 9より 大きくて 12より 小さい かず

③ 16より 小さくて 9より 大きい かず

④ 21より 小さくて 12より 大きい かず

2 2つの しきを けいさんして 大きい ほうの こたえを かきなさい。 （7てん×4=28てん）

① (8+9+2 , 3+9+4)

② (8+4−9 , 14−7+5)

③ (13−5−7 , 12−9−1)

④ (19−10−5 , 14−5−2)

3 つぎの ☐ に あてはまる かずを すべて かきなさい。

(8てん×3=24てん)

① 8＜ ☐ ＜10 （8より 大きく 10より 小さい 数）

② 12＜ ☐ ＜15

③ 17－8＜ ☐ ＜18－4

4 もときさんは えん足に もって いく おかしを えらんで います。ところが, ねふだに らくがきされて ねだんが 見えない ところが あるそうです。ねだんは すべて 100円より やすい 金がくで, おなじ ねだんの ものは ないそうです。このとき ねだんの やすい じゅんに ならべましょう。(10てん)

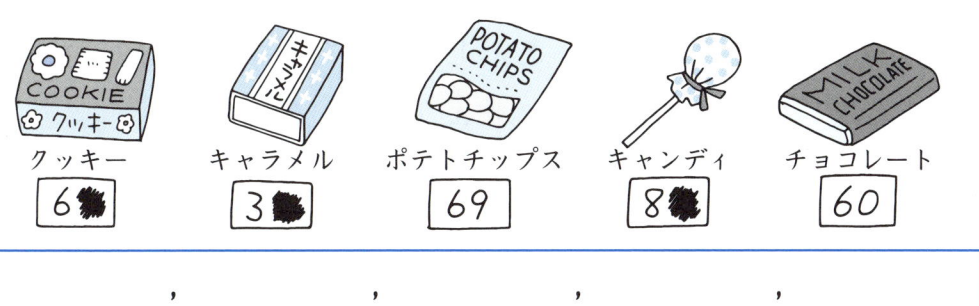

クッキー	キャラメル	ポテトチップス	キャンディ	チョコレート
6☒	3☒	69	8☒	60

☐ ， ， ， ，

5 ⓪, ①, ②, ③ の 4まいの カードから 2まい ならべて 2けたの かずを つくります。つぎの ☐ の 中に あてはまる かずを かきなさい。

(7てん×2=14てん)

① いちばん 大きい かずは ☐ です。

② いちばん 小さい かずは ☐ です。

> **おとなの方へ**
> 数の大きい・小さいを比べるには, 数を量的につかんでいることが大事です。同じけた数の数の大小を比べる場合は, 上位の位の大小からくらべていきます。また, 徐々に不等号の使用に慣れていくようにします。

6 かずの 大・小くらべ

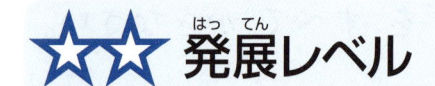

★★ 発展レベル ●時間20分 ●答え→別冊12ページ

1 いちばん 大きい かずと いちばん 小さい かずを かきなさい。 (3てん×4=12てん)

① 11, 15, 10, 18, 13, 19

いちばん 大きい かず ☐

いちばん 小さい かず ☐

② 34, 32, 38, 45, 42, 39

いちばん 大きい かず ☐

いちばん 小さい かず ☐

2 つぎの しきを けいさんして こたえと おなじ すう字の てんを ①から じゅんに せんで つなぎなさい。

(けいさん3てん×10=30てん, ず10てん, けい40てん)

① 17−8−2＝☐
② 18−7−5＝☐
③ 14−7−3＝☐
④ 15−6−4＝☐
⑤ 9−3+5+1＝☐
⑥ 16−7−4−3＝☐
⑦ 18−9−2−4＝☐
⑧ 20−8−5+6＝☐
⑨ 12−8+7+3＝☐
⑩ 13+4−8+6＝☐

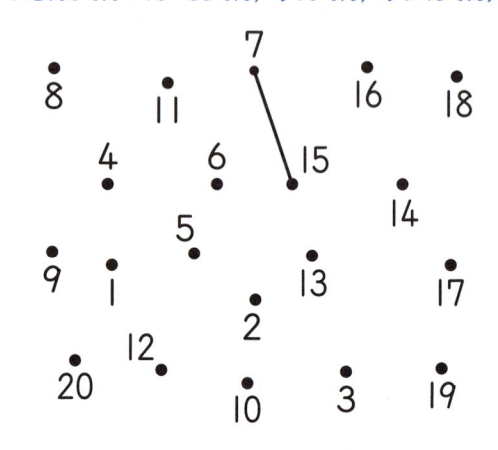

発展レベル ☆☆

3 つぎの ☐ に あてはまる かずを ぜんぶ かきなさい。
(4てん×4=16てん)

① 20-3-8< ☐ <15-7+3

② 18-9+7< ☐ <17-5+8

③ 8+12< ☐ <9+8+10

④ 1+12-8< ☐ <17-9+3

4 つぎの かずを 大きい じゅんに ならべ, きごうで こたえなさい。
(8てん)

あ 8より 7 大きい かず　　い 14より 9 小さい かず
う 10より 10 大きい かずより 3 小さい かず

☐ , ,

5 右の グラフは 35人の クラスで むしばが なん本 あるか しらべた ものです。むしばが 5本より おおい 人は いません。むしばが 2本 の 人ずうと 3本の 人ずうの ところは グラフが よごれて 見えません。また, むしばが 3本の 人ずうは, むしばが 2本の 人ずうよりも ふたり おおかったそうです。
(8てん×3=24てん)

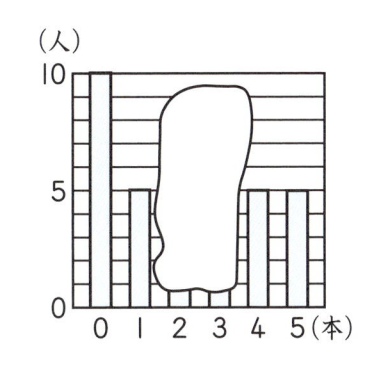

① むしばが 2本の 人ずうと 3本の 人ずうは あわせて なん人 ですか。　　☐ 人

② むしばが 3本の 人ずうは なん人 ですか。　　☐ 人

③ よりこさん よりも むしばの おおい 人は 20人 いるそうです。よりこさんは むしばが なん本 ありますか。
☐ 本

6 かずの 大・小くらべ

★★★ トップレベル ●時間20分 ●答え→別冊12ページ

1 つぎに あてはまる かずを ぜんぶ かきなさい。

(5てん×2=10てん)

① 6より 3 大きい かずより 大きく, 12より 4 大きい かずより 小さい かずは [　　　] です。

② 9より 6 大きい かずより 8 小さい かずは, 13より 7 小さい かずより [　　　] 大きい。

2 ⓪, ①, ②, ③, ④ の カードのうち, 3まいを つかって, 3けたの かずを つくります。

(6てん×3=18てん)

① つくる ことの できる かずの うちで, いちばん 大きい かずは いくつですか。 [　　　]

② つくる ことの できる かずの うちで, いちばん 小さい かずは いくつですか。 [　　　]

③ 340に いちばん ちかい かずは いくつですか。ただし, 340は かんがえません。 [　　　]

3 つぎの しきが 正しく なるような 0よりも 大きい かずを ぜんぶ かきなさい。

(5てん×3=15てん)

① [　　　] <12+8−9

② 10−8+4< [　　　] <18−9+3

③ 8+9−6< [　　　] <6+2+10

4 つぎの しきが 正しく なるような かずを ぜんぶ かきなさい。
(5てん×4=20てん)

① 2+3+6< ☐ <4+5+9

② 4+5−6< ☐ <14−5+1

③ 7+3+6< ☐ <19−9+8

④ 20−9−6< ☐ <15−6+8

5 よりこさんは おはじきを 3こ もって います。しずかさんは よりこさんよりも 4こ おおく,あすかさんより 7こ すくない おはじきを もって います。あすかさんの もって いる おはじきは なんこに なりますか。
(10てん)

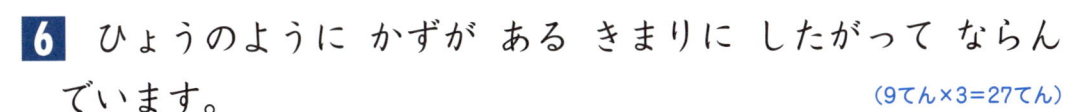

☐ こ

6 ひょうのように かずが ある きまりに したがって ならんでいます。
(9てん×3=27てん)

① アが 9の とき,イは いくらですか。 ☐

② ウが 9の とき,アは いくらですか。 ☐

③ イから アを ひいた こたえが 12の とき,ウは いくらですか。 ☐

ア	1	2	3	4	5	6	7	8	……
イ	1	3	5	7	9	11	13	15	……
ウ	19	18	17	16	15	14	13	12	……

① つぎの けいさんを しなさい。　(4てん×8＝32てん)

① 2＋4＋5＝ ☐

② 8＋6－2＝ ☐

③ 9－3－3＝ ☐

④ 16－9＋2＝ ☐

⑤ 5＋3－7＋6＝ ☐

⑥ 9－4＋8＋3＋2＝ ☐

⑦ 18－9＋3＋6－4＝ ☐

⑧ 10－3－3－2＝ ☐

② 花だんに 赤い 花が 8本，白い 花は 赤い 花より 5本 すくなく さいています。あわせて なん本 さいていますか。

(7てん)

☐ 本

③ つぎの ☐ に あてはまる かずを かきなさい。(5てん×4＝20てん)

① 1と 4を あわせた かずは 11より ☐ 小さい。

② 10と 3を あわせた かずは 6より ☐ 大きい。

③ 7に 4を たした かずは 8に 2を たした かずより ☐ 大きい。

④ 5と 7を たした かずに 2を たした かずは 9から 5 を ひいた かずより ☐ 大きい。

④ つぎの ような ふしぎボックス1ごう，2ごう，3ごうが あります。3つとも，入口から かずを 入れると，ある きまりに したがって 出口から かずが 出てきます。(7てん×3=21てん)

ふしぎボックス	1ごう			2ごう			3ごう		
入れる数	1	2	3	3	4	5	9	8	7
出てくる数	2	3	4	2	3	4	1	2	3

① 1ごうに 5を 入れると 出てくる かずは いくつですか。

② 2ごうに 11を 入れると 出てくる かずは いくつですか。

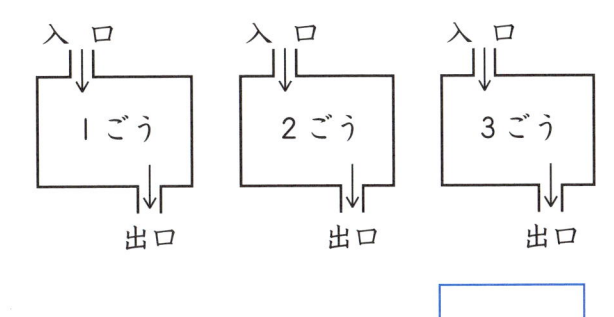

③ 3ごうに 10を 入れると 出てくる かずは いくつですか。

⑤ 下の ずは けいさんめいろです。①，②の ように すすむと ⑦から ⑰の どの 出口に 出ますか。(10てん×2=20てん)

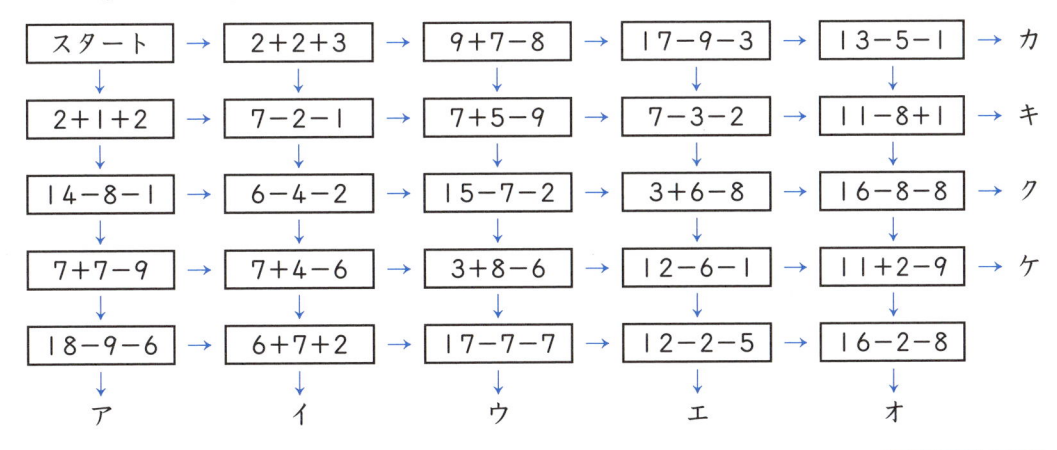

スタート	→	2+2+3	→	9+7-8	→	17-9-3	→	13-5-1	→ カ
↓		↓		↓		↓		↓	
2+1+2	→	7-2-1	→	7+5-9	→	7-3-2	→	11-8+1	→ キ
↓		↓		↓		↓		↓	
14-8-1	→	6-4-2	→	15-7-2	→	3+6-8	→	16-8-8	→ ク
↓		↓		↓		↓		↓	
7+7-9	→	7+4-6	→	3+8-6	→	12-6-1	→	11+2-9	→ ケ
↓		↓		↓		↓		↓	
18-9-6	→	6+7+2	→	17-7-7	→	12-2-5	→	16-2-8	
↓		↓		↓		↓		↓	
ア		イ		ウ		エ		オ	

① こたえが すべて 5に なるように すすむ。

② こたえが 5，4，3，…と，1つずつ 小さく なるように すすむ。

7 たしざん(2)

☆ **標準レベル**
- 時間 15分
- 答え→別冊14ページ

1 ☐ に あてはまる かずを かきなさい。 (1てん×9=9てん)

① 83+45 の けいさん

　83+45 → 80+3+40+☐

　　　　→ 120と ☐ で ☐ (こたえ)

② 67+82 の けいさん

　67+82 → 60+7+80+☐

　　　　→ 140と ☐ で ☐ (こたえ)

③ 87+45 の けいさん

　87+45 → 80+7+40+☐

　　　　→ 120と ☐ で ☐ (こたえ)

2 つぎの たしざんを しなさい。 (3てん×14=42てん)

① 50+80=　　　② 90+30=

③ 16+70=　　　④ 42+53=

⑤ 83+64=　　　⑥ 78+61=

⑦ 88+26=　　　⑧ 84+59=

⑨ 44+77=　　　⑩ 79+46=

⑪ 65+89=　　　⑫ 98+15=

⑬ 56+87=　　　⑭ 48+83=

3 まん中の かずと まわりの かずを たしなさい。

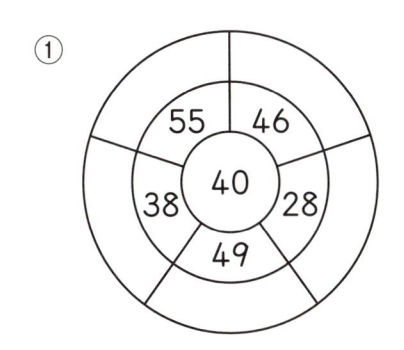

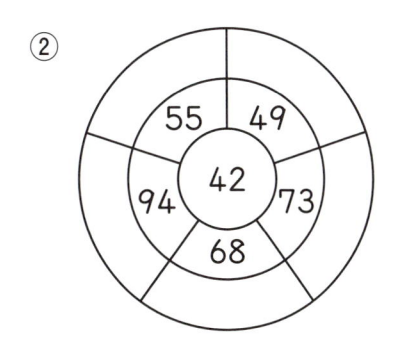

(3てん×10=30てん)

① 中:40、まわり:55, 46, 28, 49, 38

② 中:42、まわり:55, 49, 73, 68, 94

4 よりこさんは いろがみを 48まい もって います。みどりさんから 38まい もらいました。ぜんぶで なんまいに なりましたか。

(しき4てん, こたえ5てん, けい9てん)

しき

□ まい

5 赤いろの おはじきが 45こ あります。水いろの おはじきは 赤いろの おはじきより 36こ おおいそうです。水いろの おはじきは なんこ ありますか。

(しき5てん, こたえ5てん, けい10てん)

しき

□ こ

> **おとなの方へ**
> 筆算による2けたあるいは2けた以上のたし算を習得することが目標です。位をそろえて書き，一の位から順に大きい位へとたしていくことが大事です。暗算で計算するときは大きい位から計算していきます。

7 たしざん(2)

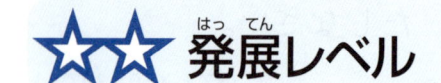

☆☆ 発展レベル

●時間20分
●答え→別冊14ページ

1 ☐に あてはまる かずを かきなさい。　(2てん×6=12てん)

① 18+26+43 の けいさん

18+26+43 → 10+8+20+6+40+3
　　　　　→ 10+20+40+8+6+3
　　　　　→ ☐ + ☐
　　　　　→ ☐ (こたえ)

② 38+45+63 の けいさん

38+45+63 → 30+8+40+5+60+3
　　　　　→ 30+40+60+8+5+3
　　　　　→ ☐ + ☐
　　　　　→ ☐ (こたえ)

2 つぎの たしざんを しなさい。　(4てん×12=48てん)

① 14+31+32=☐　　② 23+42+21=☐
③ 56+12+32=☐　　④ 65+33+42=☐
⑤ 13+76+84=☐　　⑥ 27+51+39=☐
⑦ 82+15+46=☐　　⑧ 62+24+37=☐
⑨ 44+45+46=☐　　⑩ 81+17+55=☐
⑪ 23+64+88=☐　　⑫ 57+42+94=☐

発展レベル ☆☆

3 つぎの かずを もとめなさい。　　　(4てん×4＝16てん)

① 23より 18 大きい かずより さらに 43 大きい かず　☐

② 38より 8 小さい かずより 68 大きい かず　☐

③ 48より 39 大きい かずより 4 小さい かず　☐

④ 8 と 24の ちょうど まん中の かず　☐

4 ゆうこさんは, 赤い ビーズを 36こ, 青い ビーズを 47こ, みどりの ビーズを 50こ もって います。赤い ビーズと, 青い ビーズと みどりの ビーズを あわせると なんこに なるでしょう。
　　(しき6てん, こたえ6てん, けい12てん)

しき

☐ こ

5 りかさんは, ある 本を, きのう 37ページ よんで いました。その つづきを きょうは, きのうより 19ページ おおく よみました。あした 13ページよむと, よみおわるそうです。この 本は ぜんぶで なんページ あるでしょう。
　　(しき6てん, こたえ6てん, けい12てん)

しき

☐ ページ

7 たしざん(2)

★★★ トップレベル ●時間20分 ●答え→別冊15ページ

1 つぎの たしざんを しなさい。　(4てん×6=24てん)

① 20+15+34+11=
② 26+30+22+31=
③ 12+23+42+53=
④ 34+21+43+42=
⑤ 13+25+52+68=
⑥ 28+34+37+69=

2 つぎの □に あてはまる かずを かきなさい。　(4てん×5=20てん)

① 36に 78を たした かずは
② 16より 2+16+13だけ 大きい かずは
③ 38+13-8より 10+5+4 だけ 大きい かずは
④ 28-8-7に 39+5-4+6を たした かずは
⑤ 26-9-5 と 9+2+3の まん中の かずは

3 はるかさんは, 1月から, 1か月に 1かい, 47円ずつ ちょ金を することに きめました。ちょ金した 金がくが, ぜんぶで 150円を こえるのは, なん月ぶんの ちょ金を したときですか。　(10てん)

□月ぶん

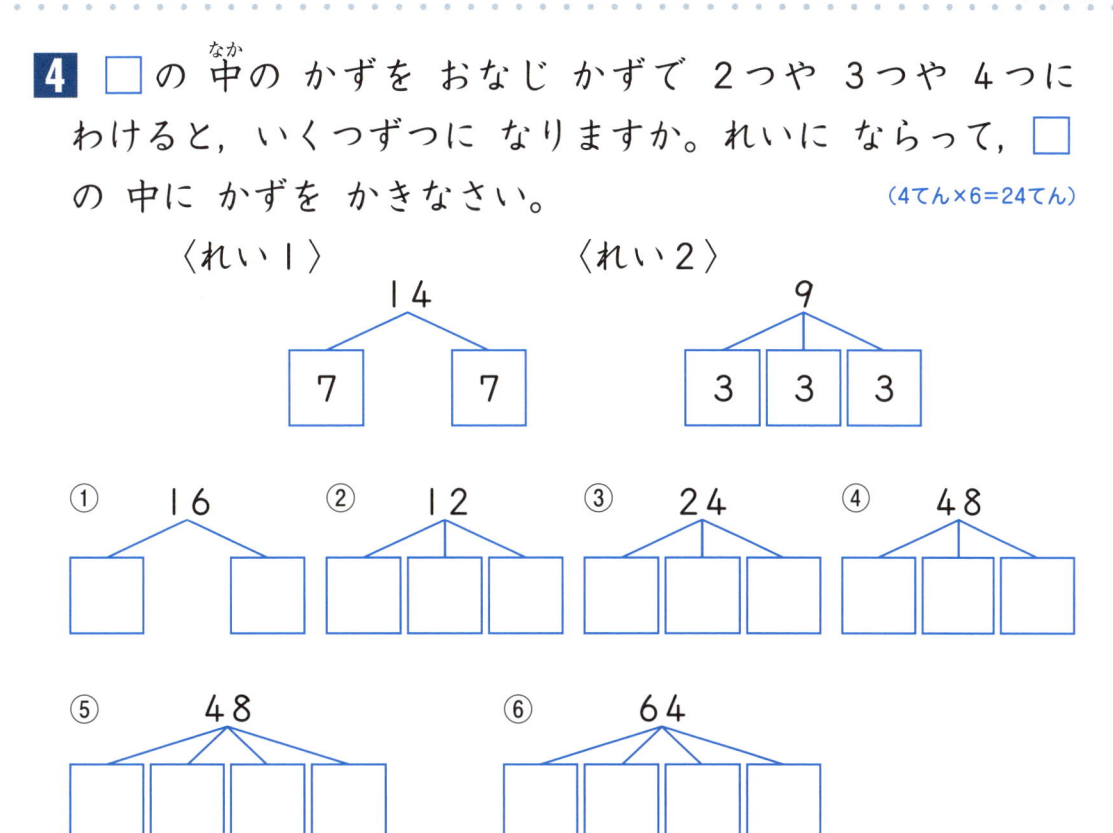

4 ☐の 中の かずを おなじ かずで 2つや 3つや 4つに わけると, いくつずつに なりますか。れいに ならって, ☐の 中に かずを かきなさい。 (4てん×6=24てん)

〈れい1〉 14 → 7, 7

〈れい2〉 9 → 3, 3, 3

① 16 → ☐, ☐
② 12 → ☐, ☐, ☐
③ 24 → ☐, ☐, ☐
④ 48 → ☐, ☐, ☐
⑤ 48 → ☐, ☐, ☐, ☐
⑥ 64 → ☐, ☐, ☐, ☐

5 えみりさんは, 15円きっ手を 3まいと, 5円きっ手を 3まいと, 35円きっ手を 2まい もって います。あわせて なん円ぶんの きっ手を もって いますか。 (11てん)

☐ 円ぶん

6 よりこさんは もって いた おはじきの はんぶんを りえさんに あげて, さらに のこった おはじきの はんぶんを としこさんに あげました。つぎに, その のこりの はんぶんを きょうこさんに あげたので のこりは 24こに なりました。よりこさんは おはじきを なんこ もって いましたか。 (11てん)

☐ こ

8 ひきざん(2)

☆ 標準レベル ●時間15分 ●答え→別冊16ページ

1 つぎの □ に あてはまる かずを かきなさい。
(1てん×6=6てん)

① 45−13 の けいさん
45−13 → 40+5−10−3
→ □ +5−3
→ □ (こたえ)

② 73−48 の けいさん
73−48 → 70+3−40−8
→ 60+ □ +3−40−8
→ 60−40+ □ −8
→ 20+ □
→ □ (こたえ)

2 つぎの ひきざんを しなさい。
(3てん×12=36てん)

① 38−14= □   ② 69−32= □
③ 87−43= □   ④ 29−18= □
⑤ 50−42= □   ⑥ 87−28= □
⑦ 73−45= □   ⑧ 93−37= □
⑨ 65−48= □   ⑩ 72−36= □
⑪ 92−45= □   ⑫ 57−28= □

標準レベル ☆

3 まん中の かずから まわりの かずを ひきなさい。

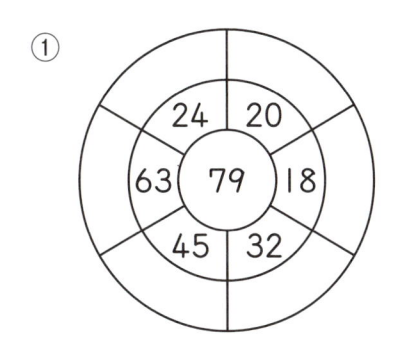

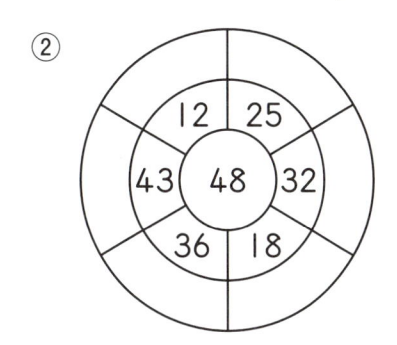

(2てん×12=24てん)

① 外側: 24, 20, 18, 32, 45, 63 / 中央: 79

② 外側: 12, 25, 32, 18, 36, 43 / 中央: 48

4 つぎの □に あてはまる かずを 入れなさい。 (3てん×6=18てん)

① 26−14−1= □   ② 83−72−2= □

③ 69−23−3= □   ④ 49−20−5= □

⑤ 45−11−7= □   ⑥ 98−57−2= □

5 あきらくんは ビー玉を 36こ, たかしくんは ビー玉を 58こ もって います。 (①しき4てん, こたえ4てん, ②8てん, けい16てん)

① たかしくんは あきらくんより ビー玉を なんこ おおく もって いますか。

しき

□ こ

② たかしくんは もって いる ビー玉から なんこかを あきらくんに あげたら, ふたりの もって いる ビー玉の かずが おなじに なりました。たかしくんは あきらくんに なんこ ビー玉を あげましたか。

□ こ

> **おとなの方へ**
> くり下がりの計算ミスをしないように注意します。ひき算をたくさん行うときは、ひき算部分をまとめて先にたしておきましょう。(たし算部分の和)−(ひき算部分の和)で、ひき算を1回の計算ですませることがポイントです。

8 ひきざん(2)

★★ 発展レベル ●時間20分 ●答え→別冊16ページ

1 つぎの □ に あてはまる かずを かきなさい。
(2てん×8＝16てん)

① 48−23 の けいさん
48−23 → 40＋8−20−3 → 40−20＋8−3
→ 20＋□
→ □ (こたえ)

② 64−38 の けいさん
64−38 → 60＋4−30−8
→ 50＋□−30−8
→ 50−30＋□ → □ (こたえ)

③ 87−25−48 の けいさん
87−25−48 → 80＋7−20−5−40−8
→ □＋7−5−8
→ □＋10＋7−5−8 → □ (こたえ)

2 つぎの ひきざんを しなさい。
(2てん×10＝20てん)

① 49−15＝□　② 86−43＝□
③ 90−48＝□　④ 70−32＝□
⑤ 45−18＝□　⑥ 38−29＝□
⑦ 64−39＝□　⑧ 81−47＝□
⑨ 83−48＝□　⑩ 97−58＝□

発展レベル ☆☆

3 まん中の かずから まわりの かずを ひきなさい。

(3てん×12=36てん)

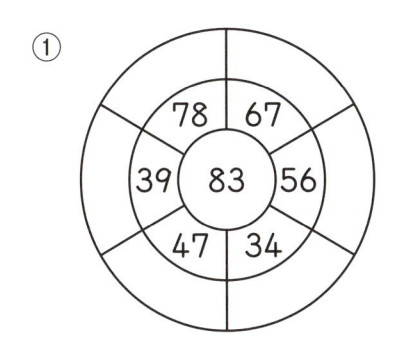

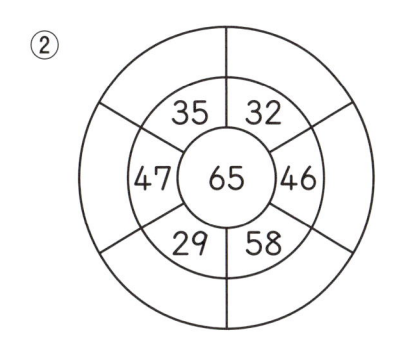

① 中心:83、周り:78, 67, 56, 34, 47, 39

② 中心:65、周り:35, 32, 46, 58, 29, 47

4 つぎの □に あてはまる かずを かきなさい。(3てん×5=15てん)

① 78-43+1= □   ② 63-27-2= □

③ 98-49-5= □   ④ 99-68+2= □

⑤ 78-56+25-9= □

5 みずきさんの おじいさんは、67さいです。みずきさんの おとうさんと おじいさんは 28さい ちがいます。みずきさんは みずきさんの おとうさんと 32さい ちがいます。みずきさんは いま、なんさいですか。

(6てん)

□ さい

6 ピーナッツが 100こ あります。あきらくんと みずきくんと たかしくんに この ピーナッツ ぜんぶを くばることに しました。あきらくんには 38こ、みずきくんには あきらくんより 9こ すくなく くばりました。たかしくんは なんこ もらったでしょう。

(7てん)

□ こ

⑧ ひきざん(2)

★★★ トップレベル ●時間20分 ●答え→別冊16ページ

1 □に あてはまる かずを かきなさい。 (3てん×6=18てん)

① 87-43-22 の けいさん
87-43-22 → 80+7-40-3-20-□
→ 20+□ → □（こたえ）

② 94-46-28 の けいさん
94-46-28 → 80+14-□-6-20-8
→ □+14-6-8 → □（こたえ）

2 つぎの けいさんを しなさい。 (4てん×8=32てん)

① 87-14-35=□　② 68-43-21=□
③ 70-18-31=□　④ 87-28-46=□
⑤ 83-28-47=□　⑥ 38+47-59=□
⑦ 45-28+47+25=□
⑧ 49+65-52-14=□

3 下の ずは ひきざんピラミッドです。れいの ように ならんで いる 2つの かずの うち 大きい かずから 小さい かずを ひいて, 上の □に かずを 入れます。
□に 入る かずを こたえなさい。 (2てん×6=12てん)

〈れい〉

```
        30 ←51-21
       /  \
98-47→ 51   21 ←47-26
      /  \ /  \
     98  47   26
```

① 87, 56, 29

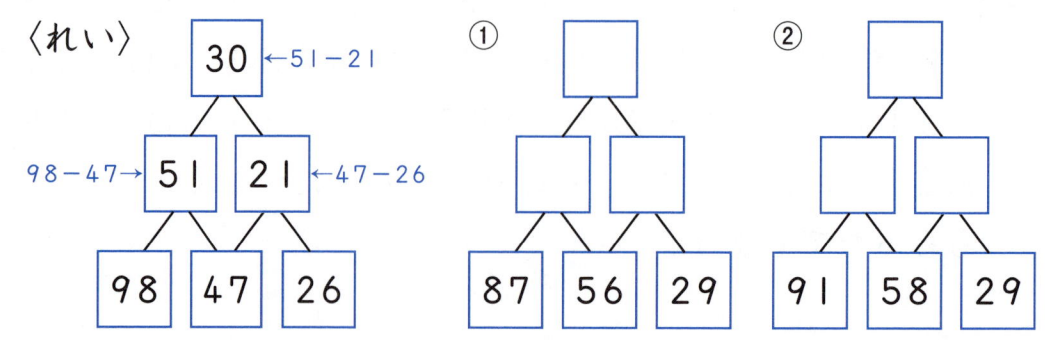

② 91, 58, 29

4 つぎの □ に あてはまる かずを 入れなさい。(3てん×6=18てん)

① 88−43−22= □   ② 99−43−13= □

③ 82−43+26= □   ④ 71−36−24= □

⑤ 93−32−18= □   ⑥ 65+95−75= □

5 でん車に 74人 のって いました。1つめの えきで 17人 おりて，18人 のって きました。2つめの えきで 24人 おりて 38人 のって きました。3つめの えきで 47人 おりて 30人 のって きました。でん車に のっている 人は なん人に なりましたか。 (10てん)

□ 人

6 4まいの カード ①，②，③，④ が あります。これらの カードを 2まいずつに わけ，2けたの かずを 2つ つくります。 (5てん×2=10てん)

① つくった 2つの かずを たして，こたえを できるだけ 大きい かずに しました。その こたえは いくらですか。

□

② つくった 2つの かずで，大きい ほうから 小さい ほうを ひいて，こたえを できるだけ 小さい かずに しました。その こたえは いくらですか。

□

9 □の ある しき（逆算）

☆ 標準レベル
- 時間 15分
- 答え→別冊17ページ

れい1

□+3=16の □に あてはまる かずを もとめなさい。

たとえば，2+3=5 なら，2=5-3 です。
おなじように，□+3=16 は
□=16-3　□=13 とします。

たしかめ 13+3=16

1 □に あてはまる かずを もとめましょう。　（5てん×5=25てん）

① □+5=38　② □+4=26　③ □+17=22

④ □+18=21　⑤ □+10=13

れい2

4+□=16の □に あてはまる かずを もとめなさい。

たとえば，3+2=5 なら，2=5-3 です。
おなじように，4+□=16 は
□=16-4　□=12 とします。

たしかめ 4+12=16

2 □に あてはまる かずを もとめましょう。　（5てん×5=25てん）

① 1+□=27　② 3+□=16　③ 16+□=22

④ 8+□=25　⑤ 7+□=21

標準レベル ☆

れい3

□−3=18の □に あてはまる かずを もとめなさい。

たとえば，5−3=2 なら，5=2+3 です。
おなじように，□−3=18 は
□=18+3　□=21 とします。

たしかめ 21−3=18

3 □に あてはまる かずを もとめましょう。　（5てん×5=25てん）

① □−2=32　② □−3=24　③ □−7=15

④ □−18=37　⑤ □−26=11

れい4

14−□=8の □に あてはまる かずを もとめなさい。

たとえば，5−2=3 なら，2=5−3 です。
おなじように，14−□=8 は
□=14−8　□=6 とします。

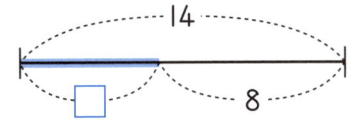

たしかめ 14−6=8

4 □に あてはまる かずを もとめましょう。　（5てん×5=25てん）

① 14−□=3　② 28−□=6　③ 36−□=16

④ 18−□=8　⑤ 45−□=19

おとなの方へ　たし算・ひき算をマスターした後は，未知数□をふくむ式から，□を求める問題を扱います。概念をしっかり理解させたいところなので特別章を設けました。まずは，簡単な計算を例にして解いて，そのやり方に習うのがコツです。

9 □の あるしき（逆算）

★★ 発展レベル　●時間20分　●答え→別冊18ページ

1 □の 中に かずを 入れなさい。　(4てん×8=32てん)

① □+8=45　② □+5=51

③ 5+□=25　④ 8+□=64

⑤ □-6=24　⑥ □-3=58

⑦ 75-□=4　⑧ 84-□=9

2 □の 中に かずを 入れなさい。　(4てん×6=24てん)

① □+14=48　② 18+□=51

③ □+1+28=36　④ 24-□=13

⑤ 46-□=13　⑥ 28-7-□=19

3 下の しきは，けいさんしりとりです。1から 9の かずを 入れて 正しい しきに しましょう。ただし おなじ 文字には おなじ かずが 入ります。　(4てん×5=20てん)

① 16-ア=8　→　② 8+25-イ=6

③ 6+ア-2=ウ　→　④ ウ-7-エ=2

⑤ 2+5+8+9+10-7=オ

ア□　イ□　ウ□　エ□　オ□

発展レベル ☆☆

4 たまきさんと, ゆうきくんは トランプの カードを 1まい ずつ ひいて もって います。ゆうきくんの もって いる カードの かずを □ として, しきを つくり, ゆうきくんの もって いる カードの かずを もとめなさい。(しき3てん, こたえ3てん, けい24てん)

① たまきさんと, ゆうきくんの もって いる カードの かずを たすと, 18に なります。たまきさんの もって いる カードが 7で ある とき, ゆうきくんの かずを もとめなさい。

しき

② ゆうきくんの カードの かずから, たまきさんの カードの かずを ひくと, 7に なります。たまきさんの もって いる カードが 3で あるとき, ゆうきくんの かずを もとめなさい。

しき

③ たまきさんの カードの かずから, ゆうきくんの カードの かずを ひくと, 5に なるそうです。たまきさんの もって いる カードが 13で ある とき, ゆうきくんの かずを もとめなさい。

しき

④ 先生の カードの かずは, たまきさんより 1 大きく, たまきさんと, ゆうきくんと 先生の 3人の カードの かずを たすと 13に なります。たまきさんの カードの かずが 4で ある とき, ゆうきくんの カードの かずは いくつですか。

しき

9 □の ある しき(逆算)

★★★ トップレベル ●時間20分 ●答え→別冊18ページ

1 □の 中に あてはまる かずを 入れなさい。 (3てん×4=12てん)

① 21+□+4=38　　② 41+□+4=51

③ 77+13-□=6　　④ 28-□-15=3

2 □の 中に あてはまる かずを 入れなさい。 (3てん×6=18てん)

① 64+16-9-□=3　　② 38-17-□=9

③ 2+1+□+44=67　　④ 18+13-29+□=51

⑤ □-33=36+12　　⑥ 78-19-3-□=3

3 みわさんと, りんかさんと ゆめかさんと りおさんが すう字を ひとつだけ かいた カードを 1まいずつ もっています。りおさんの カードの かずが 75であるとき, みわさんの カードの かずは いくつですか。つぎの 3人の はなしを きいて こたえなさい。 (6てん)

りんか:わたしの もって いる カードは みわさんの カードより 7だけ 大きいわ。

ゆめか:わたしの もっている カードは りんかさんの カードより 4だけ 小さいわ。

り　お:ゆめかさんと わたしの カードの かずを たすと, 100に なります。

4 まいさんは あめ玉を なんこか もって います。そこへ, おかあさんから あめ玉を 9こ もらい, さらに, 8こ たべたので, のこりは 7こに なりました。はじめに もっていた あめ玉の こすうを □こ として, しきを つくりなさい。また, はじめに まいさんが もって いた あめ玉の こすうは なんこでしたか。 (しき7てん, こたえ7てん, けい14てん)

しき

　　　　　　　　　　　　　　　　　　　　　　　　　　　　　　　　　　　こ

5 63から 13を ひき, さらに ある かずを ひくと, 7に なりました。ある かずを □と おいて, しきを つくりなさい。また, ある かずを もとめなさい。 (しき7てん, こたえ7てん, けい14てん)

しき

　　　　　　　　　　　　　　　　　　　　　　　　あるかず

6 下の ずは まほうじんと いいます。たて, よこ, ななめの れつの どの 3つの かずを たしても 12に なると いう きまりが あると き あいて いる □に あてはまる かずを かきなさい。 (18てん×2＝36てん)

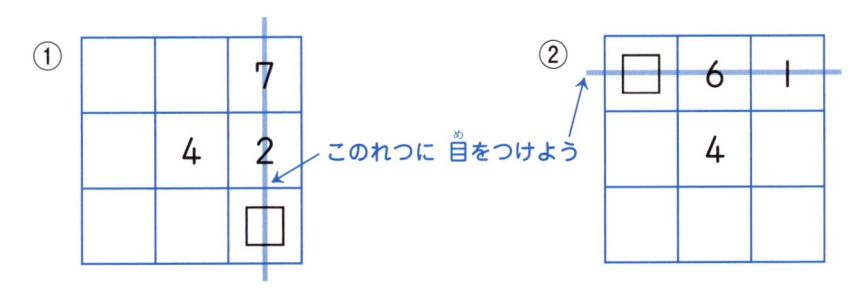

①

		7	
	4	2	
		□	

このれつに 目をつけよう

②

□	6	1
	4	

10 じこくの よみかた

☆ **標準レベル** ●時間 15分 ●答え→別冊19ページ

1 いま なんじですか。 (5てん×4=20てん)

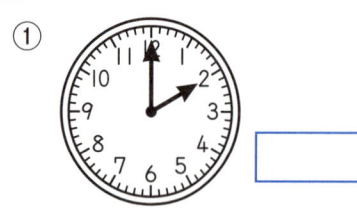

① □じ
② □じ
③ □じ
④ □じ

2 いま なんじはん ですか。 (5てん×2=10てん)

①  □じはん
②  □じはん

3 いま なんじなんぷん ですか。 (5てん×4=20てん)

① □
②  □
③  □
④  □

4 つぎの じこくを しめす とき, たりない はりを とけいの 中に かきなさい。

(5てん×4=20てん)

① 10じ　　　　　　　② 8じ

③ 9じはん 　　　　　　④ 7じはん

5 よりこさんは ごご9じはんに ねて, ごぜん6じはんに おきます。ゆりさんは ごご10じに ねて, ごぜん7じはんに おきます。つぎの といに こたえなさい。

(10てん×3=30てん)

① よりこさんと ゆりさんの どちらが あさ 早く おきますか。

② よりこさんと ゆりさんの どちらが ながく ねていますか。

③ よりこさんの おかあさんは, よりこさんが ねた じかんの 2じかん20ぷんごに ねました。おかあさんが ねた じこくを こたえなさい。

おとなの方へ　時刻の読み方を習熟していきます。時刻と時間の違い, さらには午前, 午後の区別, 十二時制と二十四時制までも広げて理解したいものです。ここでは, 時刻と時間の概念をしっかりと理解させましょう。

10 じこくの よみかた

★★ 発展レベル
●時間20分
●答え→別冊19ページ

1 つぎの じこくを こたえなさい。ごぜんか ごごかも こたえなさい。
(6てん×4=24てん)

① 学校から かえって あそんで いるとき

☐ ☐ じ ☐ ぷん

② 学校に いくため，いえを 出る じかん

☐ ☐ じ ☐ ふん

③ ねるまえの はみがきの じかん

☐ ☐ じ ☐ ふん

④ しんぶんやさんが あさ おきる じかん

☐ ☐ じ ☐ ふん

2 たりない はりを かき入れなさい。
(6てん×4=24てん)

① 5じ30ぷん

② 1じ45ふん

③ 8じ35ふん

④ 3じ55ふん

発展レベル ☆☆

3 つぎの じこくを しめすように, とけいの はりを かき入れましょう。
(7てん×4=28てん)

① 下の じこくの
10ぷんご

② 下の じこくの
1じかんご

③ 下の じこくの
30ぷんまえ

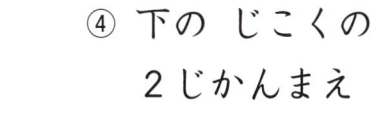

④ 下の じこくの
2じかんまえ

4 ある おみせは, 月よう日は, ごぜん 8じ30ぷんに はじまり, ごご 2じ40ぷんに しまります。つぎの といに こたえなさい。
(8てん×3=24てん)

① 火よう日は, 8じ30ぷんに はじまり, 3じ30ぷんに しまります。月よう日と 火よう日では どちらの ほうが ながく ひらいて いますか。

　　　　　　　　　　　　　　　　　　□よう日

② 火よう日に ひらいて いる じかんは なんじかんですか。

　　　　　　　　　　　　　　　　　　□じかん

③ 月よう日に ひらいて いる じかんは なんじかん なんぷんですか。

　　　　　　　　　　　　　□じかん □ぷん

65

10 じこくの よみかた

★★★ トップレベル 時間20分 答え→別冊20ページ 得点 /100

1 つぎの ふたつの じこくについて 左の じこくから, 右の じこくの あいだは なんじかん なんぷんですか。ただし, みじかい はりは, 1しゅうより おおくは まわりません。

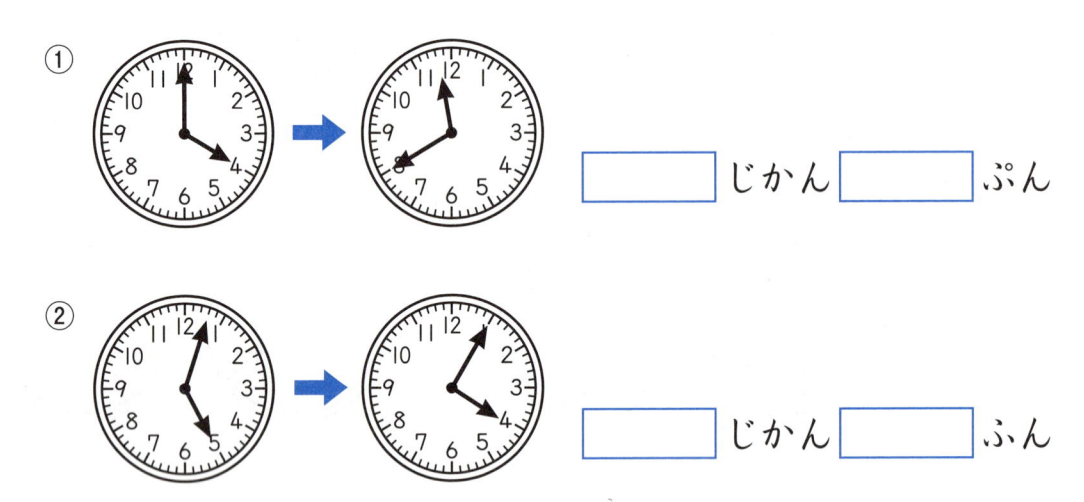

（15てん×2＝30てん）

① ☐ じかん ☐ ぷん

② ☐ じかん ☐ ふん

2 よりこさん, ゆうみさん, ちかこさん, さやかさん, みどりさんの 5人が 学校に ついた じこくは つぎの とおりです。

- よりこさんは ごぜん7じ55ふんに つきました。
- ゆうみさんは ごぜん8じ12ふんに つきました。
- ちかこさんは よりこさんより 10ぷんまえに つきました。
- さやかさんは 8じに なる 7ふんまえに つきました。
- みどりさんは ゆうみさんの 3ぷんまえに つきました。

この とき, 学校に 早く ついた じゅんばんに 名まえを かきなさい。

（15てん）

1. ☐ さん　2. ☐ さん　3. ☐ さん
4. ☐ さん　5. ☐ さん

3 下のずは たくやくんと ゆうすけくんと たかしくんが えきの ホームに ついた じこくを しめして います。この とき、4じ45ふんに 出る でん車に のれたのは だれですか。

ゆうすけ **くん**

4 つぎの 文は かほこさんの さく文です。つぎの といに こたえましょう。

きのう、かぞくで ゆうえんちに いきました。おきたのは ごぜん 6じはんで、出ぱつしたのは、その 1じかんはん あとです。ゆうえんちには いえを 出てから 1じかんごに つきました。ゆうえんちでは、メリーゴーランドなどに のりました。ゆうえんちを 出たのは ごご4じ45ふんでした。たくさん あそべて たのしかったです。

① つぎの じこくに あてはまるように、とけいに はりを かき入れましょう。

㋐ おきた じこく　　㋑ 出ぱつした じこく 　　㋒ ゆうえんちに ついた じこく

② いえを 出てから、ゆうえんちを 出るまでは なんじかん なんぷんだったでしょう。

8 じかん **45** ふん

復習テスト3

●時間 20分
●答え→別冊21ページ
得点 /100

1 つぎの けいさんを しなさい。 (3てん×10＝30てん)

① 60＋30＝☐   ② 70＋85＝☐
③ 48＋57＝☐   ④ 76＋85＝☐
⑤ 80−50＝☐   ⑥ 95−40＝☐
⑦ 70−42＝☐   ⑧ 68−29＝☐
⑨ 12＋24＋36＝☐   ⑩ 91−27−48＝☐

2 あめ玉が 46こ あります。これを たくやくんに 18こ, しんやくんに 13こ あげました。あめ玉は なんこ のこって いるでしょう。 (しき5てん, こたえ5てん, けい10てん)

しき

☐ こ

3 つぎの ☐に かずを かきなさい。 (5てん×6＝30てん)

① 18＋☐＝92   ② 94−☐＝35
③ 28＋49＋☐＝68＋23   ④ 45−☐＋28＝64−28
⑤ 90＋25−☐＝17   ⑥ ☐＋63−27−28＝8

④ ある かずに 17を たし，8を ひいてから，さらに 10を たすと 50に なるそうです。ある かずを □として しきを つくり，ある かずを もとめなさい。(しき5てん，こたえ5てん，けい10てん)

しき

あるかず □

⑤ ともこさんの 学校は，1じかんの じゅぎょうじかんは，40ぷんで，じゅぎょうと じゅぎょうの あいだには 10ぷんかんの 休みじかんが あります。1じかんめは，8じ20ぷんに はじまり，土よう日は，3じかんめまで あるそうです。土よう日は 1じかんめの じゅぎょうが はじまってから，3じかんめの じゅぎょうが おわるまで なんじかん なんぷんですか。 (10てん)

□ じかん □ ぷん

⑥ いちろうくんの 学校の 子ども 98人で マラソンを しました。いちろうくんは スタートしたあと，まえから 25ばんめでしたが 13人に ぬかれました。せいじくんは はじめ，うしろから 19ばんめでしたが 18人を ぬきました。さいごには いちろうくんと せいじくんの あいだに なん人 いますか。 (10てん)

□ 人

11 たしざん(3)

☆ **標準レベル**

1 つぎの けいさんを しなさい。 (3てん×6=18てん)

① 23+100=　　　　② 300+97=

③ 142+35=　　　　④ 253+11=

⑤ 74+146=　　　　⑥ 88+223=

2 つぎの けいさんを しなさい。 (3てん×3=9てん)

①　　122　　　②　　 35　　　③　　 85
　　+ 71　　　　　+324　　　　　+247

3 つぎの けいさんを しなさい。 (3てん×3=9てん)

①　　216　　　②　　532　　　③　　786
　　+293　　　　　+367　　　　　+895

4 つぎの □ に あてはまる かずを もとめなさい。 (4てん×9=36てん)

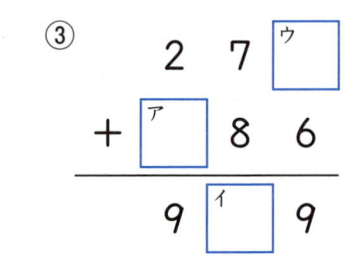

①　　 5 [イ] 2　　②　　 2 [イ][ウ]　　③　　 2 7 [ウ]
　　+ [ア] 4 [ウ]　　　+ [ア] 0 4　　　　+ [ア] 8 6
　　――――――　　　―――――　　　　―――――
　　　 7 9 6　　　　　 8 2 3　　　　　 9 [イ] 9

5 1年生が こうえんで あきかんひろいを しました。1くみ は 135こ，2くみは 98こ，3くみは 102こ ひろいまし た。つぎの といに こたえなさい。　(しき4てん　こたえ4てん，けい16てん)

① 1くみと 2くみで あつめた あきかんは ぜんぶで なん こでしたか。

しき

　　　　　　　　　　　　　　　　　　　　　　　　□ こ

② 1くみと 2くみと 3くみで あつめた あきかんは ぜん ぶで なんこでしたか。

しき

　　　　　　　　　　　　　　　　　　　　　　　　□ こ

6 下の ずは たしざんピラミッドです。れいの ように 下の 2つの かずを たして，上の □ に かずを 入れます。 □ に 入る かずを こたえなさい。　(2てん×6=12てん)

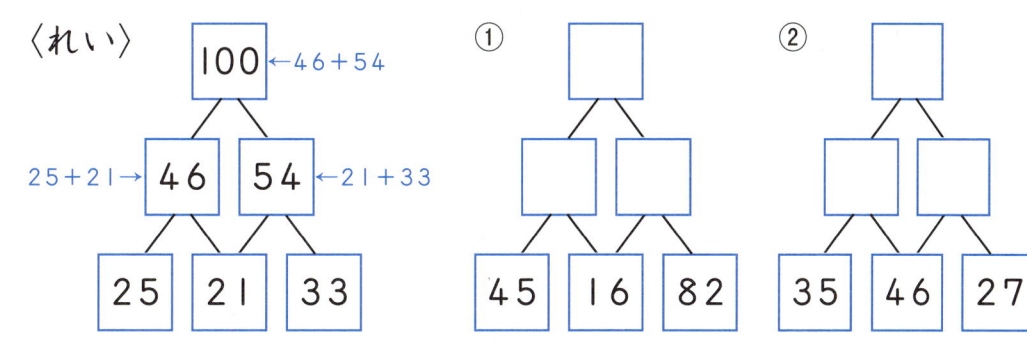

〈れい〉

100 ← 46+54

25+21 → 46　54 ← 21+33

25　21　33

①

45　16　82

②

35　46　27

おとなの方へ　3けた以上にけた数を拡大しても，計算上のポイントは同じです。各位に分けて筆算や暗算を使いながらしっかりとがんばって正確に計算をしましょう。

11 たしざん(3)

☆☆ 発展レベル
●時間20分
●答え→別冊22ページ

百より上のくらいの かずは右のようになります。

いちまん にせん
さんびゃく よんじゅうご → 1 2 3 4 5
とよみます。

千のくらい / 一万のくらい

1 つぎの けいさんを ひっさんで しなさい。 (5てん×3=15てん)

① 418+294+628＝ □

② 646+246+367＝ □

③ 328+575+147＝ □

2 つぎの けいさんを ひっさんで しなさい。 (6てん×3=18てん)

① 4934+64+745+5965＝ □

② 318+94+5062+628＝ □

③ 869+5216+354+3285＝ □

3 つぎの けいさんを しなさい。 (7てん×3=21てん)

① 　3849　　② 　5706　　③ 　8975
　+14186　　　+38759　　　+24028

発展レベル ☆☆

4 いちろうくんの 学校には 518人 の 子どもが います。たくろうくんの 学校の 子どもは いちろうくんの 学校よりも 139人 おおいそうです。りょうほうの 学校の 子どもを あわせると なん人に なりますか。

(10てん)

☐ 人

5 下の ずは, せんで つながった 上の 2この かずを たした こたえを 下に かいていく きまりに なっています。
たとえば, (ず1) では, あ＝1＋2 となるので あは 3,
い＝2＋3 と なるので いは 5,
う＝あ＋い と なるので, うは 3＋5＝8 と なります。
つぎの といに こたえなさい。

(9てん×4＝36てん)

(ず1)　　　　(ず2)　　　　(ず3)

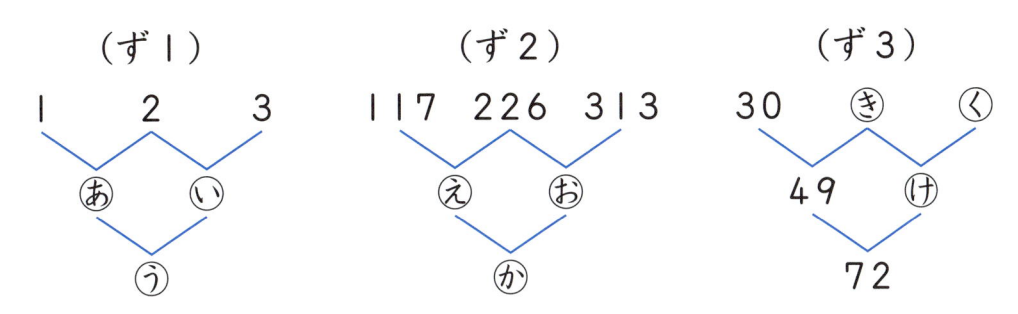

1　2　3　　117　226　313　　30　き　く
　あ　い　　　え　お　　　　　49　け
　　う　　　　　か　　　　　　　72

① (ず2)の えに 入る かずは, なんですか。

② (ず2)の かに 入る かずは, なんですか。

③ (ず3)の けに 入る かずは, なんですか。

④ (ず3)の くに 入る かずは, なんですか。

11 たしざん(3)

★★★ トップレベル

1 つぎの けいさんを しなさい。 (2てん×3=6てん)

① 174+688=☐　② 785+4989=☐
③ 5379+4941=☐

2 つぎの けいさんを しなさい。 (2てん×3=6てん)

```
①   4899      ②   1374      ③   4574
   +1819         +2638         +3538
```

3 つぎの ☐ に あてはまる かずを もとめなさい。 (2てん×17=34てん)

```
①   ア 8 5 エ         ②   ア 7 ウ 3
   + 2 イ 9 3          + 4 イ 6 エ
     6 0 ウ 7            9 7 3 0

③     8 イ 7 エ       ④     5 2 エ 9
   + ア 4 ウ 6           + イ 8 9 オ
   1 0 0 2 3            ア 3 ウ 1 4
```

4 つぎの けいさんを しなさい。 (4てん×4=16てん)

```
①  43278     ②  78765
  +54927       +68563

③   2058     ④    937
    1307          450
   +1658          173
                 +107
```

トップレベル ★★★

5 つぎの □ に あてはまる かずを もとめなさい。

(2てん×15＝30てん)

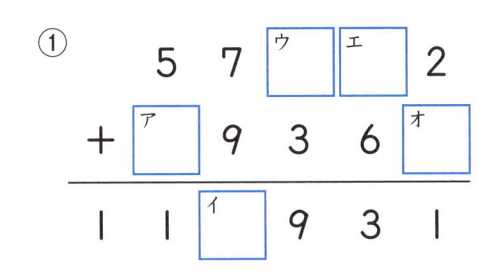

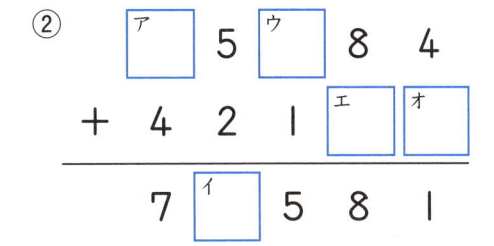

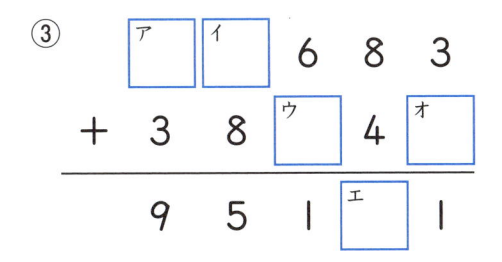

①
```
    5 7 ウ エ 2
+ ア   9 3 6 オ
─────────────
  1 1 イ 9 3 1
```

②
```
    ア 5 ウ 8 4
+   4 2 1 エ オ
─────────────
    7 イ 5 8 1
```

③
```
  ア イ 6 8 3
+   3 8 ウ 4 オ
─────────────
    9 5 1 エ 1
```

6 川田えきと山田えきとさと山えきのあいだに右のずのようにバス,でん車,ちかてつがはしっています。それぞれのえきにいくのに,バスかでん車かちかてつをつかうとします。このとき,つぎのといにこたえなさい。

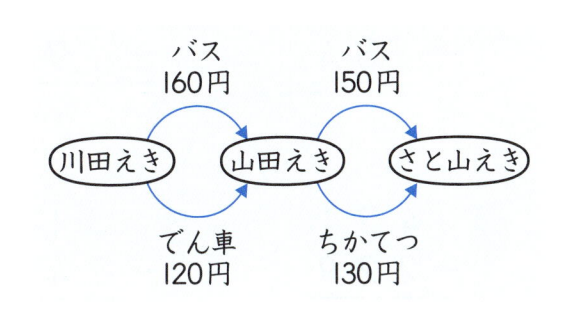

（川田えき）⇄（山田えき）⇄（さと山えき）
バス 160円 / でん車 120円（川田－山田）
バス 150円 / ちかてつ 130円（山田－さと山）

(4てん×2＝8てん)

① いちばん やすい ほうほうで,川田えき から さと山えき まで いくとき,なん円 かかりますか。

□ 円

② 300円を こえずに,川田えき から さと山えき まで いく ほうほうは なんとおり ありますか。

□ とおり

12 ひきざん(3)

★ 標準レベル ●時間15分 ●答え→別冊23ページ

1 つぎの けいさんを しなさい。 (2てん×4=8てん)

① 187−45=　　　　② 263−19=

③ 171−36=　　　　④ 100−27=

2 つぎの けいさんを しなさい。 (2てん×9=18てん)

① 1498−257=　　　　② 5866−832=

③ 3275−1496=

④ 　262　　　⑤ 　351　　　⑥ 　512
　 −　34　　　　 −　72　　　　 −　33

⑦ 　471　　　⑧ 　311　　　⑨ 　503
　 −229　　　　 −248　　　　 −259

3 つぎの けいさんを しなさい。 (3てん×6=18てん)

① 198−15−7=

② 105−37−23=

③ 120−83−12=

④ 111−56−37=

⑤ 270−15−24−31=

⑥ 390−28−13−27=

4 つぎの □ に あてはまる かずを もとめなさい。

(2てん×14＝28てん)

① 　ア3ウ
　－　1イ6
　―――――
　　　191

② 　6イ1エ
　－ア342
　―――――
　　46ウ3

③ 　　8イ5
　－ア1ウ
　―――――
　　　406

④ 　ア20エ
　－163ウ
　―――――
　　5イ55

5 つぎの けいさんを しなさい。

(①～④3てん×4＝12てん、⑤～⑧4てん×4＝16てん、けい28てん)

① 　914
　－319

② 　482
　－294

③ 　826
　－289

④ 　7034
　－1756

⑤ 　8134
　－2777

⑥ 　9617
　－3634

⑦ 　59402
　－50438

⑧ 　61052
　－51954

おとなの方へ
3けた以上にけた数を拡大しても計算上のポイントは同じです。ひき算の場合は、くり下がりに注意しながら順序よく、また、手際よく計算できる練習をしましょう。

⑫ ひきざん(3)

☆☆ 発展レベル

●時間20分
●答え→別冊24ページ

1 つぎの けいさんを しなさい。また，たしかめの しかたを かんがえなさい。 (こたえ4てん，しき3てん，けい7てん)

８００－２３５－３７８＝ ☐

＜たしかめを するときの しき＞

2 つぎの けいさんを しなさい。 (5てん×6＝30てん)

① 　４６３
　－２８７

② 　７１４
　－３７８

③ １０３４
　－　７５７

④ ５５２７
　－１９９９

⑤ ８２１４
　－３３１９

⑥ ６００１
　－２５８６

3 ゆうこさんは おかあさんと いっしょに かいものに いきました。かった ものは，にくが 1890円，やさいが 858円，ぎゅうにゅうが 228円でした。ゆうこさんは 120円の アイスと 168円の おかしも かってもらいました。おかあさんは，レジで 5000円さつを 出しました。おつりは なん円 もらえますか。 (8てん)

☐ 円

発展レベル ☆☆

4 下の ずは ひきざんピラミッドです。ならんで いる 2つの かずの うち 大きい かずから 小さい かずを ひいて，上の ☐ に かずを 入れます。
アは 1000－800＝200より 200と なります。
☐ に 入る かずを こたえなさい。　　(5てん×5＝25てん)

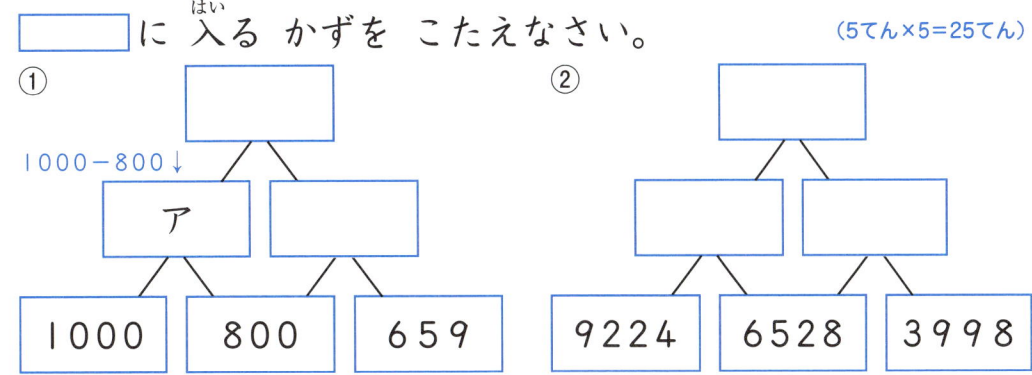

①
1000－800↓
ア｜1000｜800｜659

②
9224｜6528｜3998

5 つぎの 青い せん（──）の ながさを 1センチメートルと いいます。あいさん，いちろうさん，うららさん，えいたさんが しんたいそくていを した とき，4人の しんちょうの ごうけいは 492センチメートルでした。あいさんと いちろうさんと うららさんの しんちょうの ごうけいは 365センチメートル，うららさんと えいたさんの しんちょうの ごうけいは 255センチメートルです。このとき，つぎの といに こたえなさい。　　(10てん×3＝30てん)

① あいさんと いちろうさんの ふたりの しんちょうの ごうけいは なんセンチメートルですか。

☐ センチメートル

② えいたさんの しんちょうは なんセンチメートルですか。

☐ センチメートル

③ うららさんの しんちょうは なんセンチメートルですか。

☐ センチメートル

12 ひきざん(3)

★★★ トップレベル ●時間20分 ●答え→別冊24ページ

1 つぎの けいさんを しなさい。　(3てん×8=24てん)

① 726-348=
② 732-658=
③ 312-276=
④ 804-587=
⑤ 302-198=
⑥ 504-187=
⑦ 322-145=
⑧ 231-156=

2 つぎの けいさんを しなさい。　(4てん×6=24てん)

① 6998-1832=
② 4672-2463=
③ 3489-2399=
④ 3001-2416=
⑤ 4067-3992=
⑥ 1984-1896=

3 つぎの けいさんを しなさい。　(5てん×3=15てん)

① 10000-4382=
② 23852-12456=
③ 58927-39978=

4 たくろうくんの よみたい 本は，1かんと 2かん あわせて 4500円 です。ちょ金で かおうと おもったら 1680円 たりませんでした。たくろうくんの ちょ金は なん円 ですか。

(10てん)

2820 円

5 ⓪，①，②，③ という すう字を かいた 4まいの カードを つかって 4けたの かずを つくります。つぎの といに こたえなさい。

(5てん×3=15てん)

① その うちで，いちばん 小さい ものは いくらですか。

1023

② その うちで，3ばんめに 大きい ものは いくらですか。

3120

③ 3ばんめに 大きい かずから いちばん 小さい かずを ひいた かずを こたえなさい。

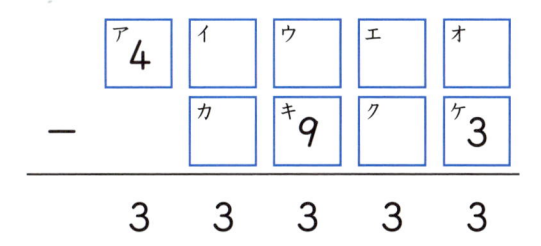

2097

6 アから ケの □の 中に，1から 9までの かずを 1つずつ 入れて けいさんの こたえが あうように します。アは 4，キは 9，ケは 3と する とき，のこりの □に あてはまる かずを もとめなさい。

(2てん×6=12てん)

```
   ア4  イ1  ウ2  エ8  オ6
 -     カ7   9  ク5  ケ3
   ─────────────────────
        3   3   3   3   3
```

イ=1, ウ=2, エ=8, オ=6, カ=7, ク=5

13 ながさ，ひろさ，かさのくらべかた

標準レベル ●時間 15分 ●答え→別冊25ページ

1 つぎの でん車の 中で ながい ものから じゅんに きごう で こたえなさい。 (25てん)

㋐ （電車 8両）
㋑ （電車 10両）
㋒ （電車 11両）
㋓ （電車 9両）
㋔ （電車 7両）
㋕ （電車 6両）

←（ながい）　　　　　　　　　　　　（みじかい）→

□ → □ → □ → □ → □ → □

2 いとに 白い ビーズと くろい ビーズを とおして かざり を つくりました。ながい じゅんに きごうを かきなさい。 ただし，1つの 白い ビーズ，くろい ビーズの 大きさは お なじです。 (25てん)

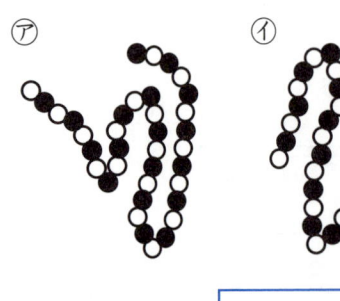

㋐　㋑　㋒　㋓

←（ながい）　□ → □ → □ → □　（みじかい）→

3 □の かずが おおい ほうが ひろいです。下の ずで ひろい ほうから きごうを かきなさい。　　(25てん)

←(ひろい)　　　　　　　　　　　　　　　　(せまい)→

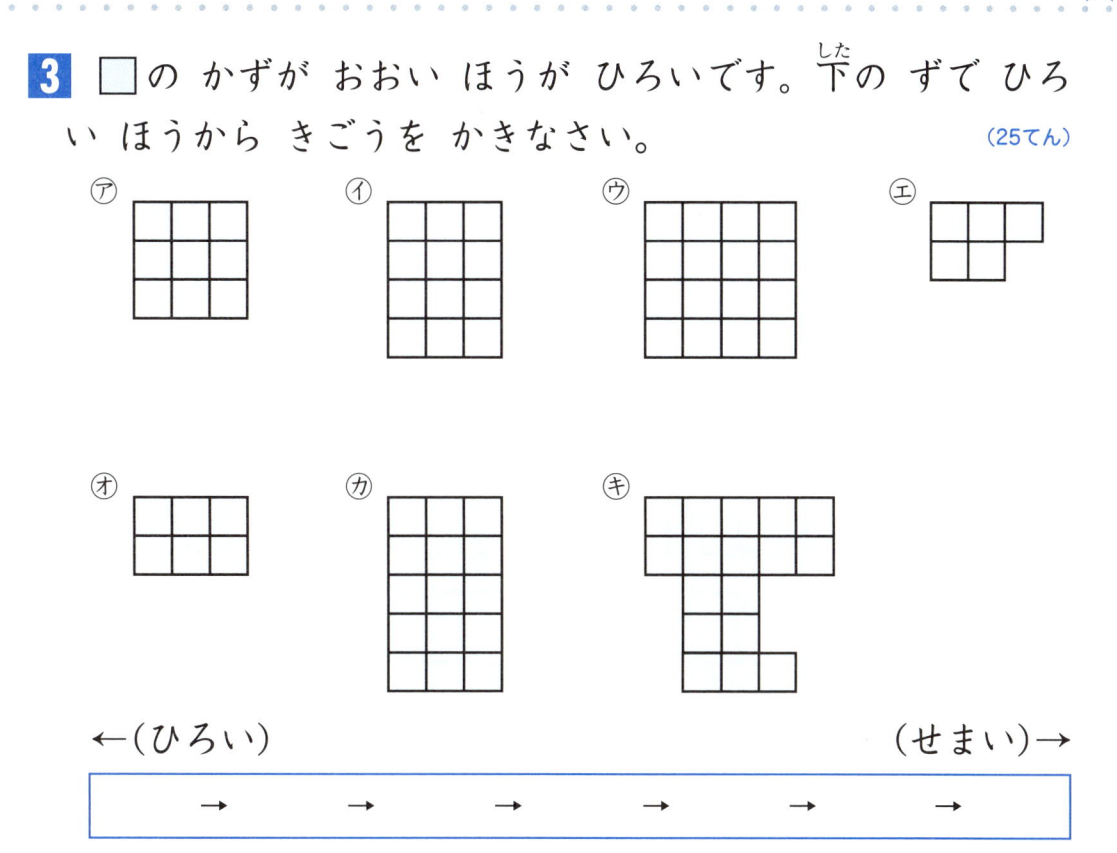

| ウ | → | キ | → | イ | → | カ | → | ア | → | エ | → | オ |

4 水が おおく 入って いる じゅんばんを かきなさい。ただし ⑦と ⑨、⑦と ⑦の そこの ひろさは、それぞれ おなじで あると します。　　(25てん)

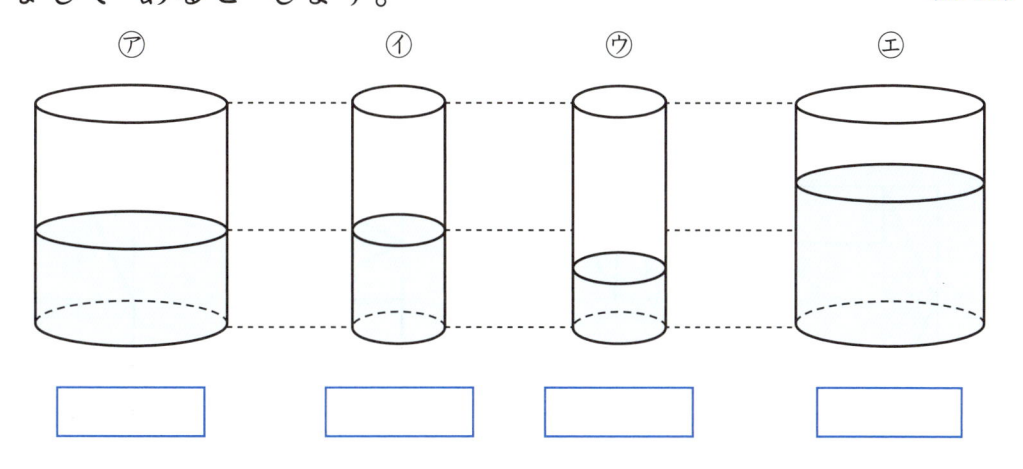

ア: 2　　イ: 3　　ウ: 4　　エ: 1

⑬ ながさ, ひろさ, かさのくらべかた

★★ 発展レベル ●時間20分 ●答え→別冊26ページ

1 □が つながって います。いちばん ながい ものと いちばん みじかい ものとの ちがいは □の なんこぶんに なりますか。

(10てん)

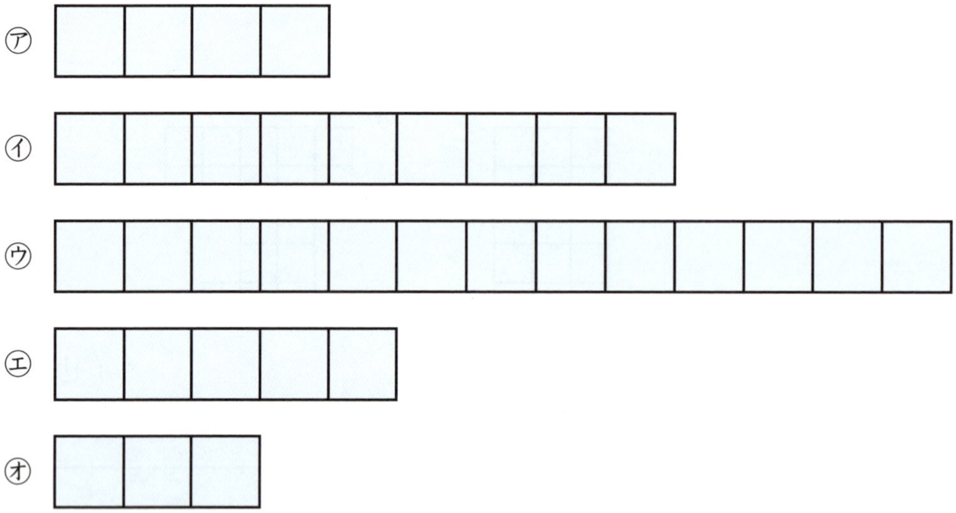

㋐ （4こ）
㋑ （8こ）
㋒ （11こ）
㋓ （5こ）
㋔ （3こ）

□こぶん

2 青い ところの ひろい じゅんに きごうを ならべなさい。

(11てん)

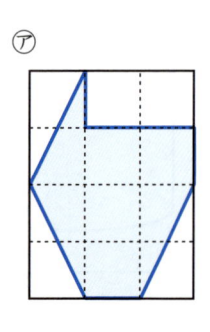

㋐　㋑　㋒　㋓

←（ひろい）　　（せまい）→

□ → □ → □ → □

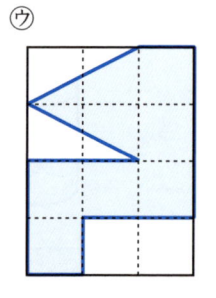

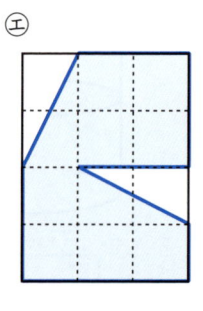

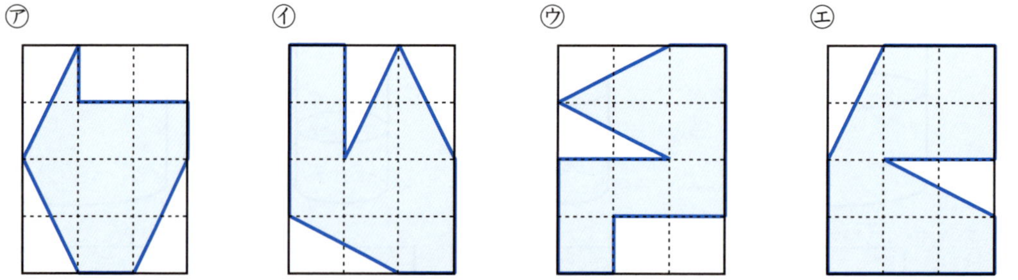

発展レベル ☆☆

3 つぎの ㋐の ひろさは ㋑の ひろさの なんこぶんですか。

（9てん×3＝27てん）

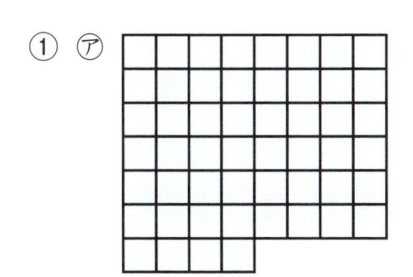

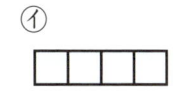

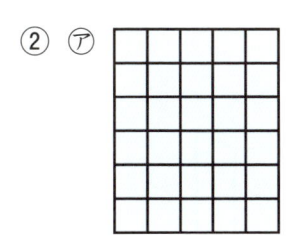

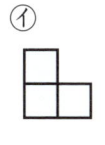

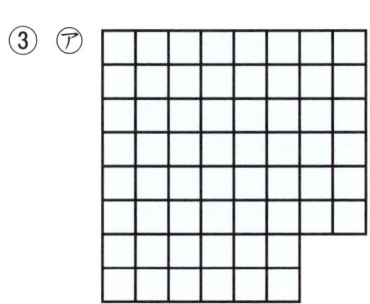

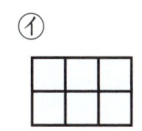

① ㋐　　㋑

☐ こぶん

② ㋐　　㋑

☐ こぶん

③ ㋐　　㋑

☐ こぶん

4 右の ず について つぎの といに こたえなさい。

（4てん×13＝52てん）

① ㋐と おなじ ながさに なるのは，☐と，☐と，☐と を あわせた ときです。

② ながさの ちがいが ㋑の ながさと おなじに なるのは ☐と，☐と，☐と，☐と，☐と です。

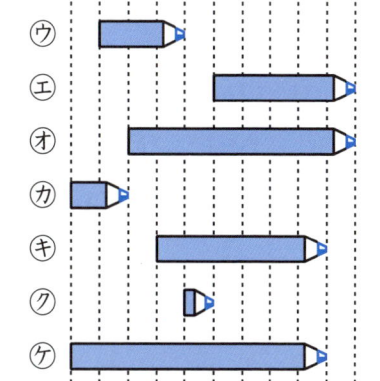

③ ながさの ちがいが ㋙と㋖の ちがいと おなじに なるのは，ほかに ☐と，☐と，☐と，☐と，☐と です。

85

13 ながさ, ひろさ, かさのくらべかた

★★★ トップレベル　●時間20分　●答え→別冊26ページ

1. 水が おおく 入って いる じゅんに きごうを かきなさい。あと ⓘ, ⓤ と ⓔ, ⓞ と ⓚ は そこの 四かくの ひろさは おなじです。また, 水は ⓤ と ⓔ では ⓞ の ほうが おおく, ⓘ と ⓔ では ⓘ の ほうが おおく 入って います。

(20てん)

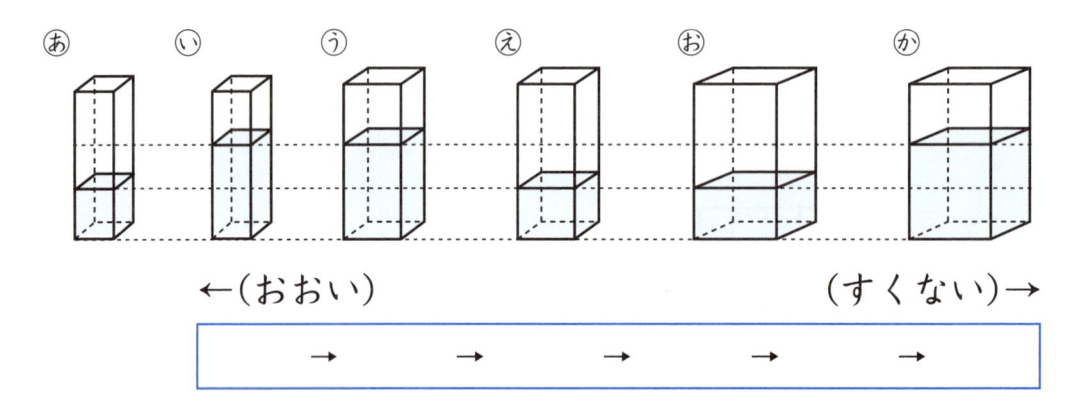

←(おおい)　　　　　　　　　(すくない)→

□ → □ → □ → □ → □ → □

2. 右の ずを みて, つぎの といに こたえなさい。ただし, ⓐから ⓚの かたちは 1かい ずつしか つかえません。

(10てん×2＝20てん)

① ⓤ と ⓞ を あわせた ひろさと おなじ ひろさに なるのは どれと どれを あわせた ときですか。

□ と □

② ⓚ と ⓐ の ひろさの ちがいと おなじ ひろさに なるのは どれと どれの ひろさの ちがいですか。

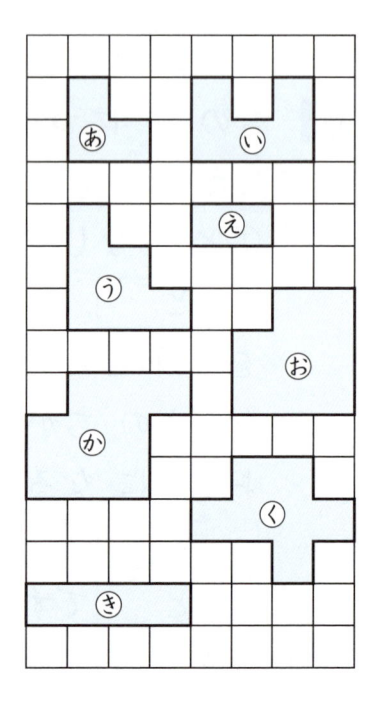

□ と □

3 よりこさん，みちこさん，あきこさん，はるこさんは 4人で 10本の ペットボトルを はこびました。みちこさんは，よりこさんより 4本 すくなかったそうです。また，あきこさんは，はるこさんより 2本 おおかった そうです。みちこさんと はるこさんは おなじ 本すうでした。みんな 1本は かならず はこび，ペットボトルは かならず まんたんにして はこんだとすると，それぞれ，なん本の ペットボトルを はこびましたか。
(10てん×4=40てん)

よりこさん： 5 本，みちこさん： 1 本
あきこさん： 3 本，はるこさん： 1 本

4 右の ずの ような サイコロを なんこか つみあげて つくった はこが あります。この はこを つくって いる サイコロ（□）は なんこ あるでしょう。
(10てん)

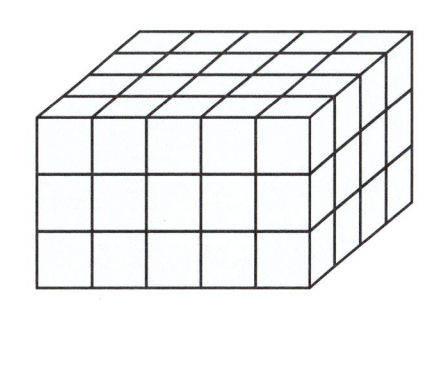

45 こ

5 右の ずは えんぴつを はこに つめた ところです。えんぴつの ながさは いろいろなので，おなじ 大きさの 玉を つめて，はこに ぴったり 入るように しました。ながさが ながい じゅんに きごうを かきなさい。
(10てん)

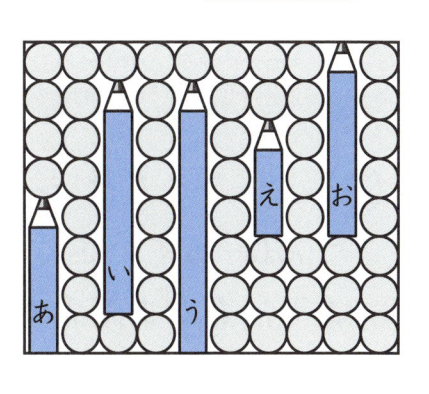

←(ながい)　　　　　　　　(みじかい)→

→　　→　　→　　→

復習テスト4

●時間 20分
●答え→別冊27ページ

① つぎの けいさんを しなさい。 (5てん×9=45てん)

① 48+505=〔　　〕　　② 645+237=〔　　〕

③ 200-57=〔　　〕　　④ 582-378=〔　　〕

⑤ 128+49+320=〔　　〕

⑥ 432+285+532=〔　　〕

⑦ 987-123-349=〔　　〕

⑧ 1000-143-515=〔　　〕

⑨ 252-57+865=〔　　〕

② 下の かずは ある きまりに したがって ならんでいます。□に あてはまる かずを 入れなさい。 (5てん×5=25てん)

① 387 —〔　　〕—〔　　〕— 423 — 435

② 〔　　〕— 207 — 186 —〔　　〕—〔　　〕— 123

③ よりこさんは シールを 240まい もっています。よりこさんは あすかさんに シールを 168まい あげました。そのあと，おかあさんから なんまいか シールを もらったので もっている シールは ちょうど 200まいに なりました。よりこさんは おかあさんから シールを なんまい もらいましたか。 (10てん)

〔　　〕まい

④ 下の ような ずを つくろうと おもいます。
小さい 四かく が 4つ ならんだ ず(▢▢▢▢)を なんまい ならべると つくれますか。
(10てん)

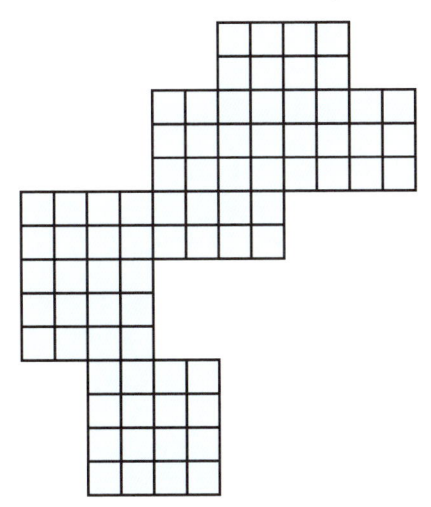

▢ まい

⑤ あの ような 入れものに いの コップで 水を 入れると、水は 60ぱい 入ります。うのような 入れものには いの コップで 水が 15はい 入ります。では、あの 入れものに うの 入れもので 水を 入れたら うの 入れもので なんはい 入るでしょう。
(10てん)

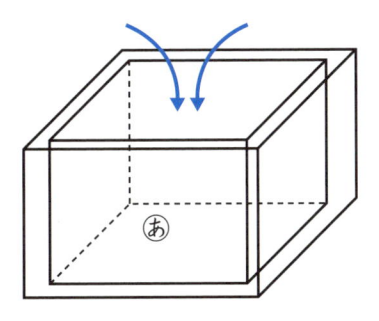

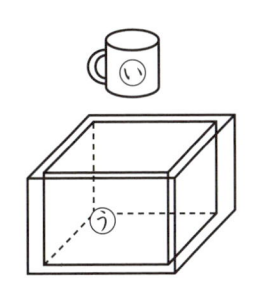

▢ はい

> 力をつける コーナー

けいさんの くふう

> たしざんと ひきざんの まじった けいさんは、ミスの おおい ところです。つぎの 3つの ほうほうで らくに けいさん して みよう。

1 十づくり ほう

いくつかの かずを あつめて 10を つくるように くみあわせる ほうほう です。

れい

たしたら 10
20+2+6+2−2+5+5
たしたら 10

=20+10−2+10
=20+10+10−2   ならべかえてもよい
=40−2
=38

2 うちけし ほう

いくつかの かずの 中で たすと ひくで うちけせる ものを うちけして いく ほうほうです。

れい

3−3=0
10+6+2+3−3+6−2
2−2=0

=10+6+2−2+3−3+6
=10+6+0+0+6
=10+12
=22

3 スーパーレジほうしき

たしざんの ぶぶんと ひきざんの ぶぶんを べつべつに 先に けいさんして, まとめた もの どうしの たしざんと ひきざんを する ほうほうです。

れい1 500−20−30−50

ひきざんぶぶんを 先に まとめて おきます。

20+30+50=100より
500−20−30−50
=500−100
=400

れい2 70−12−25+3

たしざんぶぶん, ひきざんぶぶんを べつべつに けいさんします。

たしざんぶぶん：70+3=73
ひきざんぶぶん：12+25=37より
73−37=36

りんご 20円
キャンディ 30円
ガム 50円

では, 下の もんだいを それぞれ これらの ときかたを つかって といてみよう。(答え→別冊28ページ)

① 2+8+6+2+2−18+45＝ ☐

② 100−10+25−5＝ ☐

③ 15+20+40−5−15−40＝ ☐

④ 2+30−15+10+5−32＝ ☐

⑤ 200−23−38−52−67＝ ☐

⑥ 150−31+45−27−44＝ ☐

14 たしざん・ひきざんの けいさん とっくん

☆ 標準レベル ●時間15分 ●答え→別冊28ページ 得点 /100

1 つぎの けいさんを しなさい。　　　　　　　　　　　　（3てん×6＝18てん）

① 8＋7－4－3＋6＝ ☐

② 18－12＋6－9＋7＝ ☐

③ 23－16＋17＋13－25＝ ☐

④ 18＋83－49＋76－92＝ ☐

⑤ 45＋23－38－15＋12＝ ☐

⑥ 80－25＋30－45＋58＝ ☐

2 れいに ならって、けいさんを しなさい。　　　　　　　（3てん×16＝48てん）

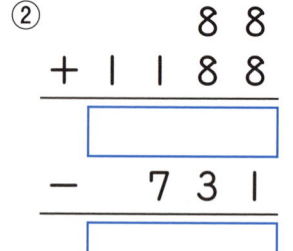

〈れい〉
```
   473
  +277
  ─────  たし算
   750
  -158   ひき算
  ─────
   592
```

①
```
   107
  + 89
  ─────
  +152
  ─────
```

②
```
    88
  +1188
  ─────
  - 731
  ─────
```

③
```
   459
  +242
  ─────
  +323
  ─────
```

④
```
    76
  +1259
  ─────
  - 799
  ─────
```

⑤
```
  1029
  - 892
  ─────
  + 154
  ─────
```

⑥
```
  1369
  -1092
  ─────
  + 159
  ─────
```

⑦
```
  8422
  -7889
  ─────
  - 117
  ─────
```

⑧
```
  11030
  -10553
  ─────
  -   79
  ─────
```

92

3 つぎの □の 中の かずを もとめなさい。 (3てん×6=18てん)

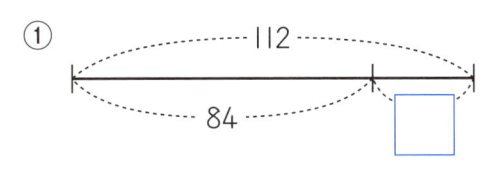

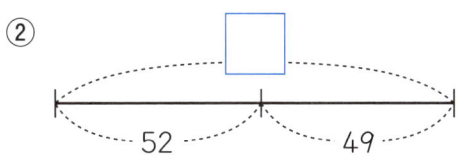

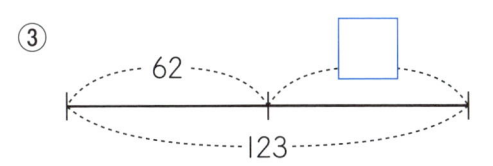

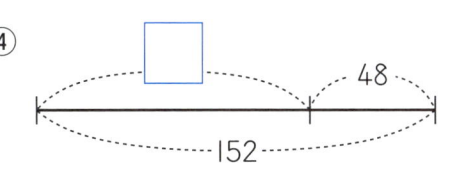

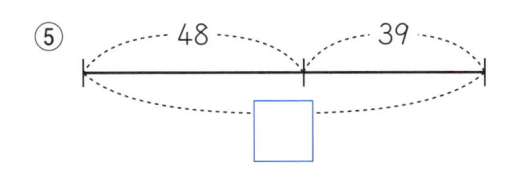

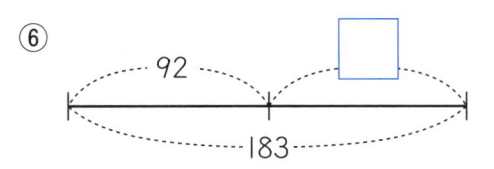

① 112 / 84 / □
② □ / 52 / 49
③ 62 / □ / 123
④ □ / 152 / 48
⑤ 48 / 39 / □
⑥ 92 / □ / 183

4 たくやくんは ビー玉を 39こ もって います。この あと、たくやくんは ひろしくんに 18こ、いちろうくんに 13こ ビー玉を あげました。その あとで、おかあさんから 25この ビー玉を もらいました。いま、たくやくんは ビー玉を なんこ もって いますか。 (しき4てん, こたえ4てん, けい8てん)

しき

□ こ

5 よりこさんは はじめ おはじきを 13こ もって いました。みちこさんから おはじきを 12こ もらい、つぎに かおるさんに 18こ あげました。いま、もって いる こすうを もとめなさい。 (しき4てん, こたえ4てん, けい8てん)

しき

□ こ

おとなの方へ 本章はたし算、ひき算の混合算を主に扱います。これには、たし算部分、ひき算部分を先にまとめて計算するのがコツです。ケアレスミスはひき算の方が圧倒的に多いので、十分に習熟したいところです。

14 たしざん・ひきざんの けいさん とっくん

★★ 発展レベル ●時間 25分 ●答え→別冊29ページ

1 つぎの けいさんを しなさい。　(3てん×4＝12てん)

① 56＋48－50＋26－37＝ □

② 84＋45－28－35＝ □

③ 92－45＋26－48－19＝ □

④ 38＋53－49－28＋32＝ □

2 □に あてはまる かずを もとめなさい。　(3てん×6＝18てん)

① □ ＋447＝775

② 498＋867－ □ ＝1305

③ 905－348－ □ ＝446

④ 728－164－ □ ＝441

⑤ 989＋731－ □ ＝606

⑥ 727－ □ －598＝118

3 つぎの けいさんを しなさい。　(3てん×12＝36てん)

①
```
   292
+1059
─────
  □
+   97
─────
  □
```

②
```
  1348
－ 812
─────
  □
+2928
─────
  □
```

③
```
  3892
－1114
─────
  □
+2783
─────
  □
```

④
```
  8112
－6839
─────
  □
+1106
─────
  □
```

⑤
```
  4191
－ 964
─────
  □
－ 693
─────
  □
```

⑥
```
  3001
－1031
─────
  □
－1181
─────
  □
```

発展レベル ☆☆

4 ある かずに 4237を たした ものから，1785を ひくと 8000に なるそうです。ある かずを □ として しきを つくりなさい。また，ある かずは いくつでしょうか。

(しき4てん，こたえ4てん，けい8てん)

しき

あるかず

5 つぎの ずの □ の かずの もとめかたの しきを つくり，けいさんを しなさい。

(しき2てん，こたえ2てん，けい16てん)

① 48, 24, 9, 30

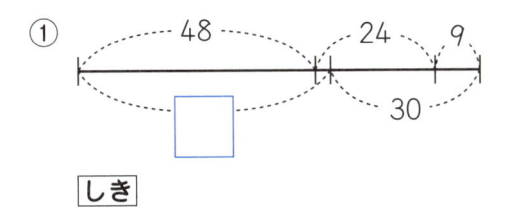

しき

こたえ

② 50, 23, 18, 21

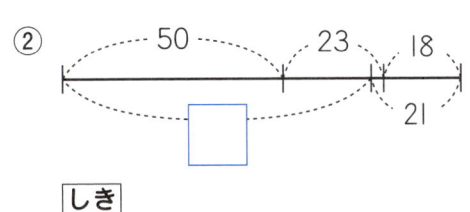

しき

こたえ

③ 18, 19, 32, 23

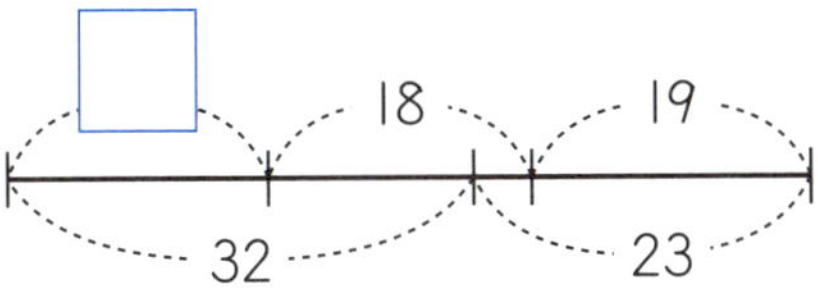

しき

こたえ

④ 28, 43, 38, 67

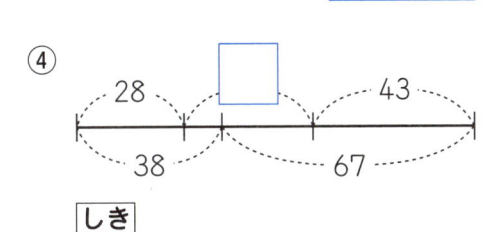

しき

こたえ

6 りほさんは，1000円さつ 3まいと，500円玉 3まいと，100円玉 11まいを もって います。1029円の 本を 1さつと，299円の ハンカチを 1まいと，798円の ふでばこを 1こ かいました。のこりの お金は いくらに なったでしょうか。

(10てん)

□ 円

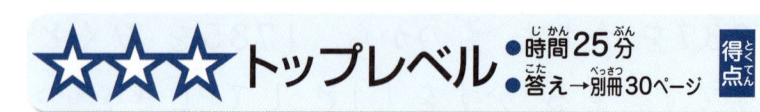

14 たしざん・ひきざんの けいさん とっくん

★★★ トップレベル

1 つぎの けいさんを しなさい。 （3てん×6＝18てん）

① 135−38+208＝ ☐

② 78−25+19−36+44＝ ☐

③ 524−256+348＝ ☐

④ 383+492−545＝ ☐

⑤ 3246−738+892−2304＝ ☐

⑥ 4265−1386+345−2009＝ ☐

2 ☐に あてはまる かずを 入れなさい。 （4てん×6＝24てん）

① 126+ ☐ +382＝589

② 432−68− ☐ ＝248

③ 138+1056+ ☐ ＝1520

④ 3998+324− ☐ ＝283

⑤ 1423− ☐ −138＝507

⑥ 882+ ☐ −452−152＝408

3 つぎの ☐に あてはまる かずを 入れなさい。 （4てん×5＝20てん）

① 7695− ☐ ＝4258

② ☐ −2913−389＝6677

③ 9999− ☐ ＝6522

④ 3929+ ☐ ＝7100

⑤ 3725− ☐ −77＝2966

4 つぎの □ に 正しい かずを 入れなさい。 (1てん×29=29てん)

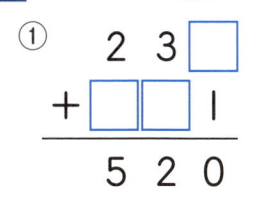

① 　２３□
　＋□□１
　　５２０

② 　５４□
　＋□８６
　　８□８

③ 　４８□
　－２□３
　　□９３

④ 　４□０
　－□８□
　　１４３

⑤ 　４□６□
　＋２３□３
　　□２４８

⑥ 　８４３□
　＋７□□９
　　□□５２１

⑦ 　３□０□
　－１９□２
　　□８６３

⑧ 　□０９□
　－３□４８
　　３４□３

5 のぞみ小学校の ぜん校(１〜６年まで)ちょうれいで あつまった 子どもは ６３４人でした。その あと おくれて さんかしたのは ７人で, その あと １年生 １１５人は きょうしつに もどりました。その あと, ２年生も きょうしつに もどったので のこった 子どもは ４１８人に なりました。２年生の 人ずうを □人と して, １つの しきに あらわしてから, ２年生の 人ずうを もとめなさい。 (しき４てん, こたえ５てん, けい９てん)

しき

□人

15 まほうじん（魔方陣）

☆ 標準レベル　●時間15分　●答え→別冊31ページ

1 <各列の 和が わかっている場合> つぎの □ に 1から 9の 9こ の かずを 1つずつ 入れて, たて, よこ, ななめの 3つの かずを たすと いつでも 15に なるように しなさい。

（まほうじん10てん×4＝40てん, せいしつ4てん×2＝8てん, けい48てん）

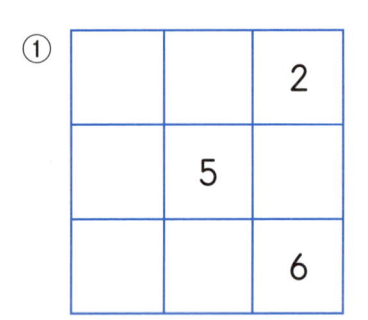

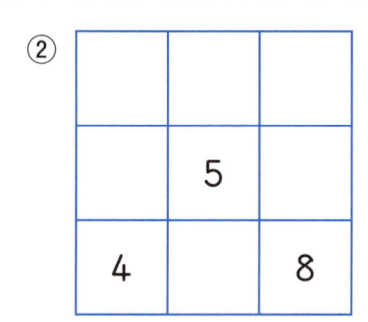

①
		2
	5	
	6	

②
	5	
4		8

まほうじんの せいしつに ついて（　　）に あてはまる かずを 入れましょう。

― <まほうじんの せいしつ> ―
①も ②も, まん中の 5を とおる たて, よこ, ななめ の れつに ついて はしの 2つの かずを たした ものは (　　) と なります。これは, まん中の かず 5を (　　) かい たした ものと おなじに なります。

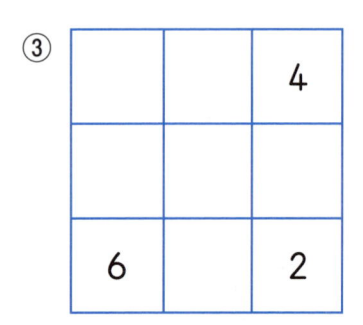

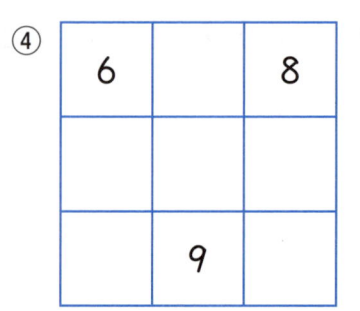

③
		4
6	2	

④
6		8
	9	

2 <各列の 和が わからない場合>つぎの □ に たて, よこ, ななめの どの 3つの かずを たしても いつも おなじに なるように あてはまる かずを かきなさい。また,（　）には 正しい かずを 入れなさい。(まほうじん10てん×2＝20てん, ヒント4てん×3＝12てん, けい32てん)

> **ヒント** <まほうじんの せいしつ>から, ①について, まん中の 8を とおる たて, よこ, ななめの れつの はしの ふたつの かずを たした ものは（　　）を 2かい たした かずで（　　）となるので, アは（　　）です。

①
		ア
	8	
7		5

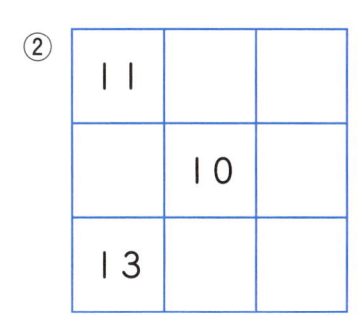

②
11		
		10
	13	

3 つぎの □ に, 1から 9までの かずを 1つずつ 入れて, たて, よこ, ななめの どの 3つの かずを たしても いつも ひとしく なるように しなさい。 (10てん×2＝20てん)

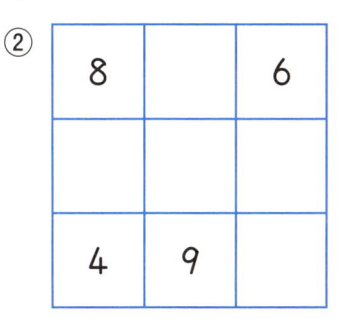

①
4		8
		1
2		

②
8		6
	4	9

↳ ヒントの せいしつを つかって まん中の かずを かんがえてみよう。

おとなの方へ　「魔方陣」は, 中学入試でも頻出の問題です。解法の筋道としては, 各列の和か, (3マス×3マスの場合) まん中の数を求めることに帰着します。本章では, ①各列の和がわかる場合, ②各列の和がわからない場合それぞれのパターンについて, 小1でできる範囲で練習してみましょう。

15 まほうじん（魔方陣）

★★ 発展レベル

●時間 20分
●答え→別冊31ページ

1 ＜まん中の数も各列の和もわからない場合＞ つぎの ヒントを さんこうに して, あいている □ に かずを かき入れ, たて, よこ, ななめの どの れつも たした かずが おなじに なるように しなさい

(7てん×4＝28てん)

ヒント 右の れいで れつⓐと れつⓘの 3つの かずを たした ものは おなじに なります。したがって, ○の かずが わからなくても, 6と 8を たした ものは, 3と アを たした ものに なるので

3＋ア＝6＋8　　3＋ア＝14

すなわち アは 14－3＝11

と なります。

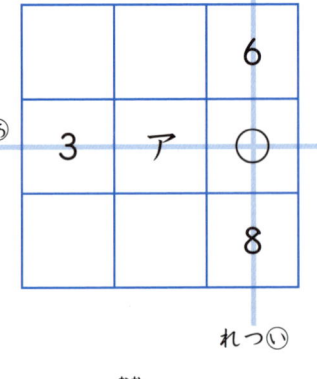

〈れい〉

		6
3	ア	○
		8

これで まん中の かずが わかったので, これまでと おなじように とけるね。

①
		3
6		
		7

②
	1	
2		4

③
	7	
6		10

④
		7
	8	
		11

発展レベル ☆☆

2 たて，よこ，ななめの どの れつの 3つの かずを たしても おなじに なっていて，9つの すう字とも ちがう まほうじんを つくります。まん中の すうじと，れつの わも こたえて □に かずを かき入れなさい。

(まほうじん7てん×4＝28てん，まん中のすうじ，れつのわ4てん×8＝32てん，けい60てん)

① まん中の すう字（　　）
　 れつの わ　　　（　　）

		5
11	4	

② まん中の すう字（　　）
　 れつの わ　　　（　　）

13		
	12	7

③ まん中の すう字（　　）
　 れつの わ　　　（　　）

		9
3	10	

④ まん中の すう字（　　）
　 れつの わ　　　（　　）

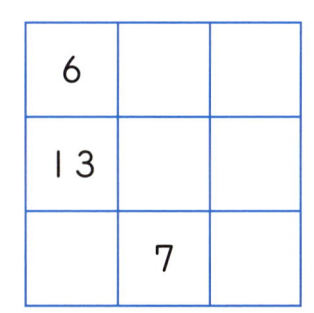

6		
	13	
		7

3 1から 9までの すう字を 1つずつ つかって まほうじんを つくって みましょう。

(まほうじん8てん，れつのわ4てん，けい12てん)

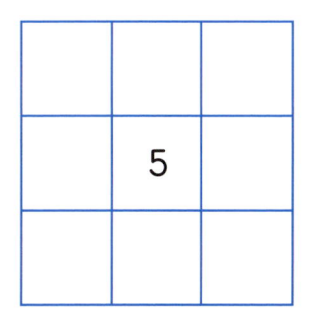

		5

れつの わ　　　（　　）

15 まほうじん（魔方陣）

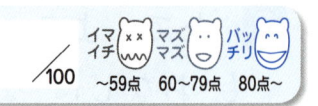

★★★ トップレベル ●時間20分 ●答え→別冊32ページ

1 つぎの まほうじんは，たて，よこ，ななめの どの れつの 3つの かずを たしても 75に なります。あいている ところに あてはまる かずを かきなさい。 （10てん×2＝20てん）

①
	21	
	29	22

②
	29	
		23
		28

2 つぎの まほうじんは，たて，よこ，ななめの どの れつの 3つの かずを たしても，ひとしく なるように つくられて います。あいている ところに あてはまる かずを かきなさい。 （11てん×4＝44てん）

①
	60	
63		61

②
		21
24		
19		

③
	6	
12	4	

④
3		27
	21	6

102

3 右の まほうじんは，たて，よこ，ななめ どの れつの 4つの かずを たしても，ひとしく なるように つくられて います。あいて いる ところに あてはまる かずを かきなさい。 (12てん)

20			8
	17	13	22
	18	14	
23		16	

4 右の まほうじんには 15から 30までの かずが 1つずつ 入ります。そして，たて，よこ，ななめの どの れつの 4つの かずを たしても ひとしく なります。あいて いる ところに あてはまる かずを かきなさい。 (12てん)

	22		
17		20	29
16	25	21	
30			18

5 右の まほうじんには，0から 15までの かずが 1つずつ入り，たて，よこ，ななめの 4つの かずを たすと，どの れつも 30に なります。あいて ところに あてはまる かずを かきなさい。 (12てん)

15			12
	10	9	
3		14	0

テスト5

● 時間20分
● 答え→別冊34ページ

1 つぎの けいさんを しなさい。　　　（3てん×3＝9てん）

① 28+65−53+72＝ ☐

② 48−23+98−40＝ ☐

③ 382−93+250−302＝ ☐

2 つぎの けいさんを しなさい。　　　（3てん×3＝9てん）

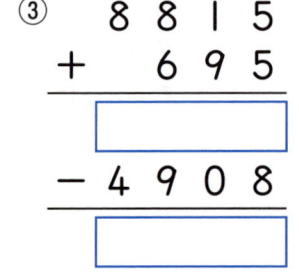

① 5000−1243−3450＝ ☐

② 8000−1834−2009−3207＝ ☐

③ 11245−6408−2505−1248＝ ☐

3 ☐の中に あてはまる かずを 入れなさい。　　　（3てん×4＝12てん）

① 640− ☐ +35＝487

② 385+ ☐ +125＝1024

③ ☐ +593−385＝830

④ 1285+685− ☐ ＝1000

4 つぎの けいさんを しなさい。　　　（3てん×6＝18てん）

①
```
    766
+ 1012
─────
  ☐
+ 2319
─────
  ☐
```

②
```
  1004
−  768
─────
  ☐
+ 7615
─────
  ☐
```

③
```
  8815
+  695
─────
  ☐
− 4908
─────
  ☐
```

5 □に あてはまる かずを かきなさい。　(2てん×12=24てん)

① 　7□3
　＋　5□
　―――――
　　777

② 　□6□
　＋5□9
　―――――
　□052

③ 　68□
　－2□3
　―――――
　　□07

④ 　12□4
　－　89□
　―――――
　　□78

6 下の 4まいの カード [0] [2] [3] [8] のうち 3まいを ならべて 3けたの かずを つくります。つぎの もんだいに こたえなさい。　(7てん×2=14てん)

[0] [2] [3] [8]

① いちばん 大きい かずから いちばん 小さい かずを ひくと いくつに なりますか。

② 2ばんめに 大きい かずと 3ばんめに 大きい かずを たすと いくつに なりますか。

7 つぎの あいている □の 中に たて, よこ, ななめに 3つの かずを たすと, いつでも おなじ かずに なるように □の ところに かずを 入れなさい。　(7てん×2=14てん)

①
		53
	50	
		49

②
100		
	103	99

16 いろいろな かたち

☆ 標準レベル ●時間15分 ●答え→別冊35ページ 得点 /100

1 つぎの ずの 中から おなじ かたちの ものを えらび，きごうで こたえなさい。
(2てん×5＝10てん)

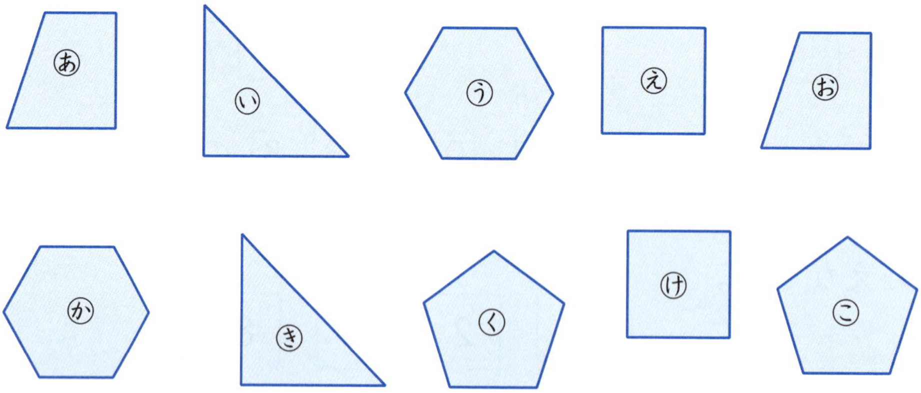

☐ と ☐ ， ☐ と ☐ ，
☐ と ☐ ， ☐ と ☐ ，
☐ と ☐

2 たくさんの ぼうを つかって，いろんな かたちを つくりました。ぼうを いちばん たくさん つかって いるのは どれですか。きごうを こたえなさい。
(4てん)

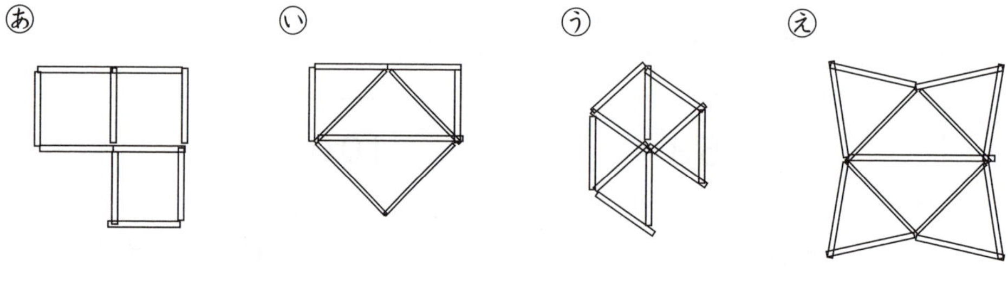

3 右のように つみきを 1だんめに 1こ，2だんめに 2こ，……と つんで いきます。　(8てん×4＝32てん)

1だんめまでつむ
2だんめまでつむ
3だんめまでつむ
4だんめまでつむ

① 上から 5だんめに つかう つみきの かずは なんこに なりますか。　☐ こ

② 上から 3だんめと 上から 6だんめに つかう つみきの かずは なんこ ちがいますか。　☐ こ

③ 6だんめまで つんだ かたちを つくる とき，つみきは ぜんぶで なんこ つかいますか。　☐ こ

④ 4だんめまで つんだ つみきを 上から 見ると，かくれて 見えない つみきは なんこ ありますか。　☐ こ

4 つぎの つみきは いくつ ありますか。　(9てん×6＝54てん)

① ② ③
④ ⑤ ⑥

① ☐ こ　② ☐ こ　③ ☐ こ
④ ☐ こ　⑤ ☐ こ　⑥ ☐ こ

> **おとなの方へ**　三角形，四角形から多角形へ拡張して，辺や頂点の概念を理解します。さらに，立方体（サイコロ）の面について理解し，立方体を積み重ねた立体の個数を数えることなどから，立体感覚を養っていきます。

16 いろいろな かたち

★★ 発展レベル
●時間20分
●答え→別冊36ページ

△のような かたちを 三かくけい，□のような かたちを 四かくけい といいます。

1 ぼうを つかって 三かくと 四かくを 下のように 1こ，2こ，3こ，4こと つくって いきます。

(8てん×2＝16てん)

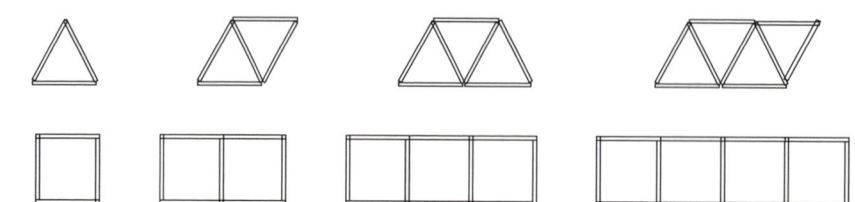

① 三かくけいを 5こ つくるには ぼうは なん本 いりますか。　　　　　　　　　　　　　　　本

② 四かくけいを 6こ つくるには ぼうは なん本 いりますか。　　　　　　　　　　　　　　　本

2 つぎの ずの 中に 三かくけいは なんこ ありますか。れいに ならって，かぞえなさい。

(12てん)

れい

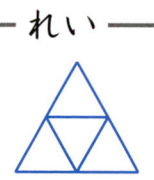

△の 三かくけい 4つと

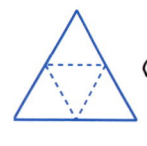

△の 三かくけい 1つで
4＋1＝5（こ）　　こたえは 5こ

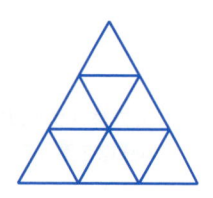

　　　　　　　　　　こ

発展レベル ☆☆

3 つみきを 上から 1だんめに 1こ，2だんめに 3こ，3だんめに 5こ……と つんで 右の ような かたちを つくります。　(12てん×3＝36てん)

1だんめ までつむ

2だんめ までつむ

3だんめ までつむ

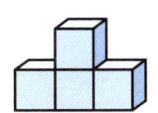

① 6だんめまで つんだ かたちを つくる とき，つみきは ぜんぶで なんこ いりますか。

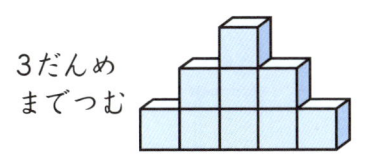

☐ こ

② 5だんめまで つんだ かたちを つくりました。上から 見た とき，かくれて 見えない つみきは なんこ ありますか。

☐ こ

③ 5だんめまで つんだ かたちを つくりました。よこから 見た とき，かくれて 見えない つみきは なんこ ありますか。かたほうの よこから 見た ものと します。

☐ こ

4 つみきを 1だんめに 1こ，2だんめに 3こ，……と つんで，右のような かたちを つくります。　(12てん×3＝36てん)

あ
い
う
え
お

① 6だんめまで つむには，つみきは ぜんぶで なんこ つかいますか。　☐ こ

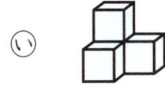

② えの かたちを 上から 見た とき，かくれて 見えない つみきは なんこ ありますか。

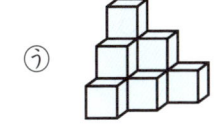

☐ こ

③ おの かたちから くろく ぬった 3この つみきを とりました。上から 見た とき，かくれて 見えない つみきは なんこ ありますか。

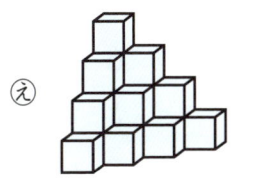

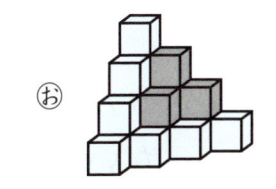

☐ こ

16 いろいろな かたち

★★★ トップレベル
●時間20分
●答え→別冊37ページ
得点 /100

1 マッチぼう（━●）を ならべて つぎの かたちを つくりました。つぎの といに こたえなさい。
（10てん×2＝20てん）

1ばんめ　　2ばんめ　　3ばんめ

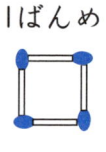

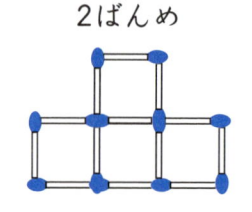

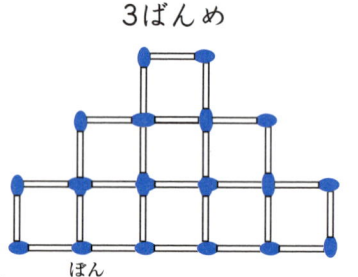

① 3ばんめの ずには マッチぼうは なん本 つかわれて いますか。　　　本

② 5ばんめを つくるには マッチぼうは なん本 いりますか。　　　本

2 つみきを 1だんめに 1こ，2だんめに 4こ，3だんめに 9こ，……と つんで，右のような かたちを つくります。
（10てん×3＝30てん）

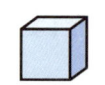

1だんめまでつむ

2だんめまでつむ

3だんめまでつむ　左　右

① 5だんめまで つんだ とき，つみきは ぜんぶで なんこ ありますか。　　　こ

② 6だんめまで つんだ かたちを 上から 見た とき，かくれて 見えない つみきは なんこ ありますか。　　　こ

③ 6だんめまで つんだ かたちを 右から 見た とき，見えない つみきは なんこ ありますか。　　　こ

3 下の 立たいは, サイコロの かたちの ものを つみあげて つくった ものです。よこ（やじるしの ほうこう）から 見た ときの かたちを かきなさい。

（10てん×3＝30てん）

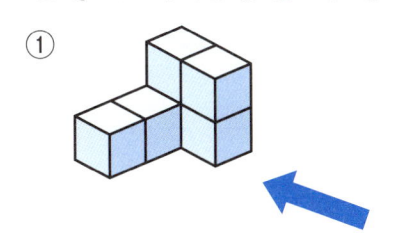

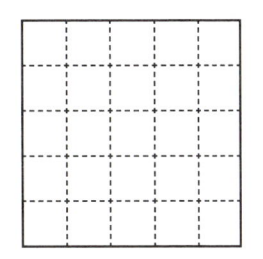

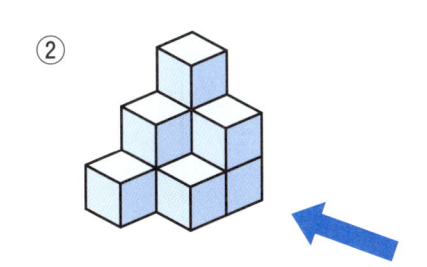

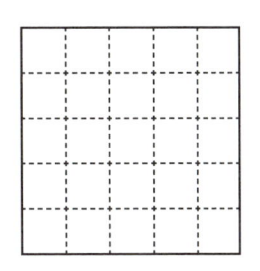

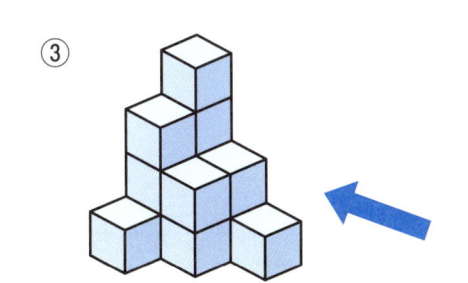

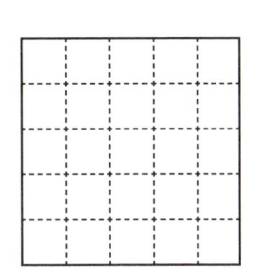

①

②

③

4 右のように へやの すみに, サイコロのような かたちを した おなじ 大きさの つみきを つみかさねました。
つみきは ぜんぶで なんこ あると かんがえられますか。
いちばん おおい ときと, いちばん すくない ときを それぞれ こたえなさい。

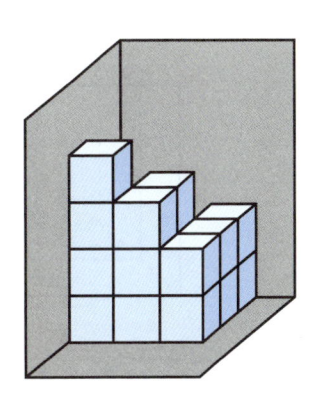

（10てん×2＝20てん）

おおいとき ☐ こ
すくないとき ☐ こ

力をつけるコーナー
サイコロを きった ときの かたち 1

> サイコロの かたちを 立ぽうたいと いいます。立ぽうたいを へんの 上の 3てんを とおるように きると いろいろな かたちが できるよ。まとめて おきます。

1 きり口が 三かくけいに なる ばあい

つぎの ような ばあいが あります。

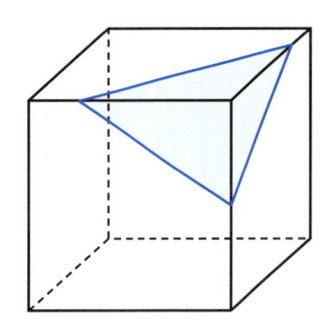

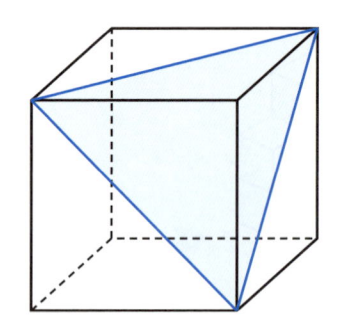

2 きり口が 四かくけいに なる ばあい

つぎの ような ばあいが あります。

> しゃせんの 三かくの ぶぶんが おなじ かたちに なる ことが ポイントです。

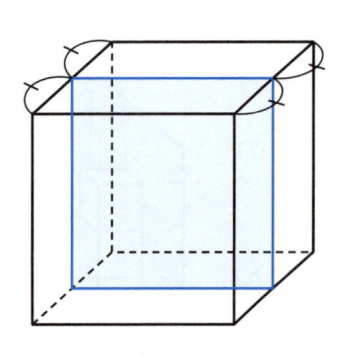

正ほうけい と いいます。

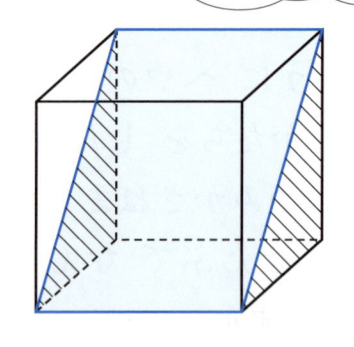

ちょうほうけい と いいます。

ひしがた と いいます。

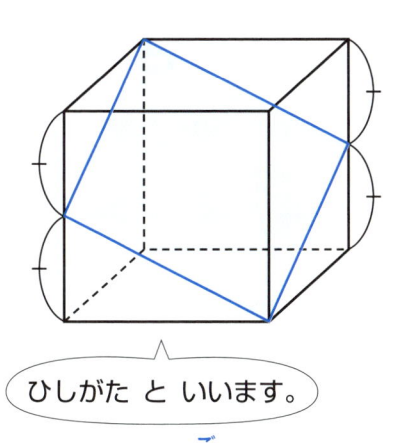

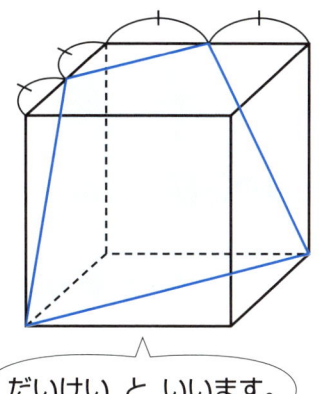

だいけい と いいます。

3 きり口が 五かくけいに なるばあい

つぎの ような ばあいが あります。

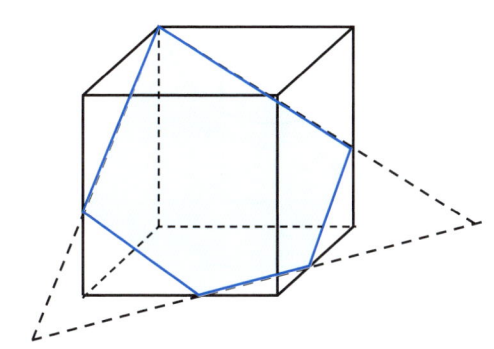

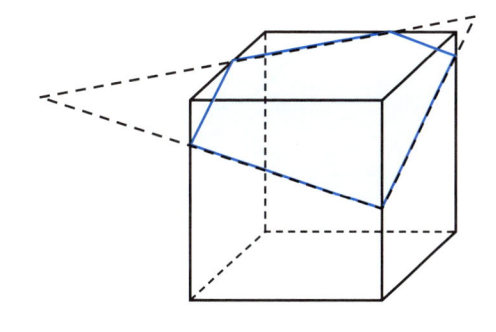

4 きり口が 六かくけいに なるばあい

つぎの ような ばあいが あります。

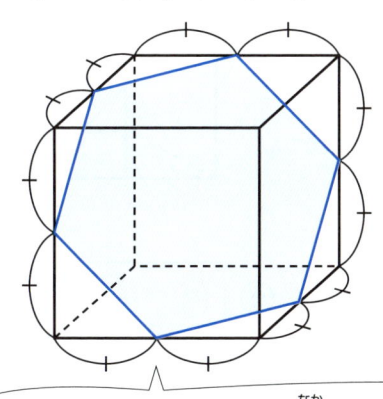

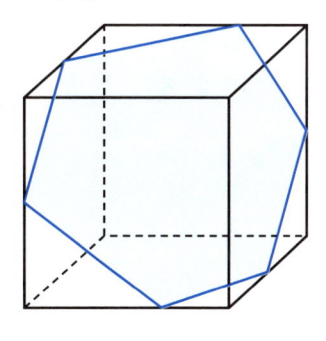

立ぽうたいの へんの まん中の てんを とおる ばあいには 正六かくけい という かたちに なります。

できる かたちは, 三かくけい, 四かくけい, 五かくけい, 六かくけいの どれかに なります。114ページから れんしゅう するよ。

17 かたちの ある ものを きる

標準レベル
- 時間 15分
- 答え→別冊38ページ

1 つぎの まるい スイカを，あ，い，うの ところで きる とき，きり口の 大きい じゅんに こたえなさい。　(20てん)

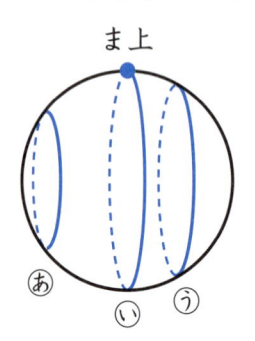

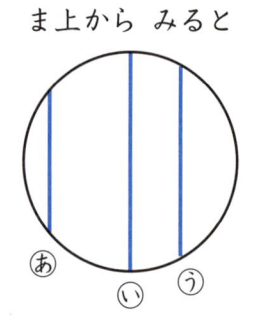

ま上　　　　　　　ま上から みると

大きい じゅんに　[　　　，　　　，　　　]

2 右の ずは サイコロの かたちの はこ です。つぎの あ，い，うで きった ときの きり口の ずを 下から えらんで こたえなさい。　(10てん×3＝30てん)

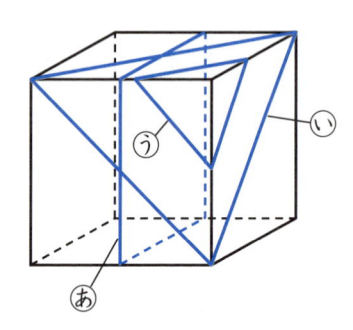

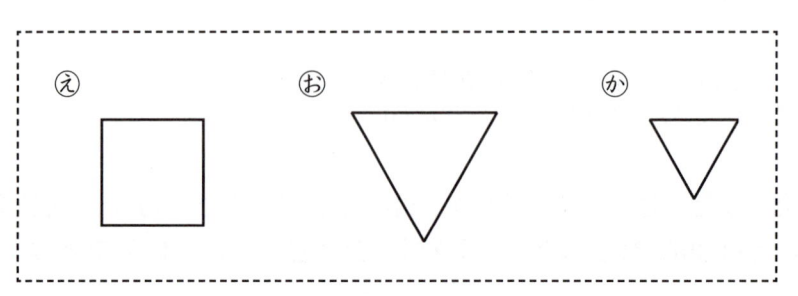

あ [　　　]，い [　　　]，う [　　　]

え（正方形）　お（逆三角形）　か（小さい逆三角形）

3 つぎの ものを, あ, い, う で きった ときの きり口の ず を 下から えらんで こたえなさい。　(10てん×3＝30てん)

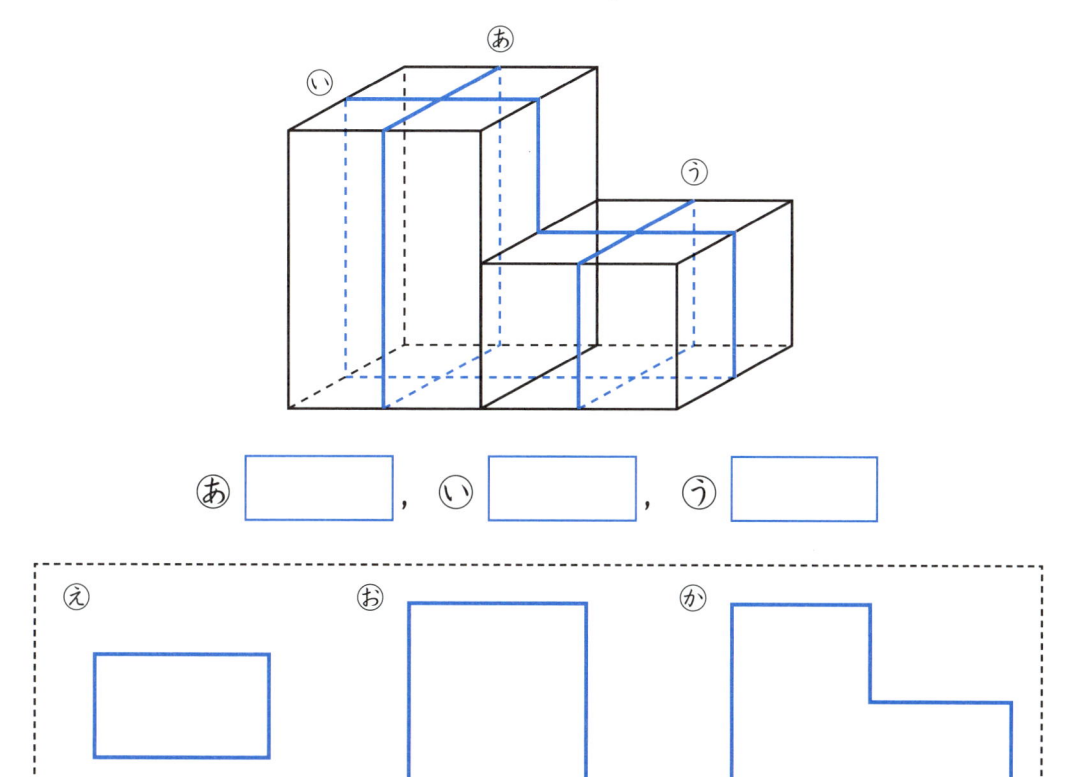

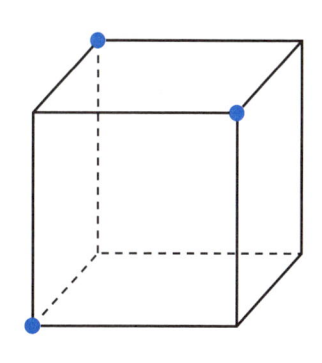

あ ☐ ，い ☐ ，う ☐

4 右の ずは サイコロの かたちの はこ です。ずの 3つの てんを とおる へい めんで きった ときの きり口の ずを か きなさい。　(20てん)

こたえ

17 かたちの ある ものを きる

★★ 発展レベル ●時間20分 ●答え→別冊38ページ

1 つぎの ものを あ, い, う, えで きった ときの きり口の かたちを 下から えらんで, きごうで こたえなさい。

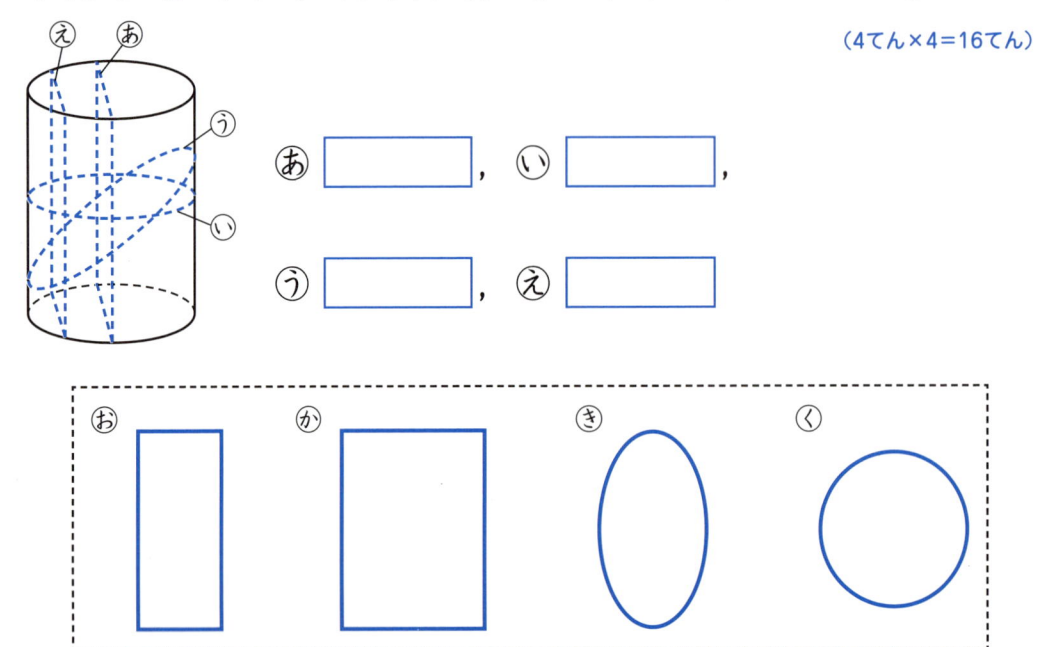

(4てん×4=16てん)

あ [　　], い [　　],

う [　　], え [　　]

お　か　き　く

2 右の おりがみを おれせんで おって, かたちを つくりました。どんな かたちが できるのかを 下から えらんで きごうで こたえなさい。

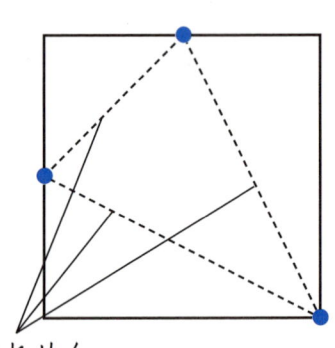

(4てん)

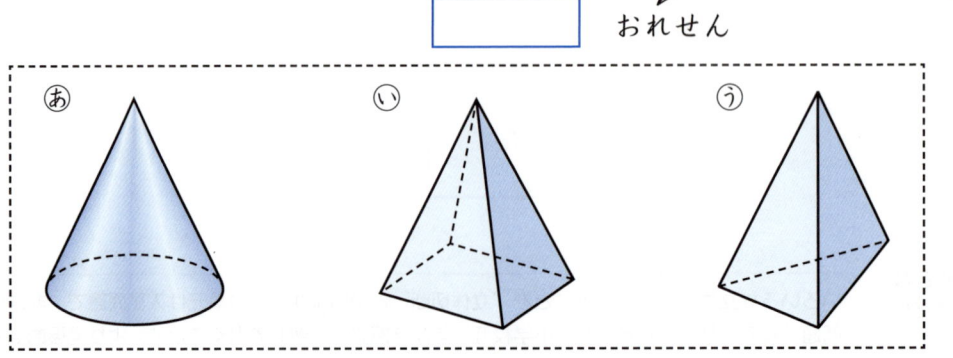

[　　]　おれせん

あ　い　う

発展レベル ☆☆

> ⬠のような かたちを 五かくけい，⬡のような かたちを 六かくけい といいます。

3 サイコロの かたちの はこを つぎの 3つの てんを とおる，へいめんで きった ときの きりロの なまえを 下から えらんで きごうで こたえなさい。

(10てん×8＝80てん)

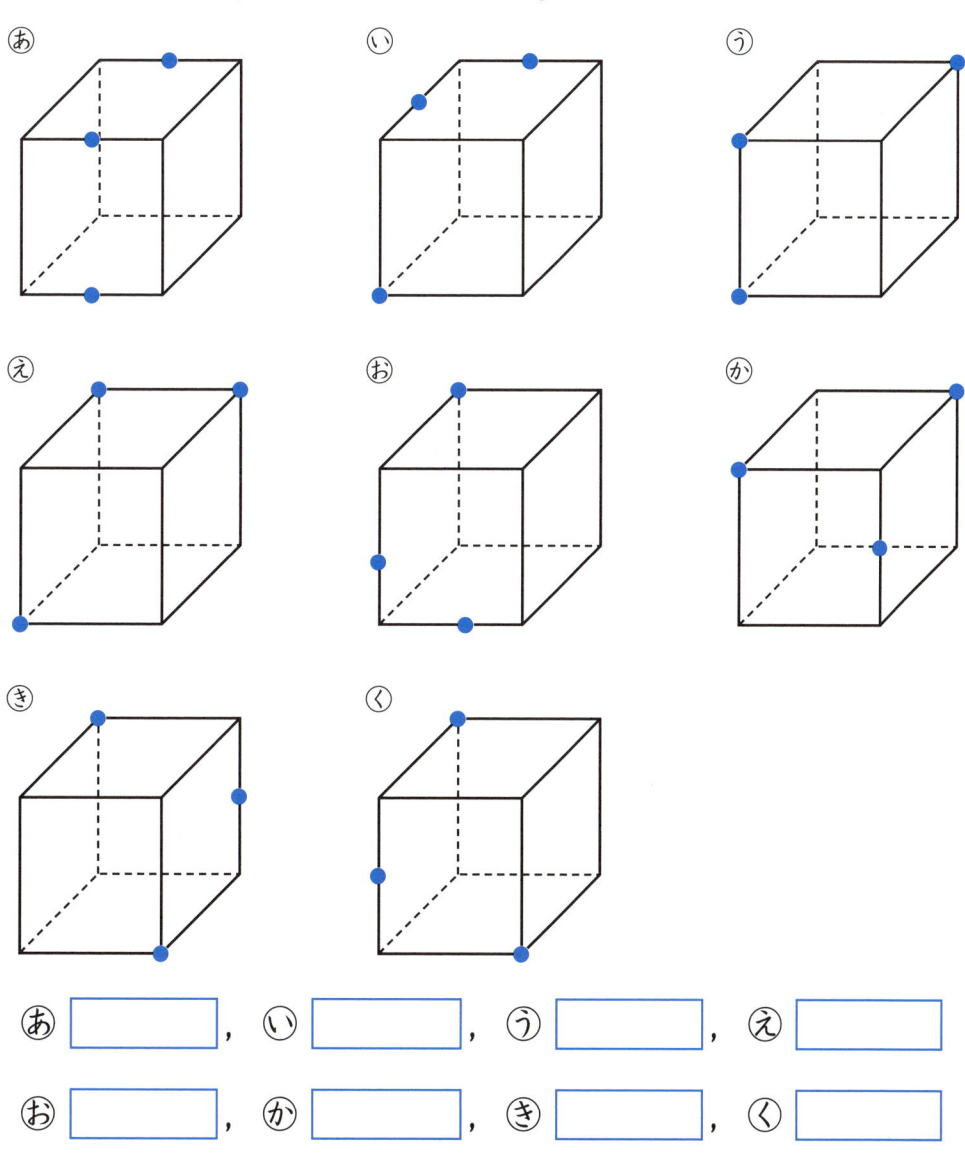

あ　　　　　　　　　　い　　　　　　　　　　う

え　　　　　　　　　　お　　　　　　　　　　か

き　　　　　　　　　　く

あ _____ , い _____ , う _____ , え _____

お _____ , か _____ , き _____ , く _____

⑦ 三かくけい　　④ 四かくけい　　⑨ 五かくけい
① 六かくけい

117

17 かたちの ある ものを きる

★★★ トップレベル ●時間20分 ●答え→別冊39ページ

1 右の サイコロの てんの 中から 3つの てんを えらんで へいめんで きった ときの きり口の ずを かきなさい。

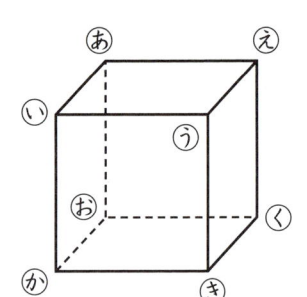

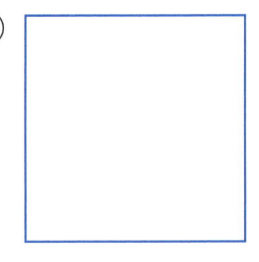

(15てん×3＝45てん)

① あ, か, く

② あ, お, き

③ あ, い, き

2 右の サイコロを 3つの てんあ, い, うを とおるように きると, あといい, いとう, うとあの ながさが ひとしい 三かくけいに なります。あ, い, うの 3つの てんを とおった きり口の 大きさは, え, お, かの 3つの てんを とおって できる 三かくけいの 大きさを なんこ あわせた ものですか。てんえ, お, かは それぞれ あとう, いとう, あといの まん中の てんです。(20てん)

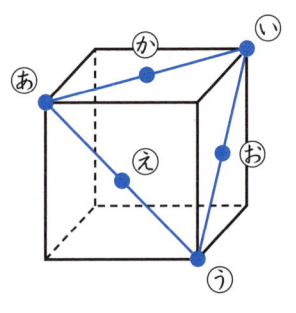

□ こ

3 右の サイコロを 3てん あ, い, うを とおる へいめんで きる とき, きり口の かたちは ㋐〜㋓の どれに なりますか。
(15てん)

㋐ 三かくけい　　㋑ 四かくけい
㋒ 五かくけい　　㋓ 六かくけい

4 右の サイコロを へいめんで きったときの かたちは □かくけい の かたちに なります。□の 中に いちばん 大きい かずを 入れなさい。また, それは なぜですか。りゆうもかきなさい。
(こたえ10てん, りゆう10てん, けい20てん)

こたえ　□　かくけい

りゆう

力をつけるコーナー

サイコロを きった ときの かたち ②

立ぽうたいの きり口の かたちは，112ページと，⑰ かたちの あるものを きるで 学びましたが，なれないうちは，イメージが むずかしいですね。ここでは，その もけいを つくって，かたちを たしかめてみよう。おうちの 人に かく大コピーしてもらって くみ立てて みよう。

1 きり口が 五かくけいに なるばあい

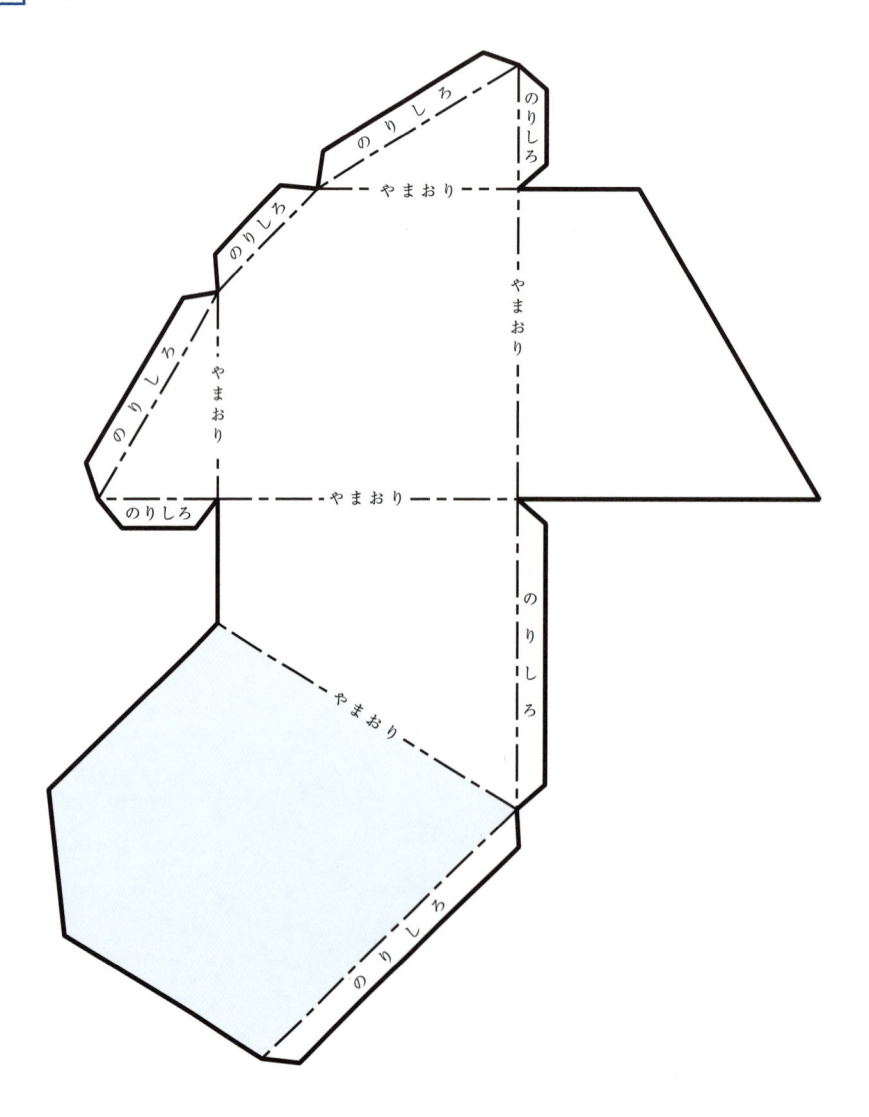

2 きり口が 六かくけいに なるばあい

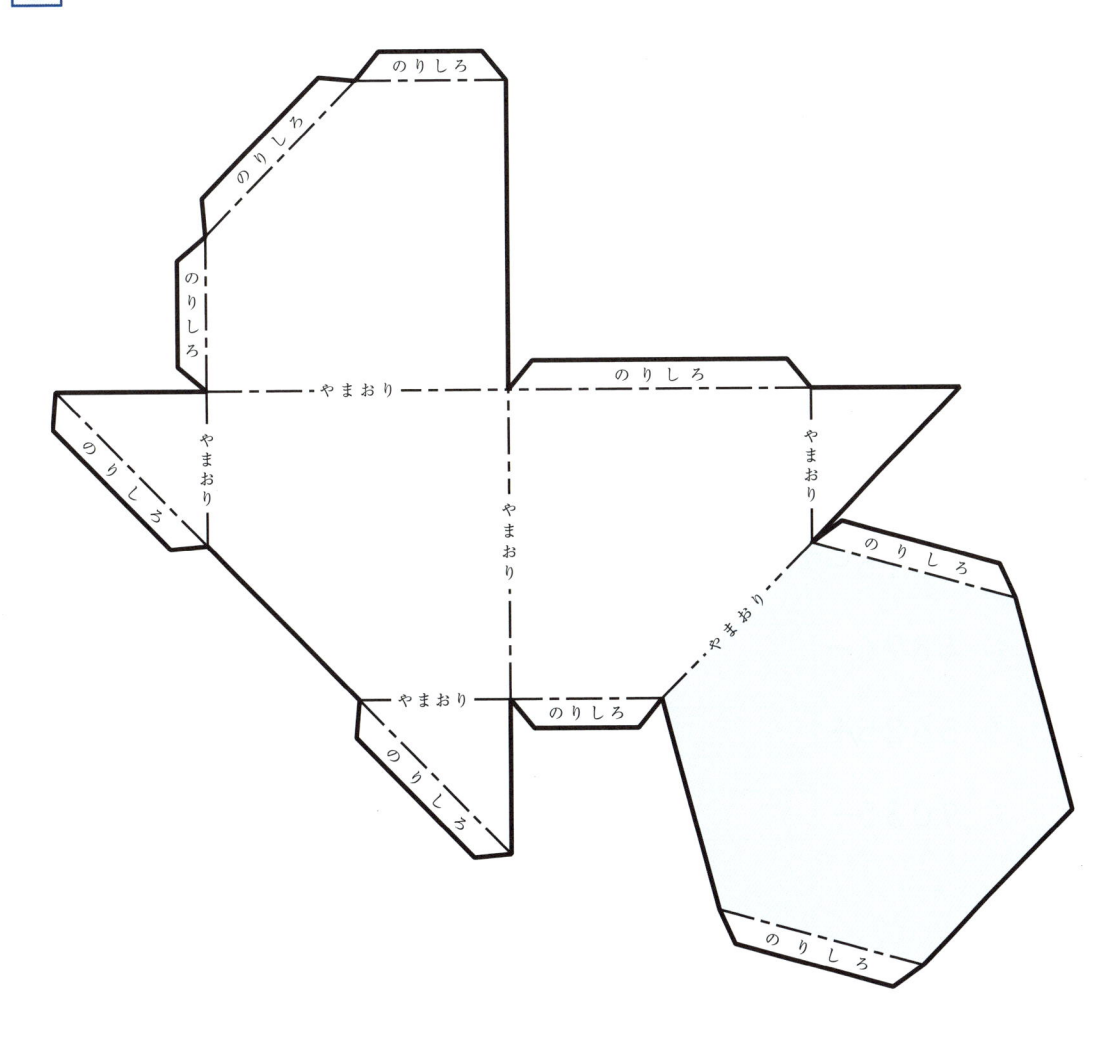

　ほかの 三かくけいや，四かくけいの ばあいも おなじように できます。

　おとうさん・おかあさんと かんがえて つくって みて ください。

① つぎの けいさんを しなさい。 (6てん×3=18てん)
① 900-243-403-192=☐
② 723-301+198-554=☐
③ 17683-9085-2809-3045=☐

② つぎの ☐に あてはまる かずを いれなさい。(6てん×4=24てん)
① 2415-726-☐=453
② 4876-☐-1240=2832
③ 5625+☐-3245=4093
④ 9035-☐-8879=32

③ ぼうを つかって かたちを つくりました。それぞれ ぼうを なん本 つかいましたか。 (9てん×2=18てん)

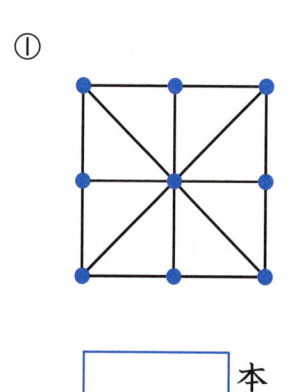

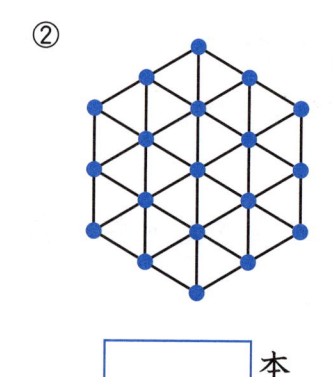

① ☐本

② ☐本

4 おなじ 大きさの つみきが なんこか あります。この つみきを へやの すみに (ず1)の ように つむと, つみきを 4こ つかいます。①, ②の ように つむと それぞれ つみきは なんこ つかいますか。

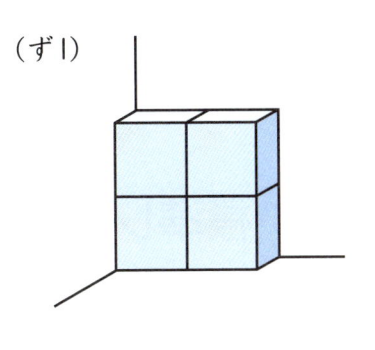

(ず1)

(10てん×2＝20てん)

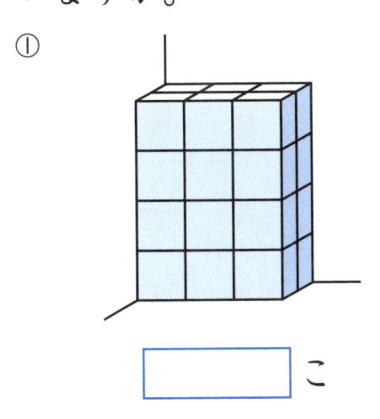

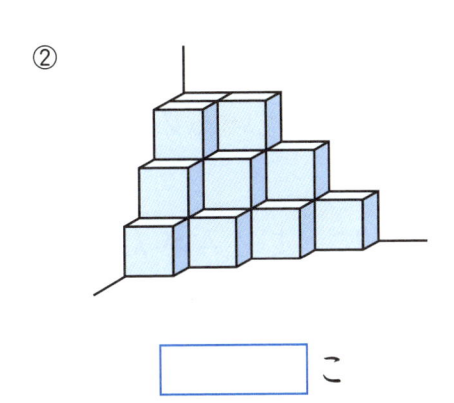

① □ こ

② □ こ

5 サイコロの かたちを した はこが あります。ずの てん 「●」を とおる へいめんで このサイコロを きると, その きり口は どんな かたちに なりますか。下から えらんで きごうで こたえなさい。

(10てん×2＝20てん)

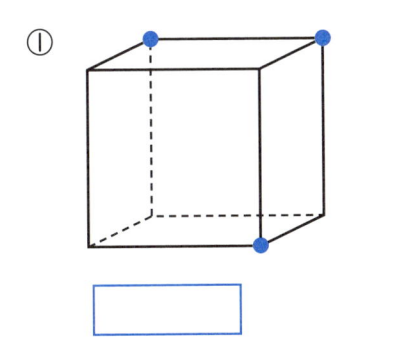

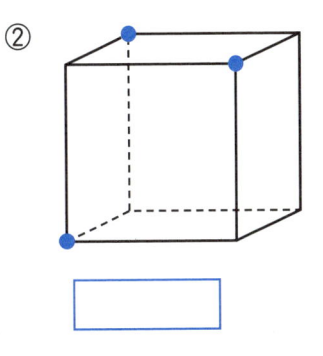

① □

② □

あ 三かくけい ⓘ 四かくけい ⓤ 五かくけい ⓔ 六かくけい

18 むずかしい もんだい(1)

★ 標準レベル ●時間 15分 ●答え→別冊40ページ 得点 /100

1 つぎの といに こたえなさい。 (7てん×2=14てん)

① ちずこさんの まえに あすかさんが います。あすかさんの まえに よしみさんが います。この 3人の うち, いちばん まえに いるのは だれですか。

② さらに, よしみさんの まえに とみこさんが います。かずこさんは よしみさんの うしろで, あすかさんの まえに います。5人の うち, まん中に いるのは だれですか。

2 つぎの □に あてはまる かずを かきなさい。 (6てん×5=30てん)

① 6999より 1 大きい かず

② 3000より 10 小さい かず

③ 9900より 100 大きい かず

④ 10000より 100 小さい かず

⑤ 10000より 10 小さい かず

3 つぎの □に あてはまる かずを かきなさい。(2てん×20＝40てん)

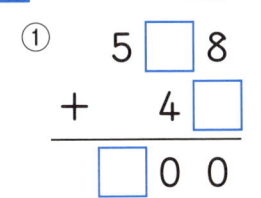

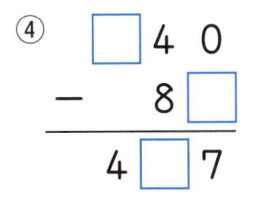

① 　 5□8
　＋　4□
　　□00

② 　38□
　＋□37
　　 7□2

③ 　□6□
　＋2□6
　　□044

④ 　□40
　－　8□
　　 4□7

⑤ 　62□
　－2□4
　　□29

⑥ 　25□7
　－　38□
　　□□58

4 ぎゅうにゅうを ぎゅうにゅうびんで 38本 よういしました。よりこさんの グループの 5人と たくろうくんの グループの 6人とで, あさ, ひる, よると ひとり 1日 3本の ぎゅうにゅうを のむ ことに しました。このとき, つぎの といに こたえなさい。(8てん×2＝16てん)

① つぎの 日に ぎゅうにゅうは なん本 のこって いるでしょう。

　　　　　　　　　　　　　　　　□本

② つぎの 日も おなじだけ のむ ためには, あと なん本 ぎゅうにゅうは ひつようですか。

　　　　　　　　　　　　　　　　□本

おとなの方へ 問題文がなかなか理解しにくいときには, 図やグラフや表にかいて, 目で見てわかりやすいようにして考えます。このような習慣をつけておくことが大事です。

18 むずかしい もんだい(1)

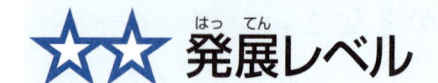

★★ 発展レベル　●時間 20分　●答え→別冊41ページ

1 つぎの 文を よんで あとの といに こたえなさい。

(10てん×2=20てん)

① 「ゆうみさんは あすかさんよりも おもい。たかしくんは ゆうすけくんよりも おもい。たかしくんは ゆうみさんよりも かるく あすかさんよりも おもい。」
2ばんめに おもい 人は だれでしょう。　☐

② 「よりこさんは みちこさんよりも かるい。たくろうくんは いちろうくんよりも かるい。みちこさんは たくろうくんよりも かるい。」
いちばん かるい 人は だれでしょう。　☐

2 大きい バスケットに おまんじゅうが 28こ 入って います。小さい バスケットには おまんじゅうが 13こ 入って います。よりこさんは 月よう日から まい日 おまんじゅうを 6こずつ たべていきます。大きい バスケットの おまんじゅうから たべはじめて，つぎに 小さい バスケットの おまんじゅうを たべていきます。

つぎの もんだいに こたえなさい。

(8てん×2=16てん)

① 小さい バスケットの おまんじゅうを たべはじめるのは なんよう日ですか。　☐よう日

② ぜんぶ たべおわるのは なんよう日ですか。　☐よう日

発展レベル ☆☆

3 右の 4まいの すう字カードを ならべて 4けたの かずを つくります。

| 0 | 4 | 7 | 9 |

(8てん×3=24てん)

① いちばん 大きい かずから いちばん 小さい かずを ひくと いくつに なりますか。

② 2ばんめに 大きい かずから 3ばんめに 大きい かずを ひくと いくつに なりますか。

③ 2ばんめに 小さい かずと 2ばんめに 大きい かずを あわせると いくつに なりますか。

4 13この あめを よりこさん, ゆうみさん, あすかさん, みちこさんの 4人に のこらないように くばります。4人とも すくない ときでも 3こは もらえるように くばると 4つの くばりかたが あるそうです。どのような くばりかたが ありますか。つぎの ひょうに あてはまる かずを かき入れなさい。

(10てん×4=40てん)

	よりこ	ゆうみ	あすか	みちこ
(1)	こ	こ	こ	こ
(2)	こ	こ	こ	こ
(3)	こ	こ	こ	こ
(4)	こ	こ	こ	こ

18 むずかしい もんだい（1）

★★★ トップレベル　●時間20分　●答え→別冊42ページ　得点／100

1 45この おはじきを たかしくんと いちろうくんと ゆうすけくんの 3人で わけます。たかしくんは いちろうくんより 11こ おおく，ゆうすけくんより 2こ すくないように します。3人に どのように わければ よいですか。 (20てん)

| たかし | こ | いちろう | こ | ゆうすけ | こ |

2 ○，△，□，☆の 中で いちばん おもい ものは どれですか。 (20てん)

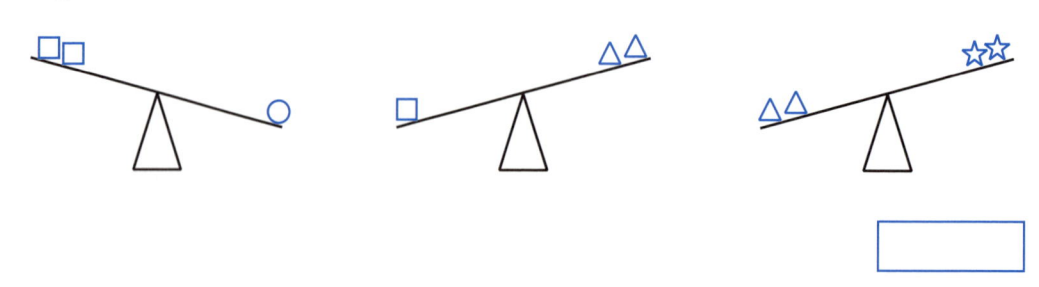

3 おなじ かたちを した 青いろ（　　），きいろ（　　），白いろ（　　）の はこが たくさん あります。はこの 上に はこを つむときは，おなじ いろの はこを つむ ことに します。（ず1）の ように 白い はこ 1こと 青い はこ 2こが つまれて いる ときには，上，左，右の 3つの ほうこうから 見ると それぞれ（ず2）のように 見えます。 (10てん×6=60てん)

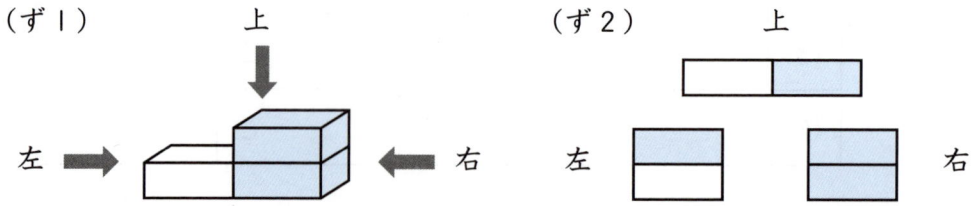

（ず1）上／左→／←右
（ず2）上／左／右

トップレベル ☆☆☆

① 3つの ほうこうから 見た ときに，(ず3)のように 見える つみかたでは，青いろ（☐）のはこと きいろ（☐）のはこは それぞれ なんこ ありますか。

(ず3)

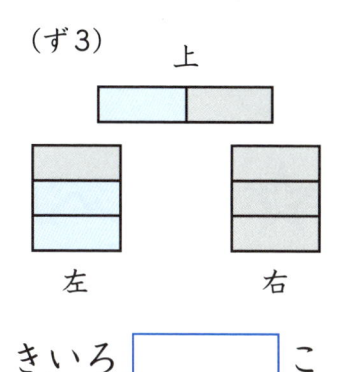

青いろ ☐ こ　きいろ ☐ こ

② 3つの ほうこうから 見たときに，(ず4)のように 見える つみかたでは，白いろ（☐）の はこは なんこ ありますか。

(ず4)

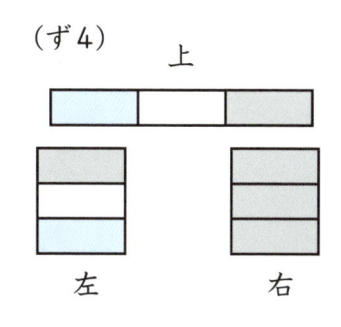

☐ こ

③ (ず4)の つみかたの とき，はこは ぜんぶで なんこ ありますか。

☐ こ

④ 3つの ほうこうから 見た ときに，(ず5)のように 見える つみかたでは，はこは ぜんぶで なんこ ありますか。かんがえられる いちばん すくない こすうと いちばん おおい こすうを こたえなさい。

(ず5)

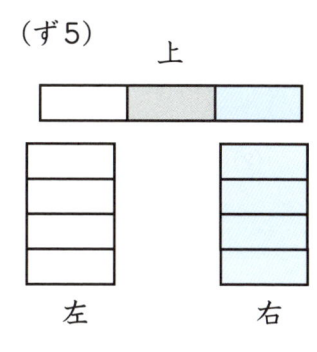

いちばん すくない ☐ こ
いちばん おおい ☐ こ

19 むずかしい もんだい(2)

☆ 標準レベル

●時間15分
●答え→別冊42ページ

1 つぎの もんだいに こたえなさい。　(8てん×2=16てん)

① 10円玉と 5円玉と 1円玉が 8まいずつ あります。150円に するには 1円玉が あと なんまい あれば よいでしょう。　　　　□ まい

② かいものを して 100円玉 3まいと 5円玉 3まいと 1円玉 8まいを 出しました。すると, おみせの 人が おつりとして 10円玉 3まい もどして くれました。かった ものは ぜんぶで なん円でしたか。　　　　□ 円

2 つぎの もんだいに こたえなさい。　(8てん×3=24てん)

① えんぴつを ひとり 2本ずつ 30人に くばったところ, まだ 14本 のこっていました。えんぴつは ぜんぶで なん本 あったでしょうか。　　　　□ 本

② よりこさんと ちずこさんが どんぐりを それぞれ じぶんの もっている はこ いっぱいに なるまで ひろいました。よりこさんの ひろった どんぐりの かずは ちずこさんの はこの 4はいぶんよりも 3こ すくなかったそうです。ふたりが ひろった どんぐりの かずは あわせると 47こ ありました。ふたりはそれぞれ なんこ どんぐりを ひろいましたか。ただし, ふたりの もっている はこには いつも おなじ かずの どんぐりが 入ると します。

よりこさん □ こ　ちずこさん □ こ

標準レベル☆

3 つぎの つみきは ▢ が なんこ つまれて いますか。

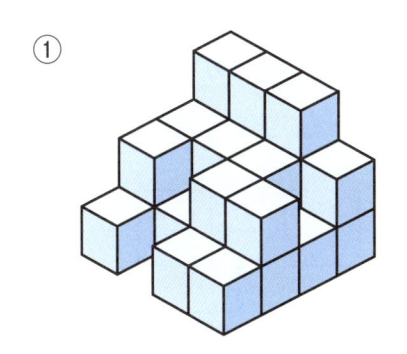

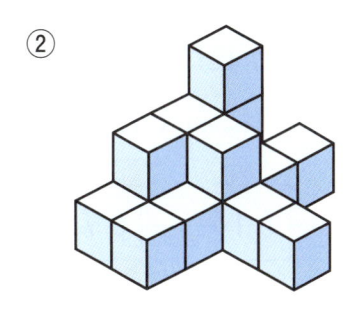

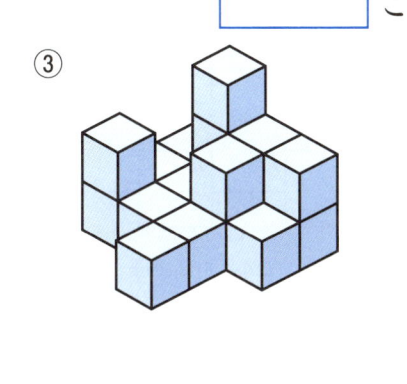

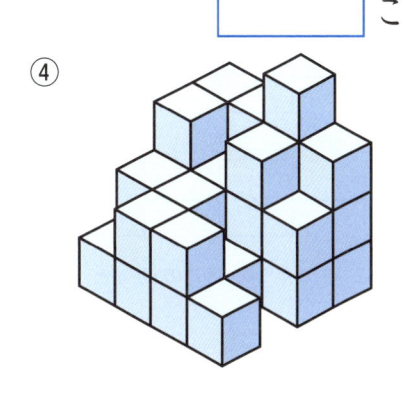

(10てん×4=40てん)

① ▢こ

② ▢こ

③ ▢こ

④ ▢こ

4 よりこさん，ゆうみさん，ちずこさん，さやかさんの 4人が リレーに 出ます。つぎの もんだいに こたえなさい。

(10てん×2=20てん)

① いちばんめに よりこさんが はしる とき，その あとの メンバーの はしりかたは なんとおり ありますか。

▢とおり

② 4人が リレーを はしる じゅんばんは ぜんぶで なんとおり ありますか。

▢とおり

おとなの方へ 問題文を理解するのが難しいときには，図や表やグラフに表し，それを試行錯誤しながら，いろいろな場合で検討してみることが大事です。

19 むずかしい もんだい(2)

★★ 発展レベル
●時間20分
●答え→別冊43ページ
得点 /100

1 つぎの ように ある きまりに したがって かずが ならん でいます。□に あてはまる かずを かきなさい。(2てん×11=22てん)

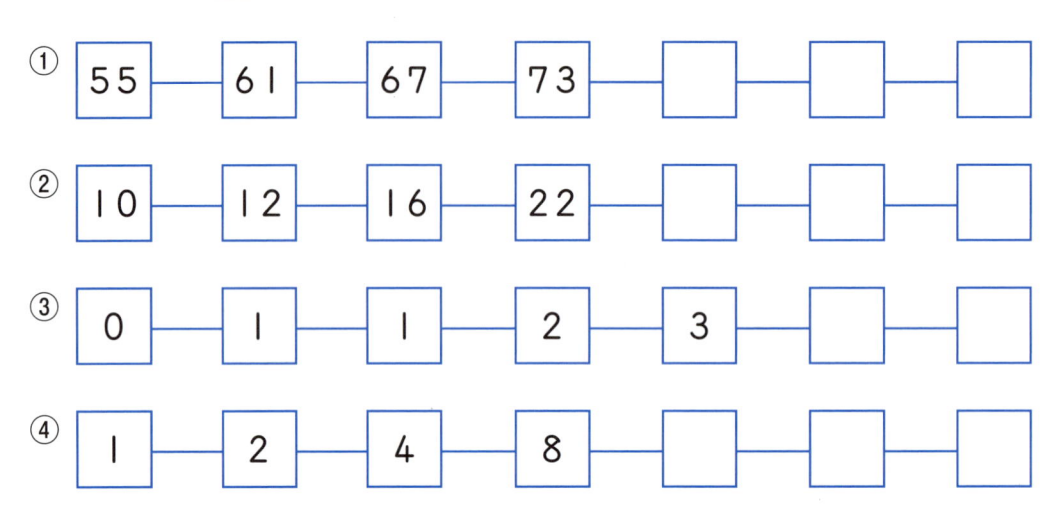

① | 55 | 61 | 67 | 73 | □ | □ | □ |

② | 10 | 12 | 16 | 22 | □ | □ | □ |

③ | 0 | 1 | 1 | 2 | 3 | □ | □ | □ |

④ | 1 | 2 | 4 | 8 | □ | □ | □ |

(ヒント:③は 左 ふたつの はこの かずと,その 右どなりの はこの かずの かんけいに 目を つけます。)

2 下の (ず1),(ず2)の ように,へやの すみに サイコロの かたちを した おなじ 大きさの つみきを つみました。それぞれ なんこの つみきが ありますか。(9てん×2=18てん)

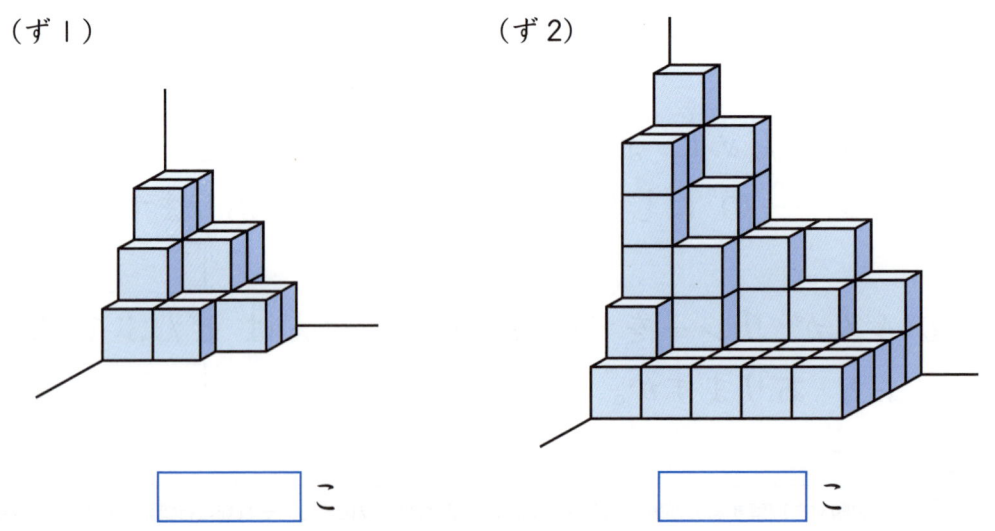

(ず1)

(ず2)

□ こ

□ こ

発展レベル ☆☆

3 つぎの ずは，はば 1メートル（1メートルは，小1の みなさんの しんちょうより すこし みじかい ながさで，1m と かきます。）の ながさの おびを くみあわせて つくった ものです。ずの まわり（ずの 青い せん）の ながさは 1m の なんこぶんの ながさですか。

(15てん×2＝30てん)

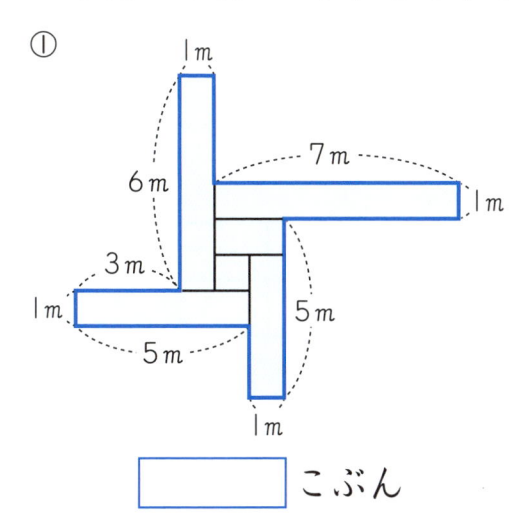

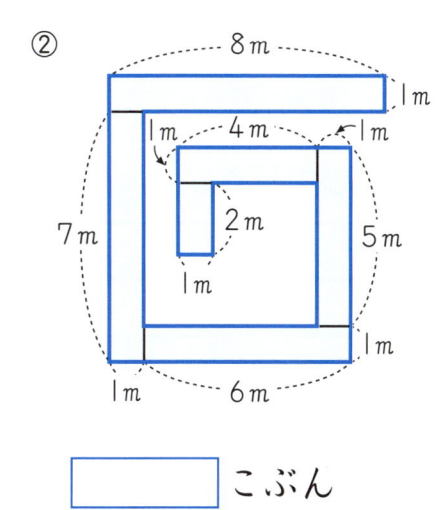

① （図：1m, 7m, 6m, 3m, 1m, 5m, 5m, 1m などの表示の風車状の図）

② （図：8m, 7m, 6m, 5m, 4m, 2m, 1m などの表示の渦巻き状の図）

① ☐ こぶん　　② ☐ こぶん

4 ある きまりに したがって，下の ように すうじを ならべます。

(15てん×2＝30てん)

	1れつめ	2れつめ	3れつめ	4れつめ	5れつめ	⋯
1だんめ	1	4	9	16		
2だんめ	2	3	8	15		
3だんめ	5	6	7	14		
4だんめ	10	11	12	13		
5だんめ						
⋮						

① 5だんめの 9れつめに 入る かずは なにですか。

☐

② 60は なんだんめの なんれつめに 入りますか。

☐ だんめの ☐ れつめ

19 むずかしい もんだい(2)

★★★ トップレベル ●時間20分 ●答え→別冊44ページ 得点 /100

1 ①, ②, ③, ④, ⑤, ⑥, ⑦, ⑧, ⑨, ⑩ の 10まい の カードを, あすか, ぶんた, ちか, だいすけ, えりの 5人に 2まいずつ くばりました。下の ひょうには 5人が もらった カードの かずの ごうけいが かいて あります。また, ⑤と ⑥の りょうほうの カードを もらった 人は いませんでした。

(10てん×2=20てん)

	あすか	ぶんた	ちか	だいすけ	えり
かずのごうけい	?	10	11	13	17

① あすかが もらった カードの かずは なにと なにですか。

　　　　　　　と

② だいすけの もらった カードの かずは, なにと, なにだったのでしょう。

　　　　　　　と

2 たかしくんの いえの テーブルクロスは, 下のような もようでした。

(10てん×2=20てん)

① この かたちの 中には, なんこの 正ほうけいが あるでしょうか。(正ほうけいとは, ましかくの ことで, □のような かたちのことです。)

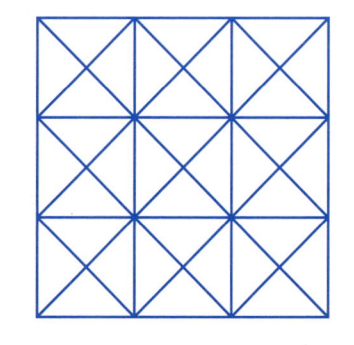

　　　　　　　こ

② この かたちの 中には, なんこの ちょうほうけい (ちょうほうけいとは □□のような かたちです。) があるでしょうか。ちょうほうけいの 大きさも くべつして かんがえる もの とします。

　　　　　　　こ

3 ぼうを ならべて 下のような ずけいを 左から じゅんばん に つくって いきます。　(15てん×2＝30てん)

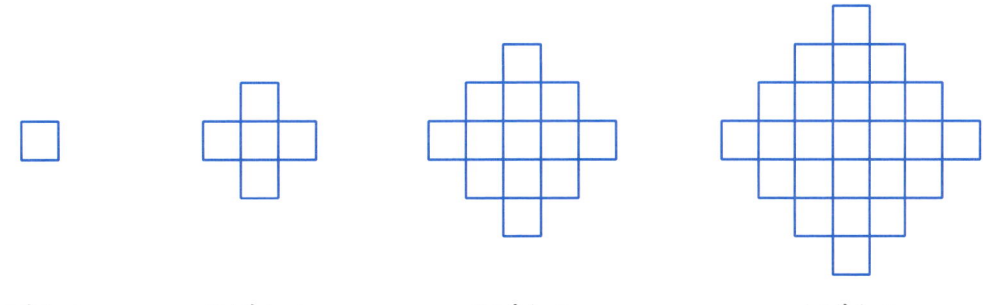

1ばんめ　　2ばんめ　　3ばんめ　　4ばんめ

① 2ばんめの ずけいでは, ぼうを 16本 つかって います。5ばんめの ずけいでは, ぼうを なん本 つかって いますか。　　100 本

② 10ばんめの ずけいでは, ぼうを なん本 つかって いますか。　　400 本

4 つぎの 文は たろうくんの 6かいの テストの てんに ついてです。　(15てん×2＝30てん)

> あ 1かいめから 2かいめ, 2かいめから 3かいめは おなじ てんすうずつ とくてんが ふえました。
>
> い 4かいめから 5かいめ, 5かいめから 6かいめは おなじ てんすうずつ とくてんが へりました。
>
> う 1かいめ, 3かいめ, 5かいめの とくてんは それぞれ, 68てん, 74てん, 83てん でした。
>
> え 6かいめの とくてんは, 2かいめと 4かいめの ちょうど まん中の てんすうです。

① 2かいめの とくてんは なんてんですか。　　71 てん

② 6かいめの とくてんは なんてんですか。　　79 てん

20 むずかしい もんだい(3)

☆ **標準レベル** ●時間15分 ●答え→別冊45ページ 得点 /100

1 ②, ④, ⑥, ⑧ の 4まいの カードのうち, 2まいの カードを つかって, 20よりも 大きい かずを つくります。つぎの かずを こたえなさい。

(4てん×9=36てん)

① いちばん 大きい かず　□

② いちばん 小さい かず　□

③ 十のくらいが 4の かず　□ と □ と □

④ 一のくらいが 6の かず　□ と □ と □

⑤ 78に いちばん ちかい かず　□

2 3つの かずが あります。3つの かずを ぜんぶ たすと, 74に なります。また, いちばん 大きい かずから 2ばんめに 大きい かずを ひくと 2に なり, 2ばんめに 大きい かずから 1ばん 小さい かずを ひくと 6に なります。この 3つの かずを 大きい じゅんに かきなさい。

(14てん)

□ , □ , □

3 つぎの もんだいに こたえなさい。　　　　(10てん×2=20てん)

① 男の子が 5人 1れつに ならんで います。男の子と 男の子の あいだに 女の子が ふたりずつ ならびました。まえから 6ばんめの 人の うしろには なん人いますか。

　　　　　　　　　　　　　　　　　　　　　[　　　]人

② 7人の 女の子が よこに 1れつに ならんで います。女の子と 女の子の あいだに 男の子を 3人ずつ ならべました。左から 2人めの 女の子と 右から 2人めの 女の子の あいだには 男の子が なん人 いますか。

　　　　　　　　　　　　　　　　　　　　　[　　　]人

4 へやの すみの かべに そって，おなじ 大きさの サイコロの かたちを した はこを つみかさねました。①，②，③の ずでは，それぞれ なんこの はこを つみかさねて ありますか。

(10てん×3=30てん)

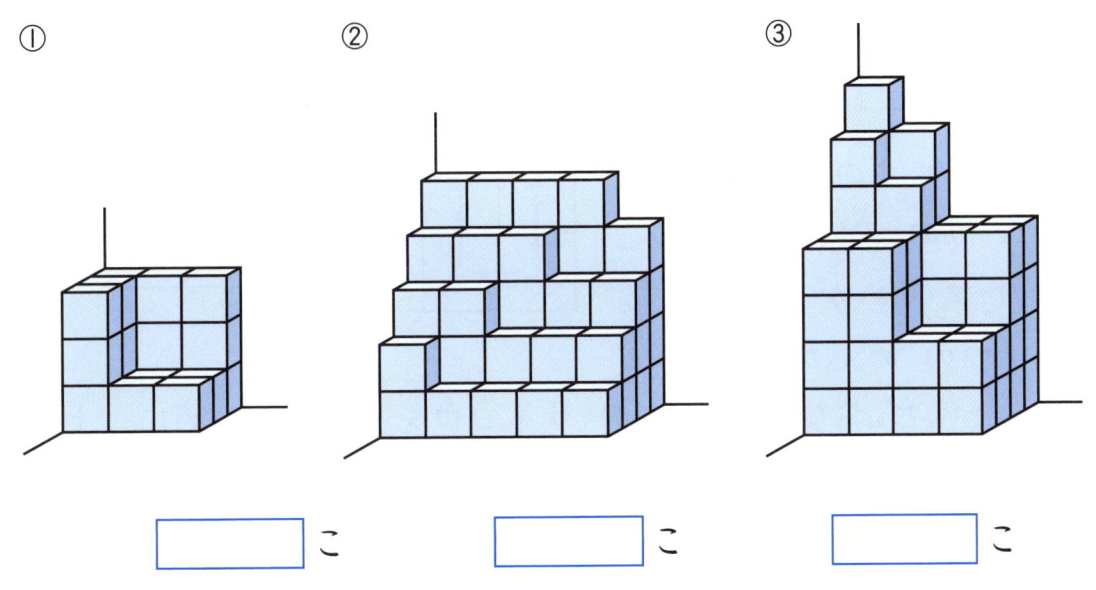

① 　　　　② 　　　　③

[　　　]こ　　[　　　]こ　　[　　　]こ

おとなの方へ　難しい問題の克服のコツは，いろいろな場合を考えて，試行錯誤しながらやっていくことです。実際にやっていくうちに「書き出し」といって系統的に考えていくことができるようになります。

20 むずかしい もんだい(3)

★★ 発展レベル
●時間20分 ●答え→別冊46ページ 得点 /100

1 白い 石(○)と くろい 石(●)が つぎの ように きそくてきに ならんで います。つぎの といに こたえなさい。

(6てん×3=18てん)

○●●○●●●○●●●●○●●●●●○●●●●●●○●●●●●●●○●●…

① 左から 30ばんめの 石は 白い 石ですか,くろい 石ですか。

　　　　　　　　　い石

② 30ばんめまでに 白い 石は なんこ ありますか。

　　　　　　　　　こ

③ 50ばんめまでに くろい 石は なんこ ありますか。

　　　　　　　　　こ

2 □に あてはまる かずを かきなさい。 (6てん×2=12てん)

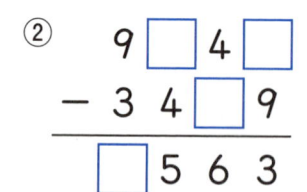

① 　□74□
　　+59□8
　　─────
　　　9□03

② 　 9□4□
　　-34□9
　　─────
　　　□563

3 右の ずの ような ⑦から ⑰の 正ほうけい 6こ の マスめが あります。1つの めんが マスめと ちょうど おなじ 大きさの サイコロを ⑦の マスめに,上の めんが 1に なるように おきました。そして,この サイコロを すべらないように ⑦→⑦→⑰→⑤→⑦→⑰と じゅんに ころがして いきます。⑰の マスめまで ころがった とき,サイコロの 上の めんは いくつに なって いますか。 (10てん)

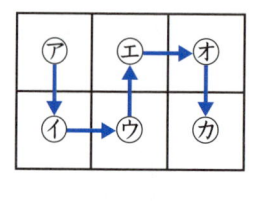

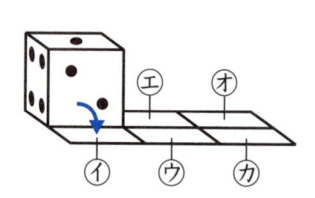

発展レベル ☆☆

4 23この ももと 20この かきと 17この りんごを, 子ども ひとりに 2こずつ くばったところ, おなじ くだものを 2こ もらった 子どもは ひとりも いませんでした。また, くだものは 1こも あまりませんでした。わけかたと 人ずうを 下の ひょうの ように まとめました。

(10てん×3=30てん)

わけかた	人ずう
もも1こと かき1こ	⑦人
もも1こと りんご1こ	⑦人
かき1こと りんご1こ	⑦人

① ⑦と⑦の 人ずうをあわせると, なん人に なりますか。

　　　　　　　　　　　　　　　　　　　　　□人

② 子どもは ぜんぶで なん人 いますか。

　　　　　　　　　　　　　　　　　　　　　□人

③ ⑦の 人ずうは なん人ですか。

　　　　　　　　　　　　　　　　　　　　　□人

5 大小 2しゅるいの ガラス玉が あります。大2こと 小5この おもさの ごうけいは 64グラムです。また, 大1こと 小1この おもさの ごうけいは20グラムです。(1グラムとは, 1円玉1まいの おもさの ことです。)

(10てん×3=30てん)

① 大2こと 小2この おもさの ごうけいは なんグラムですか。

　　　　　　　　　　　　　　　　　　　　　□グラム

② 小1この おもさは なんグラムですか。

　　　　　　　　　　　　　　　　　　　　　□グラム

③ 大1こと 小1この おもさの ちがいは なんグラムですか。

　　　　　　　　　　　　　　　　　　　　　□グラム

20 むずかしい もんだい(3)

★★★ トップレベル ●時間20分 ●答え→別冊48ページ 得点 /100

1 かみから えんぴつを はなさず, おなじ せんを 1かいしか とおらないで かたちを かく ことを "ひとふでがき" と いいます。たとえば,(ず1)で,てんⓐから はじめて ひとふでがきを する しかたは,右まわりと 左まわりの 2とおり あります。

(ず2)では,てんⓘから はじめると なんとおり ありますか。

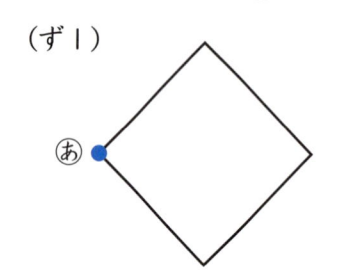

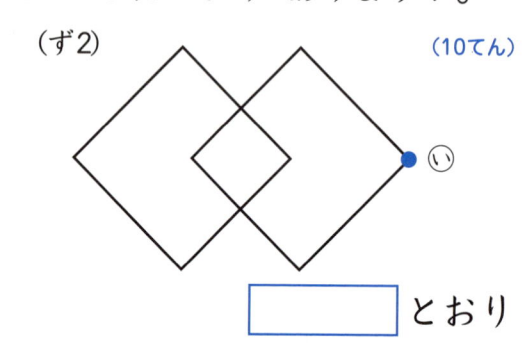

(ず1)　　　(ず2)　　　(10てん)

ⓐ　　　　　　　　　　　　ⓘ

☐ とおり

2 10しゅるいの カード ⓪, ①, ②, …, ⑨ を なんまいか ずつ つかって 日づけを あらわします。たとえば,1月28日は ①②⑧で,3月4日は ③⓪④で,11月23日は ①①②③と あらわします。3月4日の ときは,3の まえには 0を つけませんが,4の まえには 0を つけます。2月は 28日までと して,つぎの といに こたえなさい。ただし,1まい いじょうという ばあい,1まいは ふくみます。

(10てん×3=30てん)

① ⑦の カードを 1まい いじょう つかう 日は,1年の 中に なん日 ありますか。 ☐ 日

② ⓪の カードを 1まい いじょう つかう 日は,1年の 中に なん日 ありますか。 ☐ 日

③ ①の カードを 1まい いじょう つかう 日は,1年の 中に なん日 ありますか。 ☐ 日

3 下の ように，おなじ 大きさの 正ほうけいを なんまいか つかって つくった 6しゅるいの すう字が それぞれ たくさん あります。

　たとえば，「1」の すう字は 正ほうけい 5まいで できて います。これらの すう字 3こで 「112」という かずを つくろうと おもえば，ぜんぶで 21まい（5＋5＋11＝21）の 正ほうけいを つかいます。

　また，正ほうけいを 10まい ちょうど つかって できる かずは，「11」（5＋5＝10）の 1しゅるいに なります。

(15てん×4＝60てん)

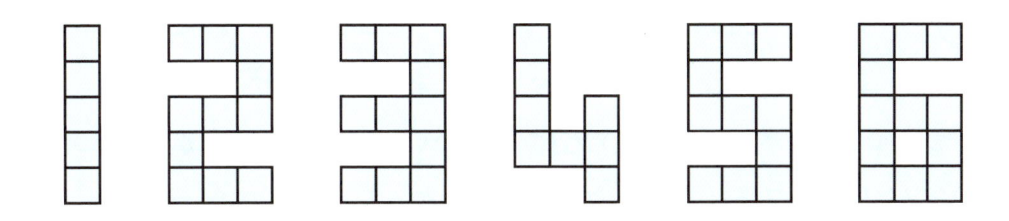

① 「32」という かずを つくる ためには 正ほうけいは なんまい つかいますか。　　　　　　　　　　まい

② 「4561」という かずを つくる ためには 正ほうけいは なんまい つかいますか。　　　　　　　　まい

③ 正ほうけいを 16まい ちょうど つかって できる かずは，なんしゅるい ありますか。　　　　　　しゅるい

④ 正ほうけいを 23まい ちょうど つかって できる かずは，なんしゅるい ありますか。　　　　　　しゅるい

① つぎの ☐ に あてはまる かずを かきなさい。

(5てん×6=30てん)

① 48+☐=92   ② 68-☐=23

③ ☐+536=802   ④ ☐-382=408

⑤ 632+☐-432=390

⑥ ☐-382+888=907

② よりこさんは おかあさんから 600円の おこづかいを もらいました。これを 3かいに わけて ぜんぶ かいものに つかいました。2かいめは 1かいめの かいもので つかった 金がくの 3かいぶんの ねだんの しなものを かい，3かいめは 2かいめで はらった 金がくの 2かいぶんの ねだんの しなものを かいました。
よりこさんは 1かいめの かいもので，ガムを 2こ かいました。ガム1この ねだんを もとめなさい。

(8てん)

☐円

③ 右の ひょうには，16から 31までの かずが 1つずつ 入ります。そして，たて，よこ，ななめの どの 4つの かずを たしても，たした ものが みな ひとしくなります。あいて いる ところに あてはまる かずを かきなさい。

(10てん)

		27	16
18		21	30
17	26		
31		24	19

④ サイコロの ある めんに 右の ような ふとい やじるしが あって, その はんたいがわの めんにも, ほそい やじるしが おなじ むきに かいて あります。この さいころの かたちの てんかいずを, 下の ①〜④の 4とおり かきましたが, ほそい やじるしが かきこまれて いません。ばしょと ほうこうを かんがえて, ほそい やじるしを かき入れなさい。

(8てん×4=32てん)

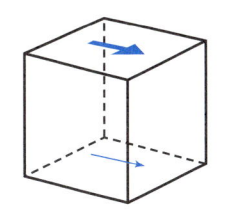

① 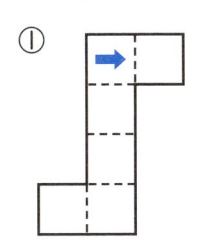 ② 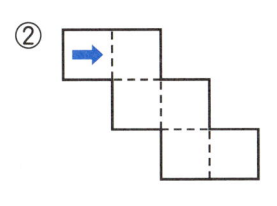 ③ 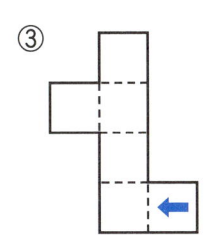 ④

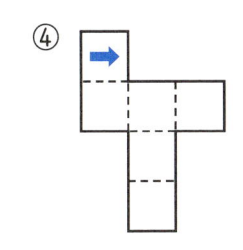

⑤ ある きまりに したがって, 下の ように かずを ならべました。

(10てん×2=20てん)

1だんめ　2
2だんめ　4　6
3だんめ　8　10　12
4だんめ　14　16　…　…
5だんめ
…

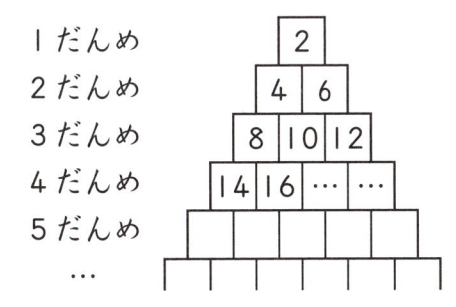

① 5だんめの 左から 3ばんめの かずを かきなさい。

② 36は なんだんめの 右から なんばんめに ありますか。

　　　　だんめの 右から　　　　ばんめ

実力テスト 1

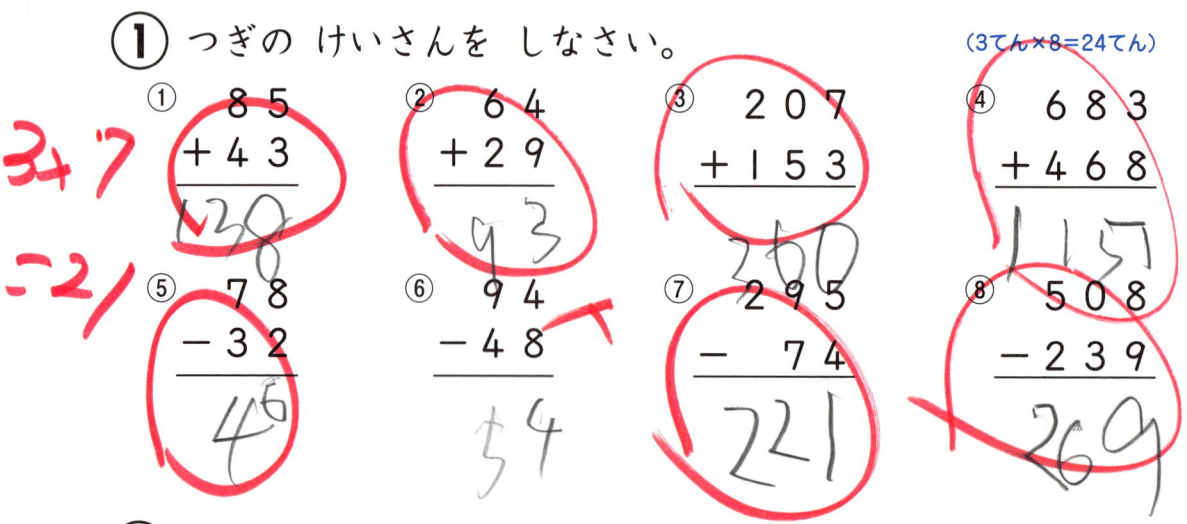

●時間 20分
●答え→別冊 50ページ
得点 66/100

1 つぎの けいさんを しなさい。
(3てん×8＝24てん)

① 85＋43＝128
② 64＋29＝93
③ 207＋153＝360
④ 683＋468＝1157
⑤ 78－32＝46
⑥ 94－48＝54
⑦ 295－74＝221
⑧ 508－239＝269

2 あわせて 15に なるように せんで，むすびなさい。
(2てん×5＝10てん)

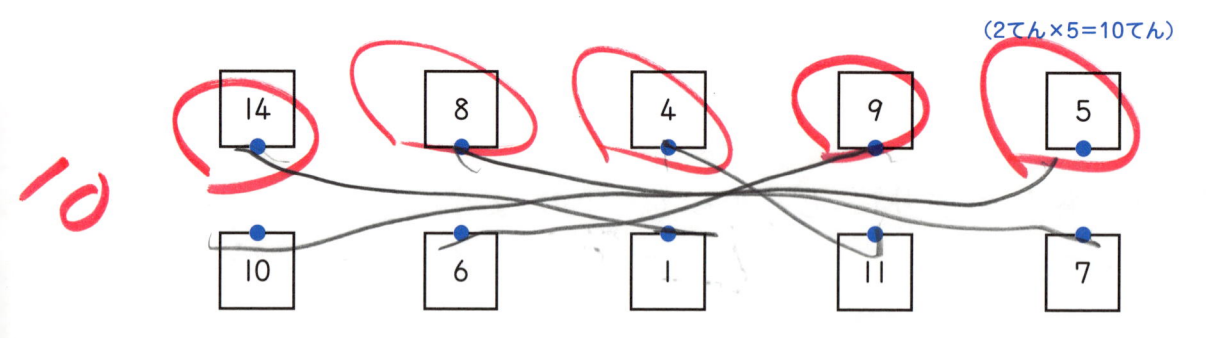

上段: 14, 8, 4, 9, 5
下段: 10, 6, 1, 11, 7

3 つぎの かずに ついて， □に あてはまる かずを かきなさい。
(1てん×7＝7てん)

| 48 | 78 | 36 | 67 | 59 | 52 | 49 | 64 |

① 65より 大きい かずは [67] と [78] です。
② 50より 小さい かずは [48] と [49] と [36] です。
③ 55より 大きくて 65より 小さい かずは [59] と [64] です。

④ さいころには，むかいあう めんの かずを たすと 7になる せいしつがあります。(ず1)のような さいころを (ず2)のように 4つ つみました。つぎの といに こたえなさい。

(4てん×3＝12てん)

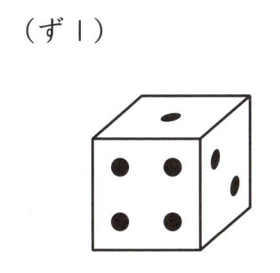

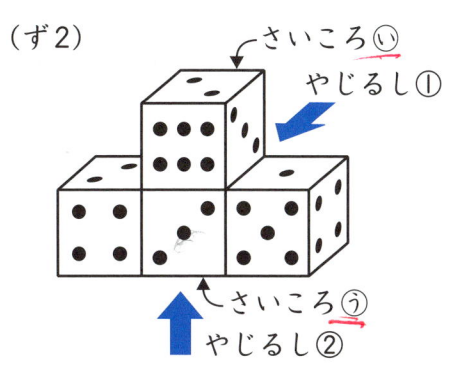

(ず1)　　　　　　　　(ず2)　←さいころ○い
　　　　　　　　　　　　　　やじるし①

　　　　　　　　　　　←さいころ○う
　　　　　　　　　　　やじるし②

① この さいころが 右の ずの ように おかれて いる とき，めん○あの すう字は 4とおり かんがえられます。その すう字を 4つとも こたえなさい。

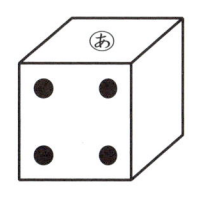

✗　2 と 5 と 4 と 3

② やじるし①の ほうこうから 見たとき，見えるすう字を 4つとも こたえなさい。

✗　1 と 3 と 4 と 2

③ さいころ○いと さいころ○うで かさなりあっている 2つの めんの かずを たすと いくつですか。ただし，さいころ○うを やじるし②の ほうこうから 見たときの，すう字は 6で あると します。

5＋1＝6　✗

145

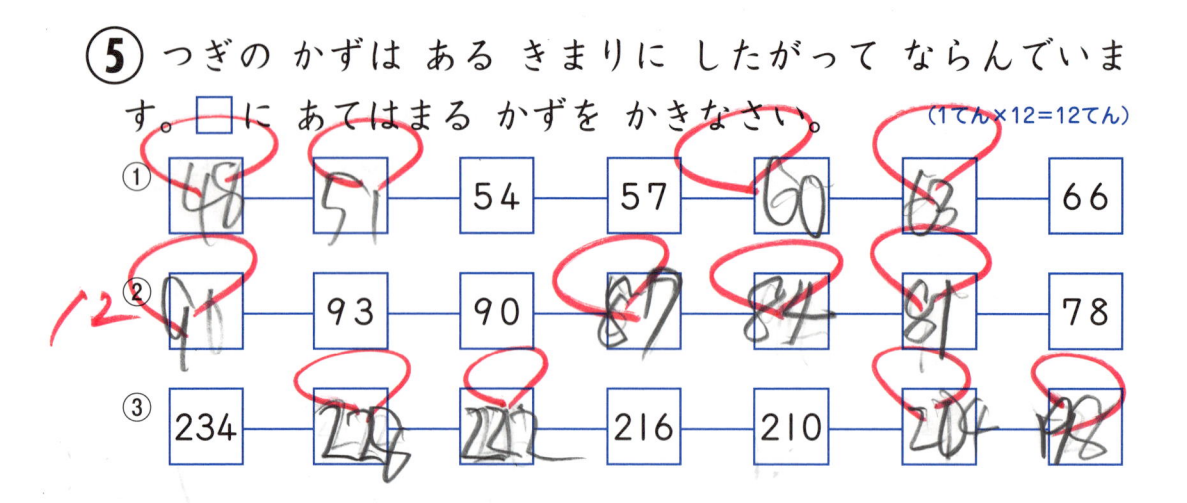

⑤ つぎの かずは ある きまりに したがって ならんでいます。☐に あてはまる かずを かきなさい。 (1てん×12=12てん)

① | 48 | 51 | 54 | 57 | 60 | 63 | 66 |

② | 96 | 93 | 90 | 87 | 84 | 81 | 78 |

③ | 234 | 228 | 222 | 216 | 210 | 204 | 198 |

⑥ たくろうくんは おりがみ 150まいを もっていました。そのうち, なんまいかを よりこさんに あげて のこりから かずおくんに 28まい, なおこさんに 78まい あげたところ, なくなりました。よりこさんに あげたのは なんまいですか。よりこさんに あげた まいすうを ☐まいとして しきを つくり, こたえをもとめなさい。 (しき3てん, こたえ2てん けい5てん)

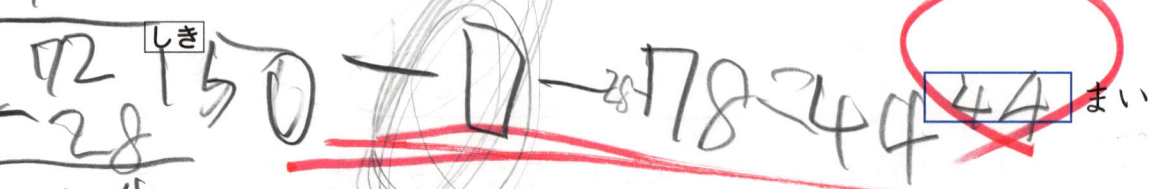

しき 150 - ☐ - 28 - 78 = 44   44 まい

⑦ ⓪, ①, ③, ④, ⑤ の 5まいの カードが あります。2まいの カードを とって, その かずを たします。(4てん×3=12てん)

① たした かずが 8に なる カードの くみあわせを こたえなさい。　3 と 5

② たした かずが 4に なる カードの くみあわせは なんとおり ありますか。　3 とおり

③ ⑥の カードを くわえて 6まいに しました。たした かずが 6になる カードの くみあわせは, なんとおり ありますか。　　とおり

実力テスト 1

⑧ みかんを 3つの はこに わけました。白い はこに なんこか, 赤い はこに 40こ, 青い はこに 18こ 入って います。みかんは, はじめ 82こ ありましたが, そのうち, 16こは くさって いたので, 入れる まえに すてました。白い はこに 入って いる みかんの こすうを □ ことして, しきを つくり, その こすうを もとめなさい。

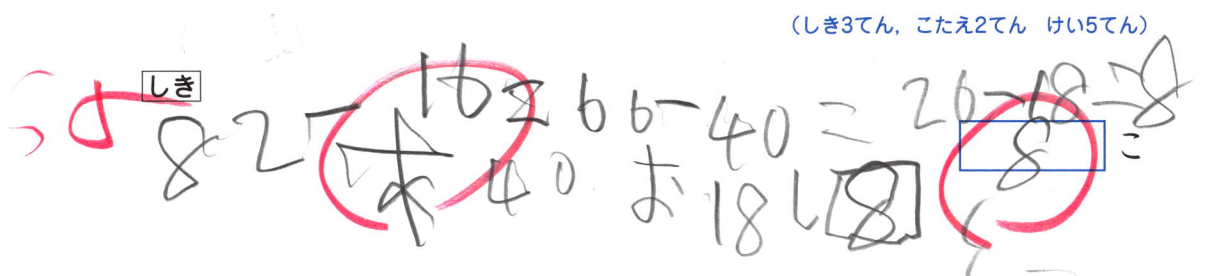

(しき3てん, こたえ2てん　けい5てん)

しき 82 - 16 = 66 66 - 40 = 26 26 - 18 = 8

答え 8 こ

⑨ 10円玉が 3まいと 1円玉が 3まい あります。このお金で はらえる ねだんは なんとおり ありますか。ただし, 0円は かんがえません。

(4てん)

□ とおり

⑩ もじばんに すうじが かいていない かけどけいを こうじくんは いたずらを して かたむけて しまいました。しかし, 「○じちょうど」の ときばかり だったので, じこくを よむ ことが できました。下の 3つの とけいは それぞれ なんじを さしていますか。

(3てん×3=9てん)

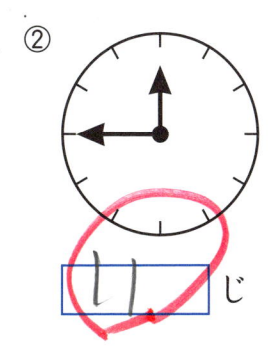

① 2 じ　② 11 じ　③ 7 じ

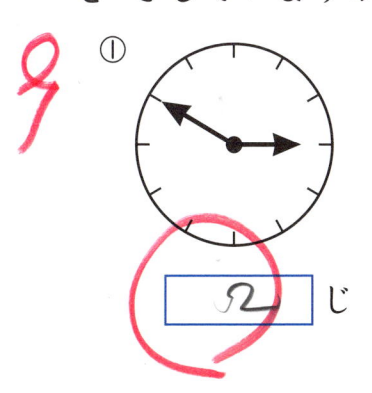

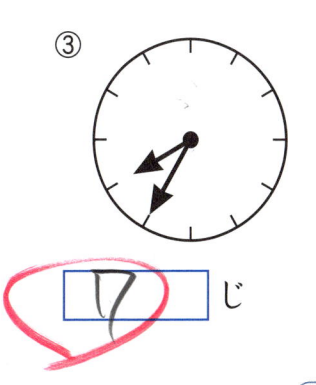

実力テスト 2

● 時間 20分
● 答え→別冊50ページ
得点 36/100

① 10円玉が 3まいと 5円玉が 5まいと 1円玉が 4まい あります。 (2てん×2=4てん)

① 18円 はらう はらいかたは, ぜんぶで なんとおり ありますか。

　　　5 とおり

② 1円から はらうことを かんがえて いって, はじめて はらえなくなる ねだんは なん円ですか。

　　　60 円

② 20から 30までの かずの うち, □に 入る かずを ぜんぶ かきなさい。 (3てん×4=12てん)

① 4+19>□　　12　22, 21, 20

② 44-18<□　　27, 28, 29, 30

③ 13+29-18>□　　4　23, 22, 12

④ 73-45-3<□　　4　26, 27, 28, 29, 30

③ よりこさん, としこさん, さやかさんの 3人が ぶらんこに のります。3人が ぶらんこに のる じゅんばんは なんとおり ありますか。 (3てん)

　　　□ とおり

よ─と さ
さ─と　　　2×3=6

4 つぎの けいさんを しなさい。 (3てん×6=18てん)

① 74+16+42= 132

② 98-73+16=

③ 63-48+18= 5

④ 55+32-65= 27

⑤ 48-26+43-50= 15

⑥ 62+39-48+27= 84

5 □に あてはまる かずを かきなさい。 (3てん×6=18てん)

① 18+5+□=16+17

② 23+46+□=57+39

③ 46+31-□=21+38

④ □+23+42=99-17

⑤ 96-43=77-12-□

⑥ 23+34+51+19=□+39+16-48

6 たくやくんは 9さいです。おとうさんは たくやくんよりも 31さい 年上で、おじいさんは おとうさんよりも 34さい 年上だそうです。おじいさんは なんさいですか。

(4てん)

□ 65 さい

⑦ みきこさんは シールを 13まい もっていて, これは, た
ろうくんの もっている シールの ちょうど はんぶんの ま
いすうです。また, たろうくんが もっている シールは たかし
くんが もっている シールの ちょうど はんぶんの まいすう
です。たかしくんは シールを なんまい もっていますか。

(4てん)

[52] まい

み13 た 26 たか 52

⑧ おかしを かいに おみせやさんに いきました。たくやくん
は 60円, はなこさんは 40円の おかしを かいました。い
ちろうくんは なん円かの おかしを 2つ かいました。3人
の かったぶんを まとめて はらった お金は 160円に なり
ます。いちろうくんの かった おかしは ひとつ なん円でし
ょう。

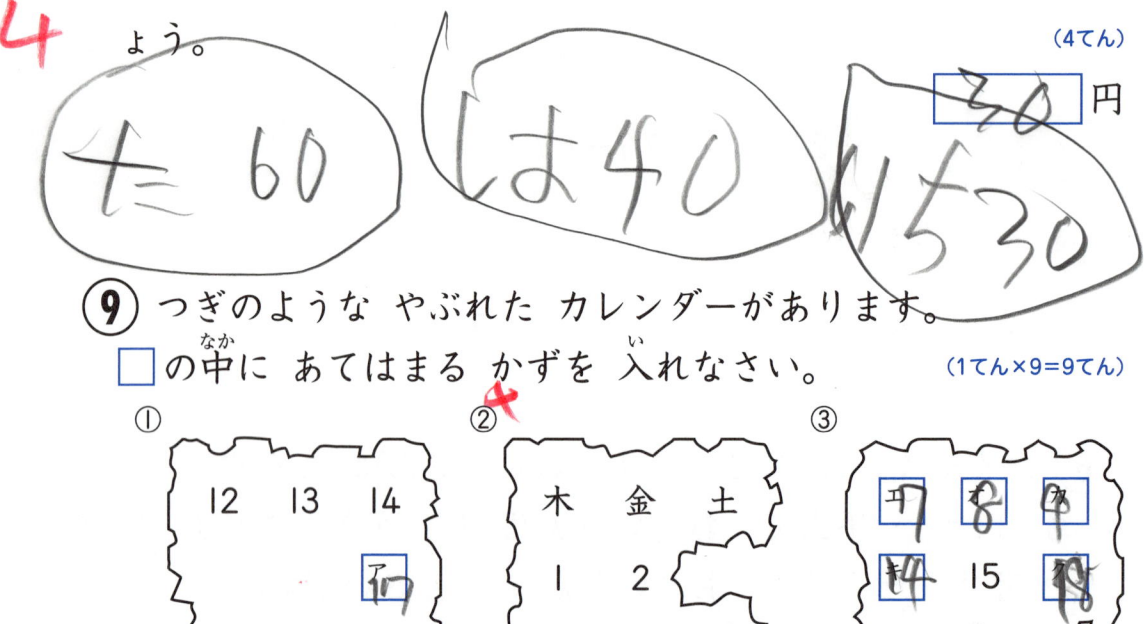

(4てん)

[30] 円

た 60 は 40 いち 30

⑨ つぎのような やぶれた カレンダーが あります。
□の中に あてはまる かずを 入れなさい。

(1てん×9=9てん)

①
12	13	14
		[17]
		[21]

②
木	金	土
1	2	
		[10]

③
[7]	[8]	[9]
[14]	15	[16]
	[22]	

実力テスト 2

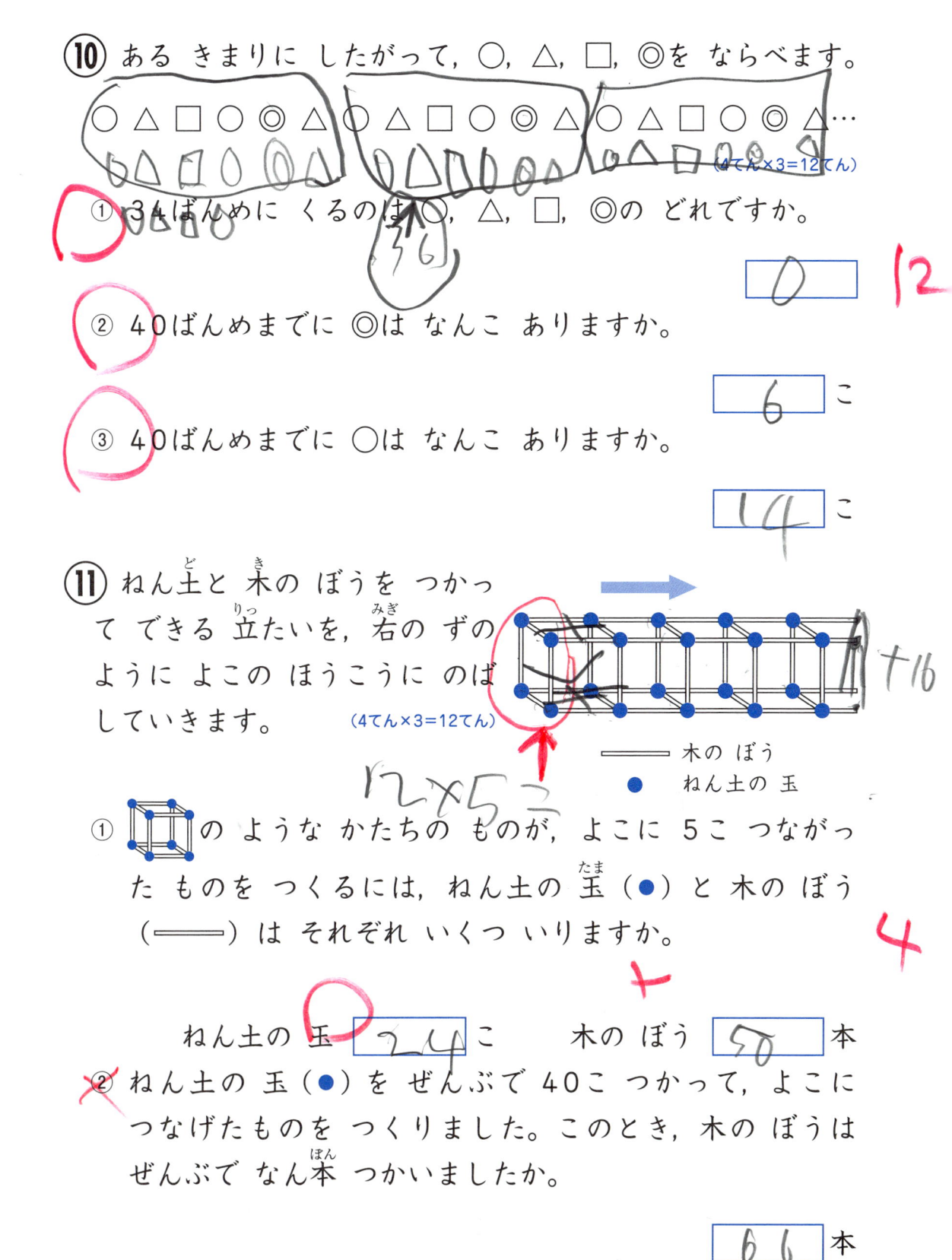

⑩ ある きまりに したがって, ○, △, □, ◎を ならべます。

○ △ □ ○ ◎ △ ○ △ □ ○ ◎ △ ○ △ □ ○ ◎ △ …

(4てん×3=12てん)

① 34ばんめに くるのは ○, △, □, ◎の どれですか。

○

② 40ばんめまでに ◎は なんこ ありますか。

6 こ

③ 40ばんめまでに ○は なんこ ありますか。

14 こ

⑪ ねん土と 木の ぼうを つかって できる 立たいを, 右の ずの ように よこの ほうこうに のばしていきます。

(4てん×3=12てん)

―― 木の ぼう
● ねん土の 玉

① のような かたちの ものが, よこに 5こ つながった ものを つくるには, ねん土の 玉(●)と 木の ぼう(――)は それぞれ いくつ いりますか。

ねん土の 玉 24 こ　　木の ぼう 50 本

② ねん土の 玉(●)を ぜんぶで 40こ つかって, よこに つなげたものを つくりました。このとき, 木の ぼうは ぜんぶで なん本 つかいましたか。

66 本

実力テスト 3

●時間 20 分
●答え→別冊52ページ
得点 /100
~59点 60~79点 80点~

① 40から 100までの かずの 中で，つぎの かずを ぜんぶ かきなさい。
(3てん×5＝15てん)

① 一のくらいの かずが 5の かず

② 十のくらいの かずが 一のくらいの かずと おなじ かず

③ 十のくらいの かずも 一のくらいの かずも 6より 小さい かず

④ 十のくらいの かずと 一のくらいの かずを たすと 10に なる かず

⑤ 十のくらいの かずから，一のくらいの かずを ひくと 3 に なる かず

② 下の ずは ぼうを ならべて かたちを つくった ものです。しきに あうように まん中の □の なかに あてはまる ぼうの かずを かき入れなさい。
(4てん)

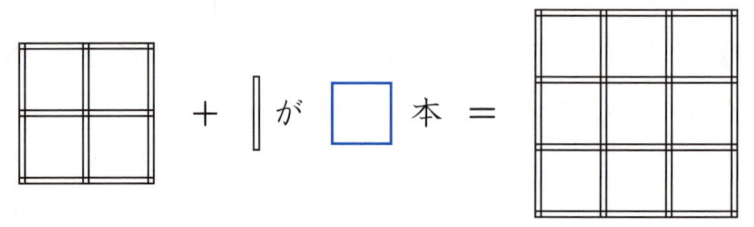

▭ ＋ │ が □ 本 ＝ ▭

③ つぎの けいさんを しなさい。　(2てん×10=20てん)

① 24+58+16=☐　　② 38+92+17=☐

③ 98-46-19=☐　　④ 87-45-23=☐

⑤ 65+48-52=☐　　⑥ 98-63+38=☐

```
⑦   417      ⑧   369      ⑨   832      ⑩   453
   +345         +832         - 43         -288
   ----         ----         ----         ----
```

④ ☐に あてはまる かずを かきなさい。　(1てん×21=21てん)

```
①    ☐5☐38          ②    52☐1☐
    +6438☐              +8☐473
    ------              ------
    15☐2☐0              ☐☐32☐1

③    ☐40☐1          ④    8☐23☐
    -35☐85              -☐8☐46
    ------              ------
     4☐43☐               62☐4
```

⑤ 子どもが 24人で かけっこを しています。よりこさんは まえから 9ばんめ でしたが、6人に ぬかれました。いま、よりこさんの うしろには なん人 いますか。　(4てん)

☐人

⑥ さやかさんは おはじきを 73こ もって います。よりこさんも なんこか もって いましたが, いもうとに 20こ あげたので, さやかさんよりも 28こ すくなくなりました。はじめに よりこさんは おはじきを なんこ もって いましたか。

(3てん)

☐ こ

⑦ 右の ずは よりこさんの いえから 学校までの みちじゅんを しるした ちずです。とおまわりを しないで, いえから 学校へ いく いきかたは なんとおり ありますか。

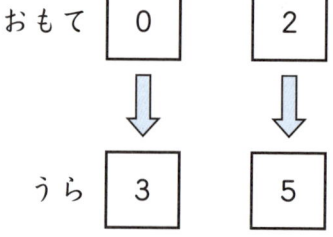

(3てん)

☐ とおり

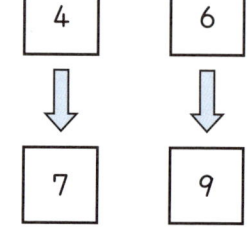

⑧ 下の ような カードが 4まい あります。この カードの うらには, それぞれ おもての かずよりも 3 大きい かずが かかれています。この カードを つかって, 3けたの かずを つくることに します。おなじ カードの おもてと うらの かずは どうじには つかえません。つぎの もんだいに こたえなさい。(3てん×4=12てん)

おもて	0	2	4	6
うら	3	5	7	9

① いちばん 大きい かずは いくつですか。 ☐
② いちばん 小さい かずは いくつですか。 ☐
③ 500に いちばん ちかい かずは いくつですか。 ☐
④ 百の くらいの かずが 7で 730よりも 大きい かずは いくつできますか。

☐ こ

実力テスト 3

⑨ ある きまりに したがって、下の ように すう字を ならべます。

(4てん×3=12てん)

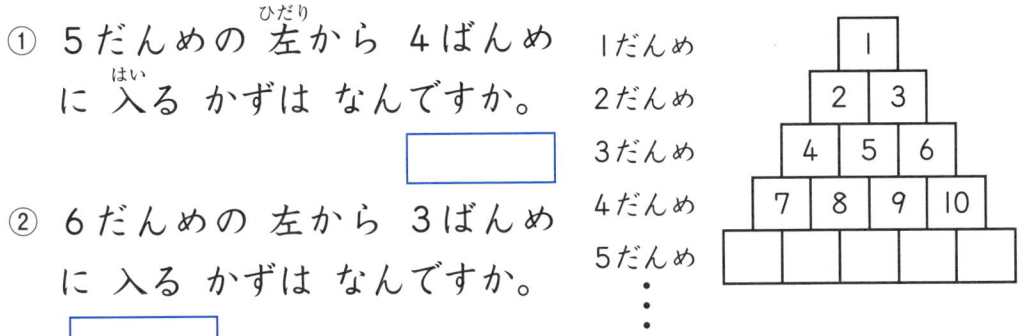

① 5だんめの 左から 4ばんめに 入る かずは なんですか。 ☐

② 6だんめの 左から 3ばんめに 入る かずは なんですか。 ☐

③ 50は なんだんめの 左から なんばんめに ありますか。
☐ だんめの 左から ☐ ばんめ

1だんめ　1
2だんめ　2　3
3だんめ　4　5　6
4だんめ　7　8　9　10
5だんめ

⑩ この ながさ（──）を 1センチメートルと いい、1cmと かきます。1本の ながさが 6cmの 白い テープと 9cmの 赤い テープが それぞれ たくさん あります。これらの テープを つないで ながい テープを つくります。ただし、のりしろ（のりを つける ところ）は どれも 1cmと します。たとえば、白い テープを 3本 つなぐと、下の ずの ように ながさが 16cmの テープが できます。

(3てん×2=6てん)

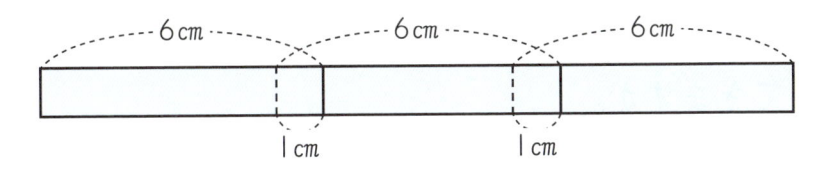

① 赤い テープだけを 4本 つなぐと、なんcmの テープが できますか。 ☐ cm

② 白, 赤, 白, 赤, 白, 赤の じゅんに, ぜんぶで 6本の テープを つなぐと、なんcmの テープが できますか。 ☐ cm

実力テスト4

● 時間 20分
● 答え→別冊53ページ
得点 57/100

① つぎの けいさんを しなさい。　(2てん×8＝16てん)

① 38＋67＝ 105　　② 68＋84＝ 152
③ 75－43＝ 32　　④ 85－48＝ 37
⑤ 600＋280＝ 880　　⑥ 800－392＝ 508
⑦ 508＋392＝ 900　　⑧ 840－387＝ 453

② つぎの ふしぎマシーンに，かずを 入れると，ある きまりに したがって かずが 出てきます。どんな きまりなのかを かんがえながら，つぎの もんだいに こたえなさい。

(3てん×3＝9てん)

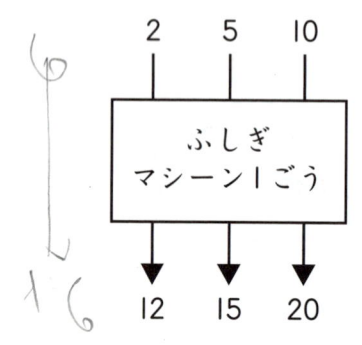

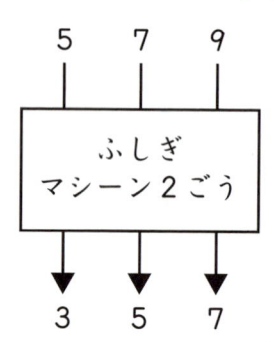

```
    2  5  10              5  7  9
    ↓  ↓  ↓              ↓  ↓  ↓
  ┌─────────┐        ┌─────────┐
  │ ふしぎ   │        │ ふしぎ   │
  │ マシーン1ごう │     │ マシーン2ごう │
  └─────────┘        └─────────┘
    ↓  ↓  ↓              ↓  ↓  ↓
   12 15 20              3  5  7
```

① ふしぎマシーン1ごうに 6を 入れると，どんな かずが 出てきますか。　　16

② ふしぎマシーン2ごうに 10を 入れると どんな かずが 出てきますか。　　8

③ ふしぎマシーン1ごうに 8を 入れた あと，出てきた かずを，ふしぎマシーン2ごうに 入れ，さらに，ふしぎマシーン1ごうに もういちど 入れると，どんな かずが 出てきますか。　　8

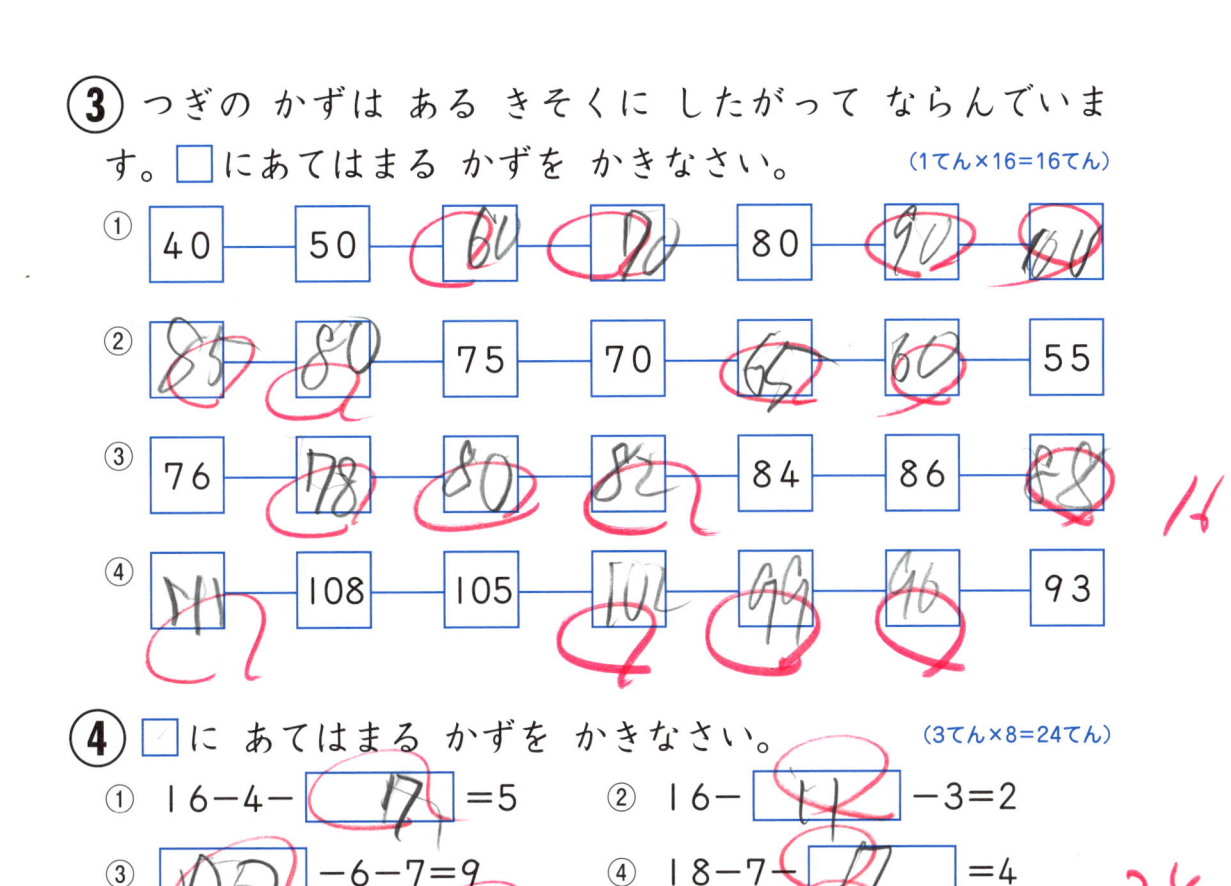

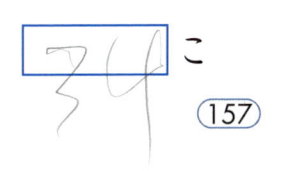

③ つぎの かずは ある きそくに したがって ならんでいます。□に あてはまる かずを かきなさい。 (1てん×16=16てん)

① | 40 | 50 | 60 | 70 | 80 | 90 | 100 |

② | 85 | 80 | 75 | 70 | 65 | 60 | 55 |

③ | 76 | 78 | 80 | 82 | 84 | 86 | 88 |

④ | 111 | 108 | 105 | 102 | 99 | 96 | 93 |

④ □に あてはまる かずを かきなさい。 (3てん×8=24てん)

① 16−4−[7]=5   ② 16−[11]−3=2
③ [22]−6−7=9   ④ 18−7−[7]=4
⑤ 22−9+[6]=19 ⑥ 16−[5]+4=15
⑦ 13+[8]−8=13 ⑧ [15]+8−6=17

⑤ キャンディの 入った 赤い びんと 青い びんが あります。赤い びん 1本に 入って いる キャンディの かずは, 青い びん 3本ぶんに 入って いる キャンディの かずより 4こ おおく, 赤い びん 1本と, 青い びん 1本に 入る キャンディの かずを あわせると, 44こに なった そうです。赤い びんに 入って いた キャンディは いくつでしたか。
なお, びんには いつも おなじ かずの キャンディが 入ると します。
(8てん)

[34]こ

6 つぎの もんだいに こたえなさい。　　(3てん×9＝27てん)

① 下の (ず1) の ように 正ほうけいアイウエを おり, その
ご, てんせんの ような おり目を つけ, (1)〜(3)の かげの
ぶぶんを きりおとします。もとに もどしたとき, どの
ぶぶんが きりおとせたか, ずに かきいれなさい。

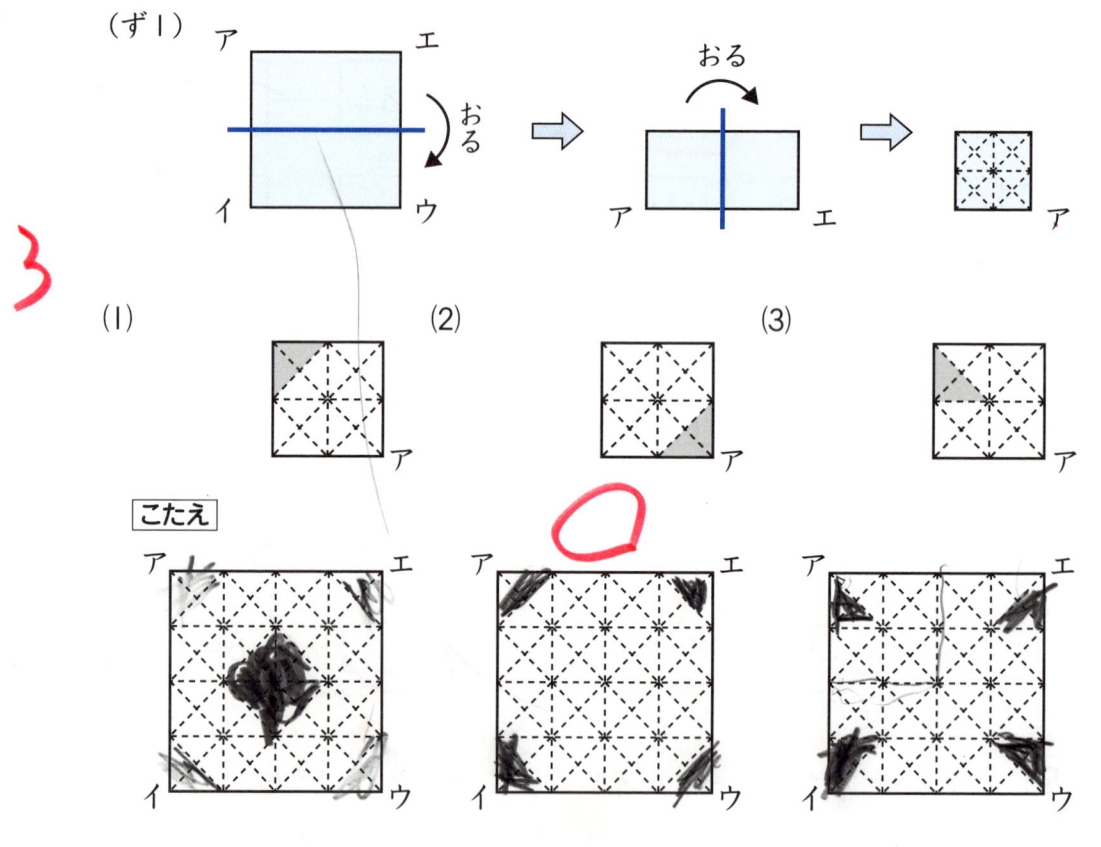

(ず1)

(1)　(2)　(3)

こたえ

② 下の (ず2) の ように 正ほうけいアイウエを おり, その
ご, てんせんの ような おり目を つけ, (1)〜(3)の かげの
ぶぶんを きりおとします。もとに もどされたとき, どの
ぶぶんが きりおとされたか, ずに かきいれなさい。

(ず2)

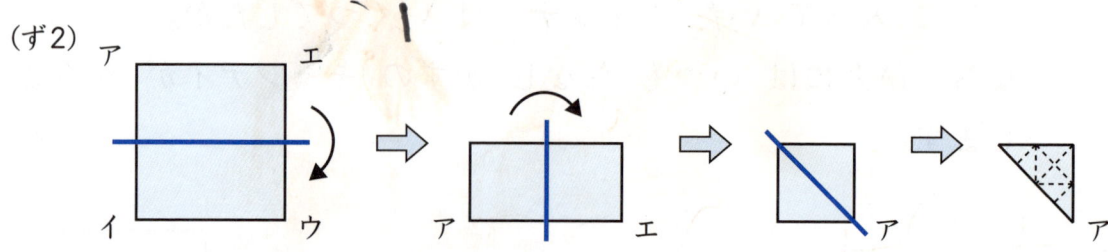

(1)　　　　　　　(2)　　　　　　　(3)

こたえ

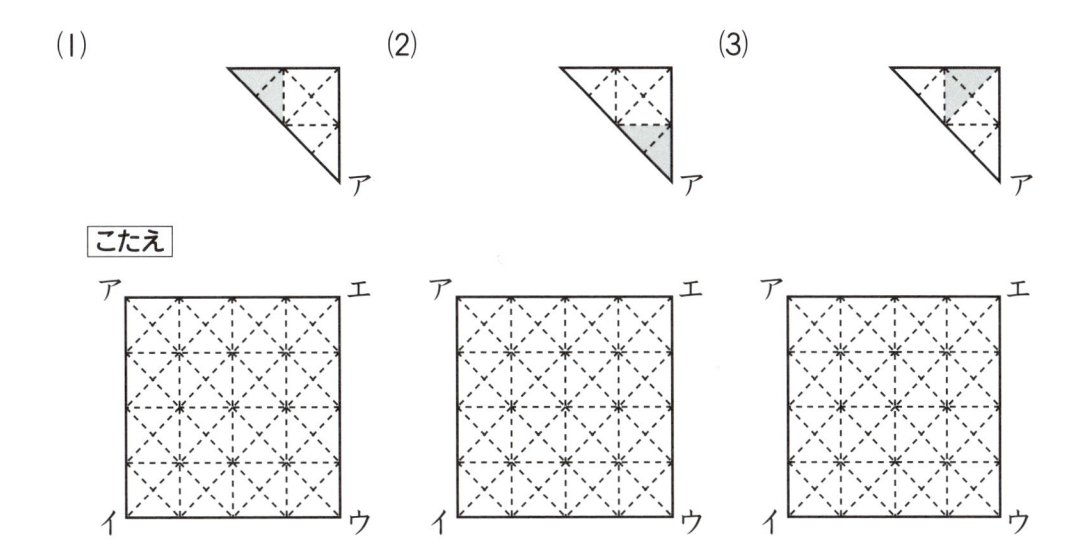

③ 下の (ず3) のように 正ほうけいアイウエを おり, その
ご, てんせんの ような おり目を つけ, (1)～(3)の かげの
ぶぶんを きりおとします。もとに もどしたとき, どの
ぶぶんが きりおとされたか, ずに かきいれなさい。

(ず3)

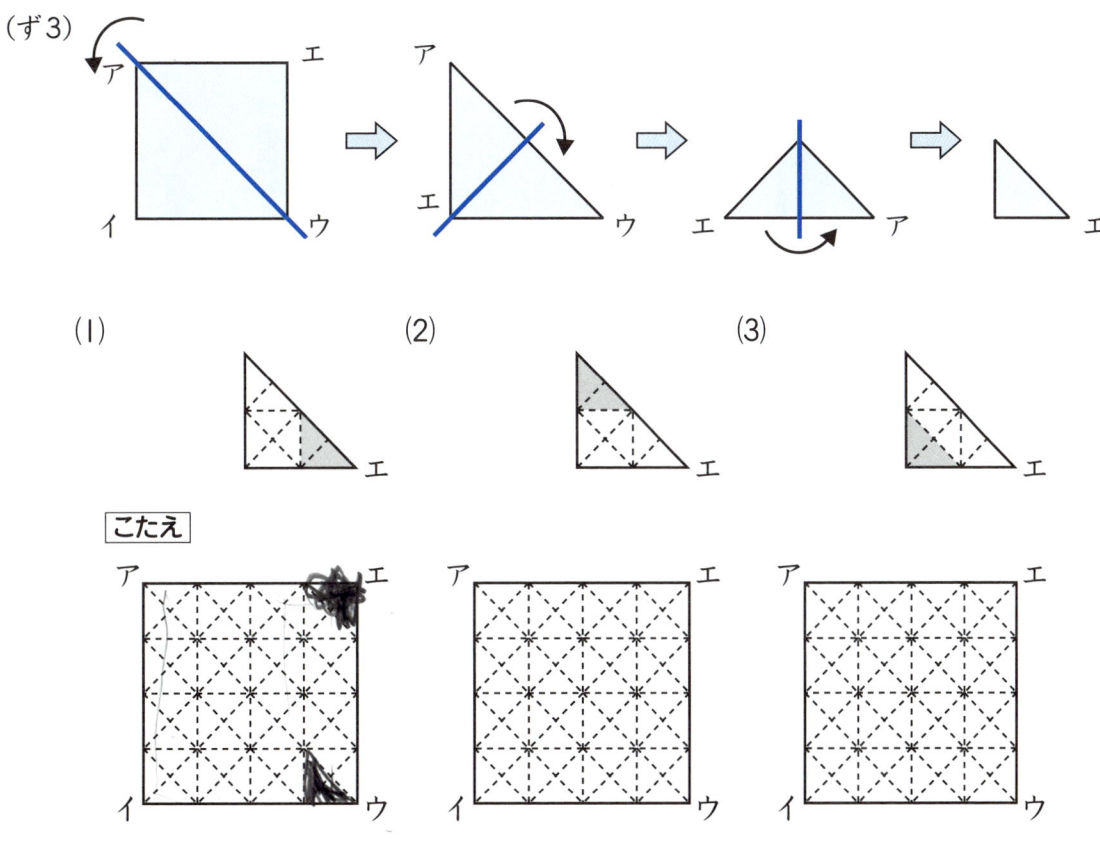

(1)　　　　　　　(2)　　　　　　　(3)

こたえ

● 著者 紹介 ●

<本冊執筆>

前田　卓郎（まえだ　たくろう）

1947年兵庫県尼崎市生まれ。歯学博士。
大阪大学大学院修了後，大阪歯科大学に奉職。
41年間一貫して講師として受験指導に携わり，1992年「希学園」を設立，学園長に就任する。
2004年首都圏に進出。その入試における驚異的合格力が首都圏の受験界に新風を吹き込んでいる。
2009年関西の学園長を後任に譲り理事長に就任したが，現在も自ら熱血講師として算数を担当する。受験業界での知名度は高い。これまで1500人超の教え子を灘中に送り込んできた。
問い合わせ先：
　　　メール info-d@nozomigakuen.co.jp

<スペシャルふろく執筆>

糸山　泰造（いとやま　たいぞう）

1959年佐賀県生まれ。明治大学商学部卒。関東屈指の大手進学塾にて教鞭を執った後，無理なく無駄なく効果的な学習法を提唱し，現在の教育サポート機関「どんぐり倶楽部」を設立。誰もが持っている視考力を活用した思考力養成を提案している。著書に「絶対学力」「新・絶対学力」「子育てと教育の大原則」「12歳までに「絶対学力」を育てる学習法」「絵で解く算数」「思考の臨界期(e-BOOK)」などがある。「どんぐり方式」は，これまでにない新しい学習方法として，NHK・クローズアップ現代や朝日新聞・花まる先生公開授業などでも取り上げられ脚光を浴びている。
問い合わせ先：メール　donguriclub@mac.com
　　　　　　　FAX 020-4623-6654

◆　図版　伊豆嶋　恵理　　ふるはしひろみ　　よしのぶもとこ

◆　デザイン　福永　重孝

中学受験をめざす
スーパーエリート問題集
[さんすう小学1年]

本書の内容を無断で複写(コピー)・複製・転載することは，著作者および出版社の権利の侵害となり，著作権法違反となりますので，転載等を希望される場合は前もって小社あて許諾を求めてください。

© 前田卓郎，糸山泰造　2009　　Printed in Japan

編著者　前田卓郎・糸山泰造
発行者　益井英郎
印刷所　NISSHA株式会社
発行所　株式会社　文英堂

〒601-8121　京都市南区上鳥羽大物町28
〒162-0832　東京都新宿区岩戸町17
(代表)03-3269-4231

●落丁・乱丁はおとりかえします。

スーパーエリート問題集
さんすう 小学1年

正解答集
せい かい とう しゅう

- **本冊** の解答 ———————— 2〜54
  ほん さつ　かい とう
- **おもしろ文章題** の解答例 —— 55〜62
  　　　　ぶん しょう だい　かい とう れい

文英堂

本冊の解答

● 式は解説の中にあるものもあります。いろいろな解き方があるので，ひとつの解答例にこだわらず，別の解き方でも考えてください。

1 かぞえて みよう

☆ 標準レベル　●本冊→4ページ

1 ① 5　② 3　③ 4
　　④ 7　⑤ 8　⑥ 10
　　⑦ 9　⑧ 6

2 ① 6人　② 4人　③ 4人
　　④ 1人

3 ○がつくのは
　　① 左(6こ)　② 右(9こ)
　　③ 右(8こ)　④ 左(9さつ)

4 じゅんに ① 6，7，8，9
　　② 4，5，6，10　③ 7，6，3，1
　　④ 1，7，9，11　⑤ 6，8，12，14

1 1つずつ数えるのに慣れてきたら，2，4，6，8，10とまとめて数える練習をします。

4 数がある規則（約束）で並んでいるときは隣り合う2つの数の差をとってみましょう。
　①，② 右に1つ進むと1増えます。
　③ 左に1つ進むと1増えます。
　④，⑤ 右に1つ進むと2増えます。

☆☆ 発展レベル　●本冊→6ページ

1 ① 6　② 9　③ 12
　　④ 8　⑤ 6

2 ① たかしさん　② 4こ
　　③ よりこさん　④ 6こ

3 ① 8　② 9　③ 10
　　④ 5　⑤ 5　⑥ 0

4 りんご，みかんのじゅんに
　　① 2こ，2こ　② 3こ，4こ
　　③ 4こ，2こ　④ 5こ，6こ
　　⑤ 7こ，5こ　⑥ 8こ，4こ

1 数えもれや，重複して数えないように数え終わったものには○をつけましょう。

2 残した数は次の通りです。
　よりこ…2個　ゆうみ…6個　まさき…3個
　あすか…4個　たかし…7個
　③ 残った数がいちばん少ない人がいちばん食べた人です。
　④ 残した数が2番目に少ないのはまさきです。
　まさきは　6個食べました。

　　残した数　　食べた数
　　○○○｜○○○○○○

3 ●や○を使って数えあげます。
　① ●●●●●○○○…8個

4 まず先に，図の中にあるりんごとみかんの数を数えておきます。それぞれ8個といくつちがうか考えます。

☆☆☆ トップレベル　●本冊→8ページ

1 ① 6こ
　　② 7こ
　　③ 3こ
　　④ 1こ
　　⑤ 3こ

2 ① 1　② 3　③ 6
　　④ 1　⑤ 8

3 ① 5こずつ
　　② たくやくん：7こ　いもうと：3こ

4 よりこさん：5本　ゆうみさん：3本
　　よしみさん：2本

5 順に ① 5，6　② 6，8
　　③ 0

1 ③ 右の図の○です。
　④ 右の図の★です。
　⑤ 右の図の● ★ ▲です。

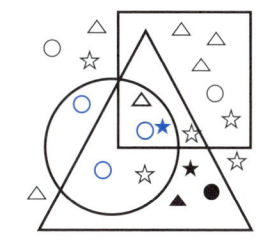

2 ① 5は，4より1大きい。
　② 7は，10より3小さい。
　③ 10より，4小さい数は6です。
　④ 逆に考えて，7より2小さい数より，4小さい数は1
　⑤ 7は8より1小さい。

3 ①同じ数で2つに分けることをいろいろと考えてみます。②は，和差算の問題ですが，図をかいてみればわかるでしょう。次のようにわけます。
　① たくや　●●●●●
　　いもうと　●●●●●
　② たくや　●●●●●●●
　　いもうと　●●●

4 次のようにわけます。
　よりこ　●●●●●
　ゆうみ　●●●　　10個
　よしみ　●●

5 数字が規則的に並んでいるときには，2数の差がどうなっているかに目をつけましょう。
　① 右に1つ進むと1増えます。
　② 右に1つ進むと2増えます。
　③ 2数の差は，2，1，2，1の順に並んでいます。

受験指導の立場から

規則性の問題は，中学受験でも頻出の項目です。学年が上がっていくと，隣り合う2数について　右の数は左の数の何倍か，右の数は左の数の何分の何かということも視野に入れて規則性を考えていかなければなりませんが，小1の現在では，左の数に何をたしたら右の数，右の数から何をひいたら左の数ということを発見できるように，練習しましょう。

2 じゅんばんを かんがえよう

☆ 標準レベル　●本冊→10ページ

1 ① 8ばんめ　② 3ばんめ
　③ ライオン　④ ねこ
　⑤ 9ばんめ

2 ① 11　　　② 23
　③ 8ばんめ　④ 13ばんめ

3 ① 4ばんめ　② まさこさん
　③ 7人　　　④ 7人
　⑤ 7ばんめ　⑥ たかゆきさん
　⑦ 5人　　　⑧ 4人

2 順番に書き出していくと
1, 3, 5, 7, 9, [11], 13, [15], 17, 19, 21, [23], [25]
　　　　　　　①　　　③　　　　　　　②　④
となります。

☆☆ 発展レベル　●本冊→12ページ

1 ① 10ばんめ　② たくやさん　③ 4人
　④ あきこさん　⑤ 7人　⑥ 2人

2 ① 16　　　② 10ばんめ

3 ① 9ばんめ　② 6人　③ 3人

4 ① 19　　② 28　　③ 29
　④ 3だんめの11れつめ

1 順序を表す数と個数を表す数を混同しないように気をつけましょう。
　④ 全部で11人ですからまん中の子は，左からも右からも6番目になります。
　⑤ いちばん左の女の子はちひろ，右からふたりめの男の子はのぞむなので，その間の子どもの人数を数えます。ちひろとのぞむは含めないように気をつけましょう。

2 2つの数の差は2です。
　① 2, 4, 6, 8, 10, 12, 14, [16]
　② 8番目　9番目　[10]番目
　　 16　　 18　　 20

4 ② じゅんばんを かんがえよう

3 問題を読みながら図にかきこみましょう。

まえ　1　2　3　4　5　6　7　8　9　10　11　うしろ
　　　　いちろう　たくや　よりこ　　じろう　　　　ゆき

4 中学入試でよく出る，表と数列の絡んだ問題です。自分で表に書き込んで考えましょう。

	1れつめ	2れつめ	3れつめ	4れつめ	5れつめ	6れつめ	7れつめ	8れつめ	9れつめ	10れつめ	11れつめ
1だんめ	1	5	9	13	17	21	25	29	33	37	41
2だんめ	2	6	10	14	18	22	26	30	34	38	42
3だんめ	3	7	11	15	19	23	27	31	35	39	43
4だんめ	4	8	12	16	20	24	28	32	36	40	

① たて方向には，1ずつ増えていきます。
② ななめ右下方向には，5ずつ増えていきます。
③ 1段目は，(4の倍数＋1)の数が順に入ります。
④ さらに続けて書きあげると，43は3段目の11列目にきます。数式としては，43は 43＝4×10＋3 なので，10＋1＝11（列目）になります。

🐻 受験指導の立場から

数列と表の絡んだ問題は中学受験では必須の項目です。高学年になると，表の数は縦方向には1ずつ増加，右方向には4ずつ増加，そして，その4ずつ増加の理由は，この表が4段の表だからとわかりますが，低学年のうちは，自分で表を埋めていき，結果として，右方向には4ずつきれいに増えている，ということが理解できていれば十分です。

☆☆☆ トップレベル ●本冊→14ページ

1 ① 1　② 2ばんめ
　　③ 6　④ 3
2 ① 2い　② 6人
　　③ 1人
3 ① ア 3　イ 4　ウ 5　エ 1
　　② 7ばんめ　③ 5
4 ㋐ 68　㋑ 86

1 ③ 3, 2, 10, 8, 6
を左から大きい順にならべかえると
10, 8, [6], 3, 2 より 6
④ まん中の5枚は，左右から2枚ずつを除いて
9, 5, 3, 2, 10
左から小さい順にならべかえると
2, [3], 5, 9, 10 より 3

🐻 受験指導の立場から

③，④は9枚のカードから該当するカードを選び取り，それを並べ替えた後で，さらに条件にあう数を選び取ることになり，少々ハードな問題です。お子様が戸惑われたら，
　（1）まず，どのカードを使うのかな？
　（2）並べ替えてごらん
　（3）じゃ，どれが求めるカードかな
などと，小ステップにわけて考えさせましょう。
また，実際にトランプなどを用いて考えてみるのも手です。できなくても焦らずに，時間をおいて再挑戦するなどしてみましょう。

2 文章で書かれている内容を忠実に図にかいて考えましょう。その図を使って，求めていきます。

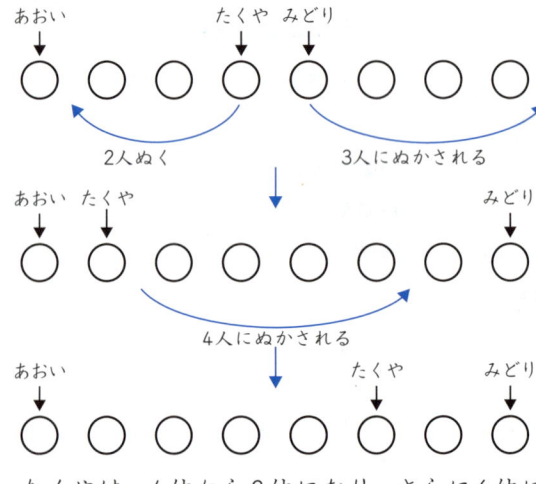

あおい　　　　たくや　みどり
○　○　○　○　○　○　○　○
　　2人ぬく　　　　3人にぬかされる

あおい　たくや　　　　　　　　みどり
○　○　○　○　○　○　○　○
　　　　　4人にぬかされる

あおい　　　　　　　たくや　みどり
○　○　○　○　○　○　○　○

たくやは，4位から2位になり，さらに6位になります。みどりは5位から8位になります。

3 このような数列を**群数列**といいます。
次のようにグループ分けをし，左から順に第1群，第2群，……と名前をつけます。
すると規則性が見えます。

| 1 | 1, 2 | 1, 2, 3 | 1, 2, 3, 4 |
第1群　第2群　　第3群　　　第4群

ア イ ウ エ
1, 2, 3, 4, 5 | 1, ……
　　　　第5群

① ア, イ, ウは第5群の数なので、順に3，4，5と続けます。第5群には5までしか入れないので、エは1になります。

③ エが1で、16番目なので、20番目は数え上げて

| 16番目 | 17番目 | 18番目 | 19番目 | 20番目 |
| 1 | 2 | 3 | 4 | 5 |

となります。

🐻 **受験指導の立場から**

③はたし算を使えるようになれば
1+2+3+4+5+6=21 …(※)
より、第6群の終わりの数は6で、初めから21番目の数とわかり、20番目の数はそのひとつ前の5と考えられるようになります。(※)の計算を思いつくようになるためには、まずは低学年で、書きあげる経験をさせることが大事です。

4 ななめ方向に、2，4，6，8，10，12，…と偶数を入れていきます。規則どおりに右上方向、左下方向への数値記入が正しくなされているか注意しましょう。㋐は順に入れていくと68になります。㋑は86です。

	1れつめ	2れつめ	3れつめ	4れつめ	5れつめ	6れつめ	7れつめ	8れつめ	9れつめ
1だんめ	2	6	8	20	22	42	44	72	74
2だんめ	4	10	18	24	40	46	70	76	
3だんめ	12	16	26	38	48	68	78		
4だんめ	14	28	36	50	66	80			
5だんめ	30	34	52	64	82				
6だんめ	32	54	62	84					
7だんめ	56	60	86						
8だんめ	58								

🐻 **受験指導の立場から**

左上の数から対角線方向にななめ右下に順番に数を見ていくと、
2, 10, 26, 50, 82
　+8 +16 +24 +32
と、8の倍数ずつ変化しています。
とはいえ、小1はまだ、掛け算を習っていませんので、ここまでわかる必要はありませんが、掛け算を学習しおわったら、こういう規則性にも気づきたいものです。

3 かずが できるまで

☆ **標準レベル**　●本冊→16ページ

1 ① 39　② 109　③ 89
　④ 120　⑤ 564

2 ① 64　② 268
　③ (じゅんに) 1こ，2こ，8こ
　④ (じゅんに) 2，4，5

3 左からじゅんに
　① 70，80，100，110
　② 55，70，75，80
　③ 86，88，90，92
　④ 85，80，75，70

4 ① 144円
　② 100円玉：6まい
　　10円玉：8まい

5 ① 92　② 89
　③ 113　④ 122
　⑤ 101

2 abcという3けたの整数は、
100×a＋10×b＋1×c となります。
イメージしにくいうちはおもちゃのコインなどを使って学習してみるのも手です。

3 箱と箱の間でいくつずつ数が増えているか(減っているか)に着目します。1つ右に進むと、①は10ずつ、②は5ずつ増えています。③は80と82の関係に着目すると2ずつ増えていることがわかります。④は5ずつ減っていることがわかります。

4 10進法の基礎となる問題です。
① 50円玉2まいで100円になることがイメージできるようにしましょう。
② 3けたの金額を100と10をいくつか合わせたものに分解できるように練習しましょう。100が6個で600，10が8個で80です。

6 **③** かずが できるまで

5 数直線(かずのせん)で考えましょう。

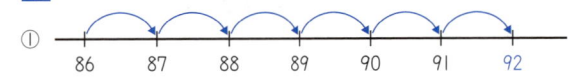

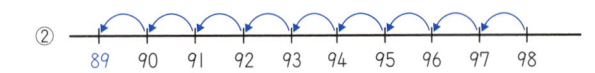

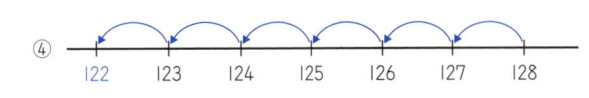

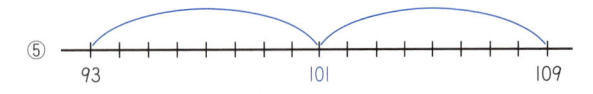

① 86 87 88 89 90 91 **92**

② **89** 90 91 92 93 94 95 96 97 98

③ 100 101 102 103 104 105 106 107 108 109 110 111 112 **113**

④ **122** 123 124 125 126 127 128

⑤ 93 **101** 109

☆☆ 発展レベル　●本冊→18ページ

1 (じゅんばんは、ちがってもかまいません)
① 111, 115, 113, 119, 117
② 119, 121, 123
③ 103, 101, 105, 107
④ 119, 121, 117

2 ① 226, 236, 246, 256
② 222, 233, 244, 255
③ 244, 245, 246, 247, 248, 249, 254, 255, 256, 257, 258, 259

3 左からじゅんに
① 160, 180　② 100, 80
③ 140, 130　④ 160, 180

4 ① 13　② 174
③ 55　④ 200

5 ① 120円　② 7まい

2 位取りを間違えないようにしましょう。

🐻 受験指導の立場から

③は、2□■という数で、□も、■も3よりも大きいので、3は含みません。したがって
　□には4, 5の2通り
　■には、4, 5, 6, 7, 8, 9の6通り
の数が入り、2×6=12(個)
の答えがあります。樹形図でかくと次の通りです。

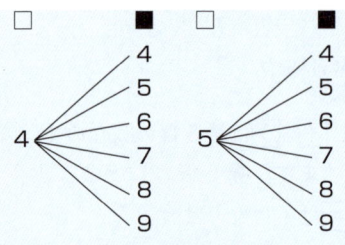

□ ■ □ ■

4 ─ 4,5,6,7,8,9　　5 ─ 4,5,6,7,8,9

高学年になると、この個数は掛け算で求めるように訓練されますが、このことも、まず、数え上げの訓練をした後に教えられるべきものです。
数え上げのコツは、もれず重複せず数えること。そのためには、小さいものから順に書きあげていくということが大事なのです。(今の時点でできなくてもそれほど気にすることではありません。)

3 隣りのものの差をとって考えます。
③や④のように、増加と減少を繰り返すものは難しいですが、ゲーム感覚でとらえるといいでしょう。1つ右に進むと
① 20ずつ増えています。
② 20ずつ減っています。
③ +20と-10を繰り返します。
④ -10と+20を繰り返します。

🐻 受験指導の立場から

③、④は2ますで、+20-10=10増えるので、1つおきに10ずつ増加していきます。

4 数直線で考え、量的につかみましょう。

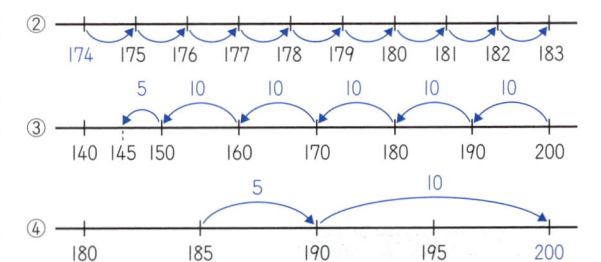

① 143 144 145 146 147 148 149 150 151 152 153 154 155 156

② **174** 175 176 177 178 179 180 181 182 183

③ 140 145 150 160 170 180 190 200 (5, 10, 10, 10, 10, 10)

④ 180 185 190 195 200 (5, 10)

5 まずは量的なイメージをしましょう。

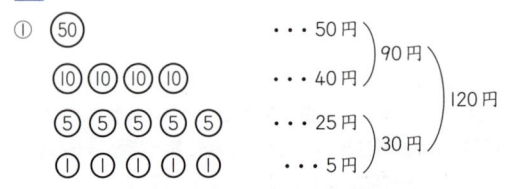

① ㊿　　　　　　…50円 ┐
　⑩⑩⑩⑩　　　…40円 ┘90円 ┐
　⑤⑤⑤⑤⑤　　…25円 ┐　　 │120円
　①①①①①　　…5円　┘30円 ┘

② ⑩⑩⑩⑩⑩⑩⑩⑩ … 80円 ⎫
　　⑤⑤⑤ … 15円 ⎬ 95円 ⎫
　　①①…① … □円 ⎭　　 ⎬ 102円
　　　　　　　　　　　　　　⎭

のこりを96, 97, 98, …, 102と数え上げていくと，7円，すなわち7まいとなります。

☆☆☆ トップレベル ●本冊→20ページ

1	① 20	② 200
	③ 180	④ 8こ
	⑤ 4こ	
2	① 30	② 94
	③ 63	④ 74
	⑤ 84と86	
3	① ア：86	イ：96
	ウ：104	エ：116
	② ア：60	イ：140
	ウ：260	エ：340
4	① 200円 ② 57円	③ 1200円
	④ 1500円 ⑤ 4100円	⑥ 18まい

1 ①～③は数直線で考えてみましょう。

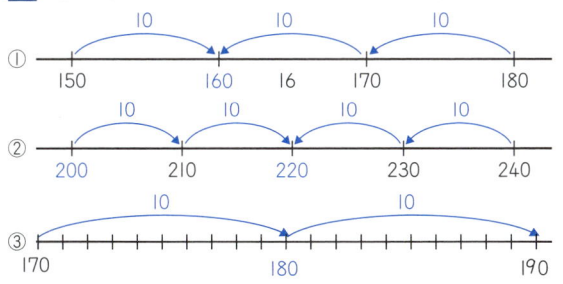

① 150より10大きい数は 160
160は180より20小さい。
② 240より20小さい数は 220
220よりも20小さい数は 200
③ 190は170より20大きいので，求める数は170より10大きい180
④ 123を分割しましょう。

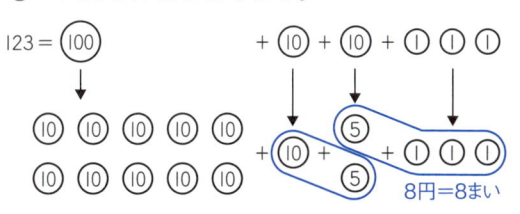

123 = ⑩⑩ + ⑩ + ⑩ + ① ① ①
（分解図）
8円=8まい

⑤ 10が18こで180です。残りは400
400は100が4個集まったものだから　4

受験指導の立場から
低学年の指導では，まず，数を量として認識できることが大事です。お金のおもちゃなどで量をイメージさせながら解かせましょう。

2 ② 大きい数の順に書き並べると次の通りです。
98, 97, 96, 94, 93, 90, …
③ 十の位の数が6である数を小さい順に作っていくと　60, 63, … となります。
④ 一の位は4と決められていますので，大きさを決めるのは十の位の数です。大きい順に
94, 84, 74, …となるので，74です。

受験指導の立場から
複数のカードから何枚か取り出して2けたや3けたの数字を作る問題は定番問題です。次のことがポイントです。

・上の位に大きい数を置けば数は大きくなる。
・下の位に大きい数を置いてもそれほど大きくならない。
・いちばん上の位には0は置けない。

3 1目盛りがいくらか求めましょう。
① 100と110の差は 10
これが5目盛り分なので，1目盛りあたりの数は
2+2+2+2+2=10より2です。
② 200と300の間に5目盛りあるので
20+20+20+20+20=100より
1目盛りは20です。

受験指導の立場から
割り算を学んでいない子に1目盛りのあたりの数値を求めさせるのは難しいことです。①は10を5等分すればよいので，実際に○をかいて求めてみましょう。
○○|○○|○○|○○|○○　と感覚的につかみます。
②も同様です。割り算に相当する問題を○など図形を使って等分する考え方を知っておくと，3年で割り算を学ぶとき，かなりスムーズにとりかかれます。

復習テスト1 ●本冊→22ページ

① ① 6 5 4 3 2 1 0
   ② 9 8 7 6 4 3 2 0
② じゅんに ① 1, 3, 9 ② 9, 8, 6
         ③ 1, 10, 13 ④ 18, 10
③ ① 34 ② 86 ③ 76 ④ 687
④ 7こ
⑤ ① 4 ② 4 ③ 5

② 隣りどうしの差に着目します。
① 右に1つ進むと2ずつ増えるように数を入れていきます。
② 右に1つ進むと数が1減ることに気をつけます。
③ 右に1つ進むと数が3増えます。規則どおりにうめていくと最後の箱が16になるか確認します。
④ 右に1つ進むと4だけ数が減ります。

④ わかりにくい問題は図にかいてみましょう。

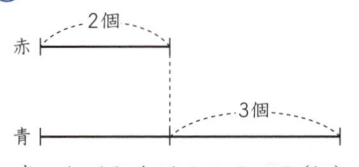

赤 ―2個―
青 ――――3個――

青いおはじきは2＋3＝5（個）
合わせると，2＋5＝7（個）となります。

⑤ 反対側にある面にかかれた数の和は，7なので，1の裏は6，2の裏は5，3の裏は4となります。
上の面の変化は次のようになります。

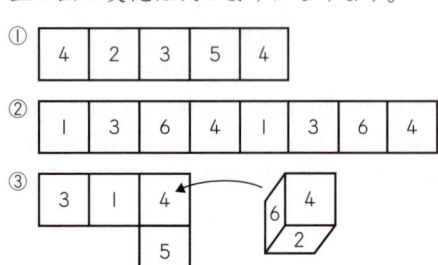

① | 4 | 2 | 3 | 5 | 4 |
② | 1 | 3 | 6 | 4 | 1 | 3 | 6 | 4 |
③ | 3 | 1 | 4 | | | ← 6/4/5/2

④ たしざん(1)

☆ 標準レベル ●本冊→24ページ

1 ① 5   ② 9   ③ 10 ④ 15
   ⑤ 14 ⑥ 10 ⑦ 12 ⑧ 11
   ⑨ 17 ⑩ 16
2 ① 14 ② 13 ③ 15 ④ 18
   ⑤ 9   ⑥ 5   ⑦ 7   ⑧ 7
3 ① 15 ② 16 ③ 24 ④ 32
4 ① 円(10,3,8,1,7,5,2,6,3,7,5,4)
   ② 円(9,6,5,2,10,6,4,1,5,8,3,12,6)
   ③ 円(15,11,8,4,13,6,7,2,9,5,1,12,8)
   ④ 円(16,10,8,2,13,5,8,6,14,3,9,11,17)
5 14こ

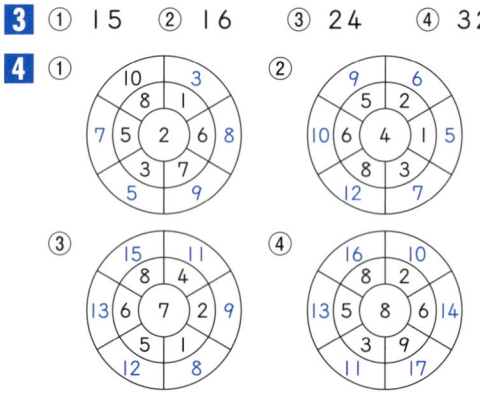

2 ⑤,⑥,⑦,⑧は○などを用いて
   ⑤ ○○○○○｜○○○○○○
   ⑥ ○○○○○○○○｜○○○○○
   のように数を分割させて考えるようにします。

5 みどりさん：6＋2＝8 よりこさん：4＋2＝6
   あわせて 8＋6＝14（こ）

☆☆ 発展レベル ●本冊→26ページ

1 ① ア：6   イ：13
   ② ウ：10   エ：18
   ③ オ：10   カ：16
2 ① 6   ② 12   ③ 12
   ④ 17   ⑤ 12   ⑥ 17
   ⑦ 12   ⑧ 13
3 ① 8   ② 11   ③ 14   ④ 16
4 ① エ   ② イ   ③ ク
5 しき 6＋3＋5＝14 こたえ 14こ

4 計算結果は次の通りです。

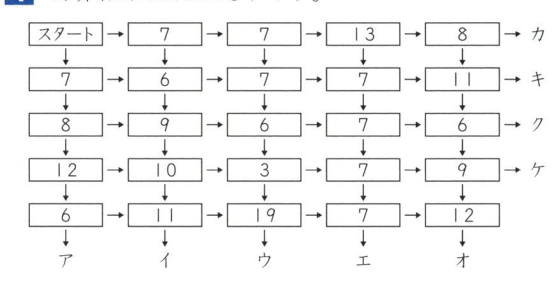

スタート	→	7	→	7	→	13	→	8	→	カ
7	→	6	→	7	→	7	→	11	→	キ
8	→	9	→	6	→	7	→	6	→	ク
12	→	10	→	3	→	7	→	9	→	ケ
6	→	11	→	19	→	7	→	12		
↓		↓		↓		↓		↓		
ア		イ		ウ		エ		オ		

☆☆☆ トップレベル ●本冊→28ページ

1　① 16　② 17　③ 18　④ 18
　　⑤ 14　⑥ 14　⑦ 12　⑧ 12

2　よりこ：しき　3＋1＋1＋2＝7
　　　　　こたえ 7てん
　たかし：しき　1＋1＋2＝4
　　　　　こたえ 4てん
　なおき：しき　3＋1＋3＋1＝8
　　　　　こたえ 8てん

3　① 10ばんめ　② 11人

4　たもつさんで12こ

5　3＋9＝12

1 たし算のみの計算式では順序を入れかえてもかまいません。たしやすいところからたします。
　① 3＋7＋6＝10＋6＝16
　② 6＋4＋7＝10＋7＝17

2 まず，先に勝ち，負け，あいこからじゃんけんの結果を表にして見やすくしておきましょう。
1人で勝つ：◎，2人で勝つ：○，負け：×，あいこ：△で表すと次のようになります。

	1回目	2回目	3回目	4回目	5回目	6回目
よりこ	◎	×	△	×	△	○
たかし	×	×	△	×	△	○
なおき	×	◎	△	◎	△	×

3 複雑になったら図や表にまとめなおして単純な形にしてから解きましょう。

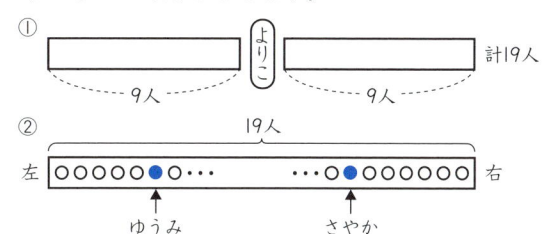

① 19＝9＋1＋9　　9＋1＝10（番目）
② ゆうみさんより左にいるのは5人，
さやかさんより右にいるのは6人なので
5＋6＝11　11人

4 よりこ…3＋2＝5（個）
なおみ…5＋5＝10（個）
たもつ…10＋2＝12（個）より
いちばん多いのはたもつさんで12個

5 1つずつ数字カードを入れて試行錯誤しながら考えていくのが王道です。
しかし，3にある数をたして，2けたになるのは
3＋7＝10，3＋8＝11，3＋9＝12だけです。
この中で適するのは
3＋9＝12 だけです。

5 ひきざん(1)

☆ 標準レベル ●本冊→30ページ

1　① 3　② 2　③ 3　④ 5　⑤ 6
　　⑥ 3　⑦ 1　⑧ 2　⑨ 2　⑩ 2

2　① 5　　② 4　　③ 8
　　④ 10　⑤ 9

3　あ

4　左からじゅんに
　① 15，6，3　② 16，4，0
　③ 15，0　　　④ 14

5　① 9さい　　② 3さい

10 5 ひきざん(1)

2 ⑤ 8より6大きい数は8+6=14より14
6とあわせて11になる数は11-6=5より5
14-5=9

4 ① 12-9=3より，右に1つ進むと3減ります。18-3=15，9-3=6，6-3=3
同様に，②は右へ1つ進むと4減り，③は右へ1つ進むと5減り，④は右へ1つ進むと6減ります。

5 ① 18-9=9より　9才
② 9-6=3　3才

3 ① 11-3-4=8-4=4
② 12-5-3=7-3=4

4 ① 5+3+9=8+9=17
3+6+□=9+□
9+8=17だから　□=8
② 7+8+4=15+4=19
5+□+4=9+□
9+10=19だから　□=10
③ 2+5+7=7+7=14
3+4+□=7+□　7+7=14だから
□=7

5 17-9-3-4
=8-3-4
=5-4
=1

6 20-9-9
=11-9
=2

☆☆ 発展レベル ●本冊→32ページ

1 ①②③ （的の図）

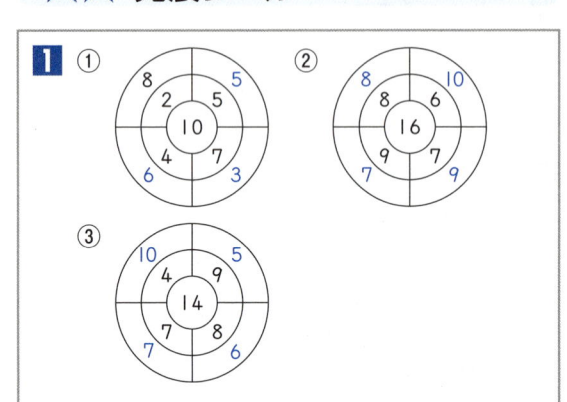

2 ① 5 ② 7 ③ 6
④ 4 ⑤ 3

3 ① 4 ② 4 ③ 2
④ 5 ⑤ 5 ⑥ 5
⑦ 2 ⑧ 0

4 ① 8 ② 10 ③ 7
④ 11 ⑤ 8 ⑥ 10

5 1こ

6 2こ

2 数直線を用いて数の大小をつかみます。
④ （数直線図：6小さい，3小さい，4，10，13）
⑤ （数直線図：3小さい，9小さい，3，6，15）
④ 13-3-6=10-6=4
⑤ 15-9-3=6-3=3

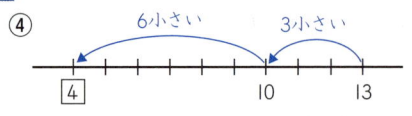

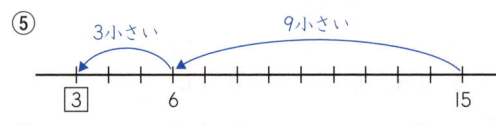

☆☆☆ トップレベル ●本冊→34ページ

1 ① 8   ② 10 ③ 6
④ 3   ⑤ 5

2 ① 15こ ② 7こ

3 ① 9   ② 10 ③ 6

4 ① 17こ ② 10こ ③ 10こ

1 1目盛り=1です。
① ア=7だから，15-7=8
② イ=13だから，13-3=10
③ ア=7，イ=13だから，13-7=6
④ アと4をたしたものは　7+4=11
11-8=3より　3
⑤ ウ=17より　17-7=10
10-2=8　イ=13より　13-8=5

2 一番もとになっているのはゆりさんの持っている個数。その次に，よりこさんのもっている個数と，順序よく整理しながら求めていきます。

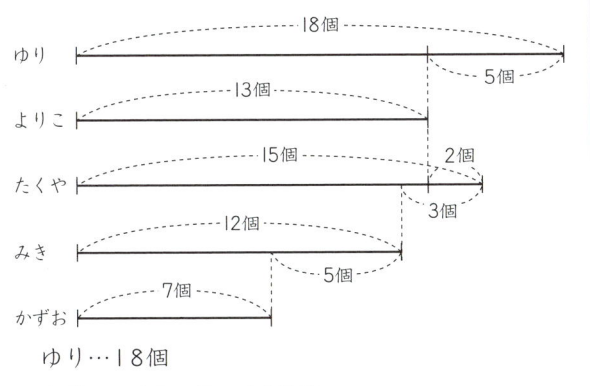

ゆり…18個
よりこ…18－5＝13(個)
たくや…13＋2＝15(個)
みき…15－3＝12(個)
かずお…12－5＝7(個)　となります。

3 ① 13－7－1＝5より　12＋2－□＝5
14－□＝5　14－9＝5より　□＝9
② 17－8－6＝3より　20－7－□＝3
13－□＝3　13－10＝3より　□＝10
③ 16－8－□＝8－□
18－9－7＝2より　8－□＝2
8－6＝2より　□＝6

4 ① 入れた玉は，あかいのどちらかをとおるので，いを通らなかった玉は必ずあを通ります。したがって，あを通った玉は
20－3＝17(個)
② いを通った玉は，おかえのどちらかを通ります。いからおを通った玉は1個なので
いからえを通った玉は　3－1＝2(個)
えを通る玉はあからえを通った玉と，いからえを通った玉の和なので　8＋2＝10(個)
③ 問題文からわかる，各ポイントを通過する玉の数は次のようになります。四角の数字は各ポイントを通過する個数，矢印の上の個数は各通路を通過する個数です。

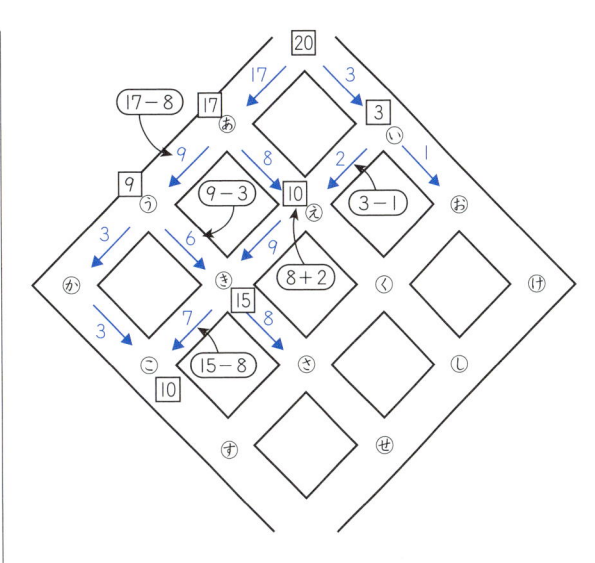

か→こは3個，き→こは7個なので
3＋7＝10(個)となります。

6 かずの 大・小くらべ

☆ **標準レベル**　●本冊→36ページ

1 ① 2, 3, 4, 5, 6
② 10, 11
③ 10, 11, 12, 13, 14, 15
④ 13, 14, 15, 16, 17, 18, 19, 20

2 ① 19　　② 12
③ 2　　　④ 7

3 ① 9　　　② 13, 14
③ 10, 11, 12, 13

4 キャラメル, チョコレート, クッキー, ポテトチップス, キャンディ

5 ① 32　　② 10

1 「より大きく」「より小さく」はその数をふくみません。

2 ① 8＋9＋2＝19　3＋9＋4＝16
② 8＋4－9＝3　14－7＋5＝12
③ 13－5－7＝1　12－9－1＝2
④ 19－10－5＝4　14－5－2＝7

6 かずの 大・小くらべ

4 十の位の数の小さいものが安くなります。
したがって一番安いのはキャラメルです。十の位の数の大きいものが高いので，一番高いのはキャンディです。
クッキー・ポテトチップス・チョコレートはどれも十の位の数がすべて6なので，一の位の数で比べます。値段の同じものはないので，クッキーは，61，62，…，68円のどれかです。

5 複数のカードを用いて数を作る場合，上の位の数に大きい数を置くと，大きい数ができます。また，0は最も上の位には置けません。

☆☆ 発展レベル ●本冊→38ページ

1 大・小のじゅんに
① 19, 10   ② 45, 32
2 ① 7   ② 6   ③ 4
④ 5   ⑤ 12   ⑥ 2
⑦ 3   ⑧ 13   ⑨ 14
⑩ 15

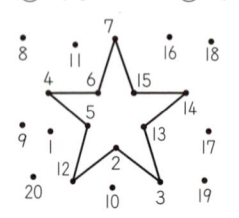

3 ① 10
② 17, 18, 19
③ 21, 22, 23, 24, 25, 26
④ 6, 7, 8, 9, 10
4 ③, ⑤, ⑥
5 ① 10人   ② 6人   ③ 1本

1 ① 10<11<13<15<18<19
② 32<34<38<39<42<45
2 ① 9−2=7   ② 11−5=6
③ 7−3=4   ④ 9−4=5
⑤ 6+5+1=12
⑥ 9−4−3=2
⑦ 9−2−4=3
⑧ 12−5+6=13
⑨ 4+7+3=14
⑩ 17−8+6=15

3 ① 20−3−8=9, 15−7+3=11
9<□<11より   □=10
② 18−9+7=16, 17−5+8=20
16<□<20より   □=17, 18, 19
③ 8+12=20, 9+8+10=27より
20<□<27
したがって □=21, 22, 23, 24, 25, 26
④ 1+12−8=5, 17−9+3=11
5<□<11より   □=6, 7, 8, 9, 10
4 ⓐ15 ⓑ5 ⓒ17
5 ① 35−10−5−5−5=10(人)
② 線分図にすると次のようになります。

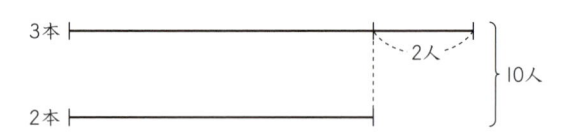

10−2=8 8=4+4より
虫歯3本の人数の方が2人多いので
4+2=6(人)
③ 虫歯の多い人数から順にたしていきます。
5本…5人 4本…5人 3本…6人
①より，2本と3本の人数の合計は10人
3本は6人だから，2本の人は 10−6=4(人)
ここまでで 5+5+6+4=20(人)
したがって，よりこさんは1本。

☆☆☆ トップレベル ●本冊→40ページ

1 ① 10, 11, 12, 13, 14, 15 ② 1
2 ① 432   ② 102   ③ 341
3 ① 1, 2, 3, 4, 5, 6, 7, 8, 9, 10
② 7, 8, 9, 10, 11
③ 12, 13, 14, 15, 16, 17
4 ① 12, 13, 14, 15, 16, 17
② 4, 5, 6, 7, 8, 9
③ 17
④ 6, 7, 8, 9, 10, 11, 12, 13, 14, 15, 16
5 14こ
6 ① 17   ② 11   ③ 7

1 文章に書かれている通りの式を作ることができるように練習しましょう。
① 6+3<□<12+4　9<□<16
　□=10, 11, 12, 13, 14, 15
② 9+6−8=7　13−7=6
　7−6=1

2 カードを上の位から
大きい順に並べると最も大きい数が
小さい順に並べると最も小さい数ができます。
ただし，0は最も上の位に置くことはできません。
最も近い数を求めるときには，その数の小さい側と大きい側の両方を調べましょう。
340より大きくて一番近い数は341
340より小さくて一番近い数は324
したがって，一番近いのは341です。

🐻 受験指導の立場から
本問のような問題では，340に最も近い数は341と明らかですが，このように確かめる習慣をつけることは大事です。

3 □の中に入る適する数をもれなく考えていきます。
① □<12+8−9
　12+8−9=11より
　□=10, 9, 8, 7, 6, 5, 4, 3, 2, 1
② 10−8+4<□<18−9+3
　10−8+4=6，18−9+3=12より
　□=7, 8, 9, 10, 11
③ 8+9−6<□<6+2+10
　8+9−6=11，6+2+10=18より
　□=12, 13, 14, 15, 16, 17

4 ① 2+3+6=11
　4+5+9=18
　11<□<18
② 4+5−6=3
　14−5+1=10
　3<□<10
③ 7+3+6=16
　19−9+8=18
　16<□<18
④ 20−9−6=5
　15−6+8=17
　5<□<17

5 3人の持っているおはじきの個数を線分図で表すと，次のようになります。

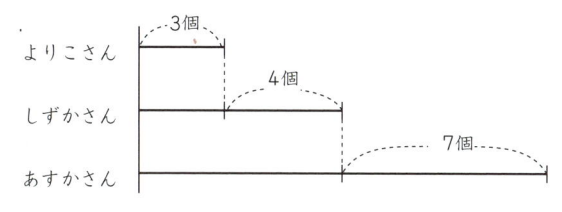

よりこさん ┣━━━3個━━━┫
しずかさん 　　　　　┣━━━4個━━━┫
あすかさん 　　　　　　　　　　　┣━━━7個━━━┫

したがって，しずかさん　3+4=7(個)
あすかさん　7+7=14(個)

6 何番目かを正しく求めましょう。
① イの列は，右に1つ進むと2増えます。
　15+2=17
② 20−ア=ウ　という関係です。
表の続きをかいていくと，アが11のときウは9となります。
③ イからアをひいた答えは順に
　0, 1, 2, 3, 4, 5, ……
となっていて，これはアの値より1小さい数です。
したがって，イからアをひいた答えが12になるとき，アは13
表の続きをかくと，アが13のとき，ウは7となります。

復習テスト2
●本冊→42ページ

①	① 11	② 12	③ 3	④ 9
	⑤ 7	⑥ 18	⑦ 14	⑧ 2
②	11本			
③	① 6	② 7	③ 1	④ 10
④	① 6	② 10	③ 0	
⑤	① エ	② ク		

② 数を比較するには線分図にかいてみるとよい。
文章題では，求めた答えが正しいかどうかをチェックするために「たしかめ」をすること

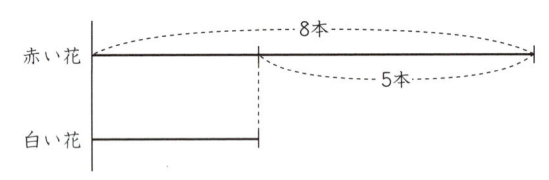

白い花の本数　8−5=3(本)
したがって　8+3=11(本)

③ ① 1+4=5より　11−5=6
② 10+3=13より　13−6=7
③ 7+4=11　8+2=10より
　　11−10=1
④ 5+7+2=14　9−5=4より
　　14−4=10

④ ① 1号は，(入れた数)+1になるので
　　5+1=6
② 2号は，(入れた数−1)になるので
　　11−1=10
③ 3号は，入れた数との和が10になる数が出てくるので
　　10+0=10　したがって，0です。

⑤ 計算結果は次の通りです。

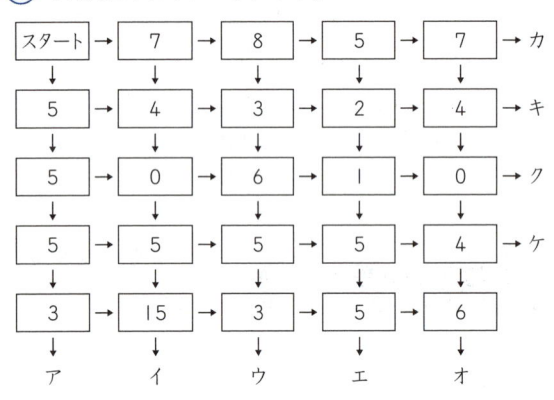

スタート	→	7	→	8	→	5	→	7	→カ
5	→	4	→	3	→	2	→	4	→キ
5	→	0	→	6	→	1	→	0	→ク
5	→	5	→	5	→	5	→	4	→ケ
3	→	15	→	3	→	5	→	6	→
↓		↓		↓		↓		↓	
ア		イ		ウ		エ		オ	

7 たしざん(2)

☆ 標準レベル　●本冊→44ページ

1 じゅんに ① 5, 8, 128
　② 2, 9, 149
　③ 5, 12, 132
2 ① 130　② 120
　③ 86　④ 95
　⑤ 147　⑥ 139
　⑦ 114　⑧ 143
　⑨ 121　⑩ 125
　⑪ 154　⑫ 113
　⑬ 143　⑭ 131
3 ① (95, 86, 55, 46, 40, 38, 28, 49, 89, 78, 68)
　② (97, 91, 55, 49, 42, 94, 73, 68, 110, 136, 115)

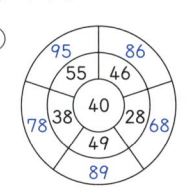

4 しき 48+38=86　こたえ 86まい
5 しき 45+36=81　こたえ 81こ

② ③ 16+70=10+6+70
　　　　=80+6=86
④ 42+53=40+2+50+3
　　　　=90+5=95

☆☆ 発展レベル　●本冊→46ページ

1 じゅんに ① 70, 17, 87
　② 130, 16, 146
2 ① 77　② 86
　③ 100　④ 140
　⑤ 173　⑥ 117
　⑦ 143　⑧ 123
　⑨ 135　⑩ 153
　⑪ 175　⑫ 193
3 ① 84　② 98　③ 83　④ 16
4 しき 36+47+50=133
　こたえ 133こ
5 しき 37+37+19+13=106
　こたえ 106ページ

3 ① 23+18+43=41+43=84
② 38−8+68=30+68=98
③ 48+39−4=48+35=83
④ わからない場合は，数直線をかいてみます。

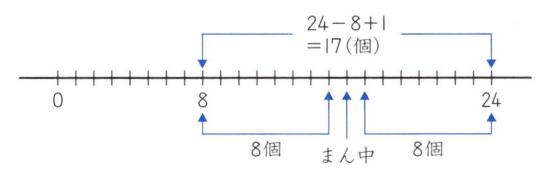

7 たしざん(2) 15

```
         24-8+1
         =17(個)
┼┼┼┼┼┼┼┼┼┼┼┼┼┼┼┼┼┼┼┼┼┼┼┼┼
0       8                        24
         ↑ 8個 ↑ ↑ 8個 ↑
             まん中
```

8と24の間には，8と24を含めて
24-8+1=17より，17個の数があります。
(24-8としては，8は含まれていないことに気をつけます。)

17=8+1+8より，まん中の数は，8から数えて9番目の数です。したがって 8+9-1=16

受験指導の立場から
④将来的には，まん中の数を求めるときは
(8+24)÷2=32÷2=16 として求めます。
また，8と24を含めた，8と24との間の数の個数を求めるときに 24-8+1=17
としたことは，今後頻繁に使うので，個数を数えて納得させておきましょう。

5 37+37+19+13=106について
たし算は順番を変えて計算してもよいので
　37+13+37+19 ←十づくり法(本冊P90参照)
＝50+56
＝106　と計算すると楽になります。
なお，37+19は，37+20より1小さい数です。
37+20=57より，57-1=56と考えればさらに速く計算できます。
計算の工夫を考えることは大事なことです。

☆☆☆ トップレベル ●本冊→48ページ

1 ① 80　　② 109　　③ 130
　　④ 140　　⑤ 158　　⑥ 168

2 ① 114　　② 47　　③ 62
　　④ 59　　⑤ 13

3 4月ぶん

4
① 16 → 8, 8
② 12 → 4, 4, 4
③ 24 → 8, 8, 8
④ 48 → 16, 16, 16

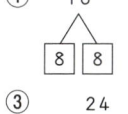

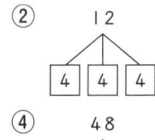

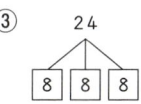

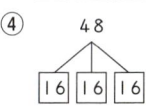

⑤ 48 → 12, 12, 12, 12
⑥ 64 → 16, 16, 16, 16

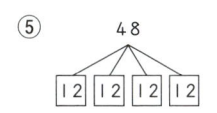

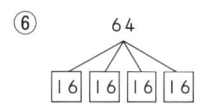

5 130円ぶん

6 192こ

1 ① 20+15+34+11=35+45=80
　　② 26+30+22+31=56+53=109

2 ⑤ 26-9-5=12　9+2+3=14
　　　12と14のまん中の数は 13

3 47+47=94　…2月(×)
　　94+47=141　…3月(×)
　　141+47=188…4月(○)
と順に求めていきます。

4 大きい数を分けるときは，まず大き目のわかりやすい10などの数で分けておいて，残りの数をそれぞれの個数に分けるとよいでしょう。

① 16=8+8　(16÷2=8)
② 12=4+4+4　(12÷3=4)
③ 24=8+8+8　(24÷3=8)
④ 48=10+10+10+10+8
　18=6+6+6
　したがって 10+6=16
　よって，48=16+16+16(48÷3=16)

⑤ 48=10+10+10+10+8
　8=2+2+2+2
　したがって 10+2=12
　よって 48=12+12+12+12
　(48÷4=12)

⑥ 64=10+10+10+10+24
　24=6+6+6+6
　したがって 10+6=16
　よって 64=16+16+16+16
　(64÷4=16)

5 15+15+15=45
5+5+5=15
35+35=70
45+15+70=130　130円ぶん

6 線分図で表してみましょう。
全体の量がわかっていないときは，
まず線分図で全体を表して，順次考えていきます。

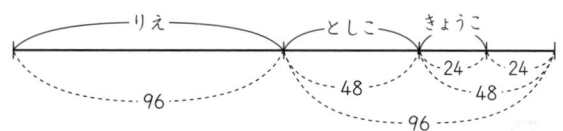

上の図から,
としこ：24＋24＝48（個）
りえ：48＋48＝96（個）であるから
よりこ：96＋96＝192（個）

8 ひきざん(2)

☆ 標準レベル　●本冊→50ページ

1 じゅんに ① 30　32
　　　　　② 10　13　5　25

2 ① 24　② 37　③ 44　④ 11
　　⑤ 8　⑥ 59　⑦ 28　⑧ 56
　　⑨ 17　⑩ 36　⑪ 47　⑫ 29

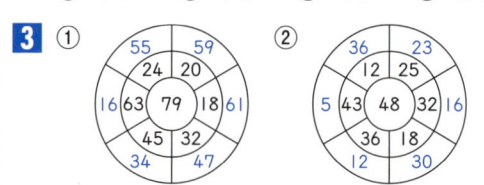

3 ①（円図：55, 59, 24, 20, 16, 63, 79, 18, 61, 45, 32, 34, 47）
　　②（円図：36, 23, 12, 25, 5, 43, 48, 32, 16, 36, 18, 12, 30）

4 ① 11　② 9　③ 43
　　④ 24　⑤ 27　⑥ 39

5 ① しき 58－36＝22　こたえ 22こ
　　② 11こ

5 ② たかしくんは，あきらくんより22個たくさんビー玉をもっています。22個の半分をあきらくんにあげれば同じ数になります。

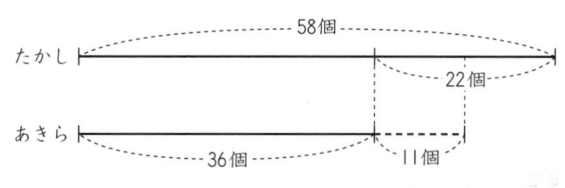

（線分図：たかし 58個，あきら 36個，差 22個，11個）

22＝11＋11なので11個。

☆☆ 発展レベル　●本冊→52ページ

1 じゅんに ① 5　25　② 14　6　26
　　　　　③ 20　10　14

2 ① 34　② 43　③ 42　④ 38
　　⑤ 27　⑥ 9　⑦ 25　⑧ 34
　　⑨ 35　⑩ 39

3 ①（円図：5, 16, 78, 67, 44, 39, 83, 56, 27, 47, 34, 36, 49）
　　②（円図：30, 33, 35, 32, 18, 47, 65, 46, 19, 29, 58, 36, 7）

4 ① 36　② 34　③ 44　④ 33
　　⑤ 38

5 7さい

6 33こ

5 おとうさん：67－28＝39（才）
　みずきさん：39－32＝7（才）

6 線分図にすると次の通りです。

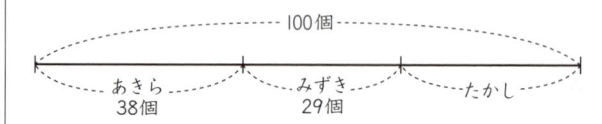

（線分図：100個，あきら 38個，みずき 29個，たかし）

あきらくんは，38個
みずきくんは，あきらくんより9個少ないので
　38－9＝29（個）
3人あわせて100個なので
たかしくんは　100－38－29
　　　　　　＝100－67＝33（個）

☆☆☆ トップレベル　●本冊→54ページ

1 じゅんに ① 2　2　22
　　　　　② 40　20　20

2 ① 38　② 4　③ 21　④ 13
　　⑤ 8　⑥ 26　⑦ 89　⑧ 48

3 上，下左，下右のじゅんに
　　① 4，31，27　② 4，33，29

4 ① 23　② 43　③ 65
　　④ 11　⑤ 43　⑥ 85

5 72人

6 ① 73　② 7

3 ① 下左：87－56＝31　下右：56－29＝27
　　　上　：31－27＝4

4 ① 88−43=45　45−22=23
（別解）先にひくものを全部たしてからひいても構いません。（スーパーレジ方式　P91参照）
43+22=65　88−65=23
② 99−43=56　56−13=43
（別解）99=100−1なので
100−1−43−13
1+43+13=57より（スーパーレジ方式）
100−57=43　としても構いません。

5 項数の多い計算も手際よくまとめて計算します。
（1つめの駅）17人降りて18人乗った
　18−17=1（人増えた）
（2つめの駅）24人降りて，38人乗った
　38−24=14（人増えた）
（3つめの駅）47人降りて，30人乗った
　47−30=17（人減った）
したがって
　74+1+14−17
=75+14−17
=89−17=72（人）

6 ① 複数のカードを使って，整数をつくる場合，上の位に大きい数を置いた方が大きい数ができます。たとえば
```
  42
 +31
 ───
  73
```
のようになります。
② 最も近い2数を作ることが大事です。したがってまず，十の位は隣り合う2数にします。さらに，くり下がりがあるものが最小になります。
できる2数を△■，▲□として
△と▲は1違いの数（△の方が▲より1大きい），
■が最小，□が最大になるようにします。
これを満たすのは
■が1，□が4，△が3，▲が2の場合，
すなわち　31−24=7　です。

受験指導の立場から

①は41+32の場合もあります。もっと別のパターンがないか考えてみることも今後の勉強で役に立ちます。
②は難問です。受験時には，仕組みからこのような法則を自分で導くことも大事ですが，低学年時には，すべてのパターンを計算しつくしてみるなど，試行錯誤を繰り返す習慣をつけることも大事です。

9　□の ある しき（逆算）

☆ 標準レベル　●本冊→56ページ

1	① 33	② 22	③ 5	④ 3
	⑤ 3			
2	① 26	② 13	③ 6	④ 17
	⑤ 14			
3	① 34	② 27	③ 22	④ 55　⑤ 37
4	① 11	② 22	③ 20	④ 10　⑤ 26

1 □+▲=●より　□=●−▲とするタイプです。なお，求めた答えが正しいか，確認する習慣をつけましょう。
① □+5=38　□=38−5　□=33
〈たしかめ〉33+5=38

2 ▲+□=●より　□=●−▲とするタイプです。

3 □−▲=●より　□=●+▲とするタイプです。

4 ▲−□=●より　□=▲−●とするタイプです。

受験指導の立場から

逆算は，たとえば　9−7=2の場合
9を2と7に分割することから

○○｜○○○○○○○

9−7=2
9−2=7　⇄　2+7=9

の3つの式を自由自在に扱うことに帰着します。
家庭で教えられる場合は，おはじきなどで，実際に手に取る形で，理論をよく教えてから練習させましょう。
「9−□=2　を解きなさい。」と問うて
お子様が
「たすの？ひくの？□=9+2？　□=9−2？」
などと言われたら要注意です。
いたずらに数合わせで計算し，答えが偶然あったらOKという風にならないよう注意します。

18 9 □の ある しき (逆算)

☆☆ 発展レベル ●本冊→58ページ

1 ① 37 ② 46 ③ 20 ④ 56
　 ⑤ 30 ⑥ 61 ⑦ 71 ⑧ 75

2 ① 34 ② 33 ③ 7 ④ 11
　 ⑤ 33 ⑥ 2

3 ア 8　　イ 27　　ウ 12
　 エ 3　　オ 27

4 ① しき 7+□=18　　こたえ 11
　 ② しき □-3=7　　こたえ 10
　 ③ しき 13-□=5　　こたえ 8
　 ④ しき 4+4+1+□=13　こたえ 4

2 ③ □+1+28=36　□+29=36
　　 □=36-29　□=7
　 ⑥ 28-7-□=19　21-□=19
　　 □=21-19　□=2

3 ア：16-□=8　□=16-8　□=8
　 イ：8+25-□=6　33-□=6
　　　□=33-6　□=27
　 ウ：6+8-2=□　□=14-2　□=12
　 エ：12-7-□=2　5-□=2
　　　□=5-2　□=3
　 オ：2+5+8+9+10-7=□　□=27

4 ④ たまきさんのカード数が4なので，先生の
カードの数は4+1=5です。
式は4+5+□=13でも構いません。

☆☆☆ トップレベル ●本冊→60ページ

1 ① 13 ② 6 ③ 84 ④ 10
2 ① 68 ② 12 ③ 20 ④ 49
　 ⑤ 81 ⑥ 53
3 22
4 しき □+9-8=7　こたえ 6こ
5 しき 63-13-□=7　あるかず 43
6 ①

5	0	7
6	4	2
1	8	3

②

5	6	1
0	4	8
7	2	3

1 □以外の数をかためて計算しましょう。
　① 25+□=38　□=38-25　□=13
　 (□+25=38としても構いません)
　② 45+□=51　□=51-45　□=6
　③ 90-□=6　□=90-6　□=84
　④ 13-□=3　□=13-3　□=10

2 ① 80-9-□=3
　　 71-□=3　□=71-3　□=68
　② 21-□=9　□=21-9　□=12
　③ 3+□+44=67　47+□=67
　　 □=67-47　□=20
　④ 31-29+□=51
　　 2+□=51　□=51-2
　　 □=49
　⑤ □-33=36+12　□-33=48
　　 □=48+33　□=81
　⑥ 78-19-3-□=3　59-3-□=3
　　 56-□=3　□=56-3　□=53

3 みわさんのカードの数を□とすると
　りんか：□+7
　ゆめか：□+7-4なので
　□+7-4+75=100
　□+78=100
　□=100-78　□=22

4 □+9-8=7　□+1=7
　 □=7-1　□=6より　6個

5 63-13-□=7　50-□=7
　 □=50-7　□=43

6 ①

ア	イ	7
ウ	4	2
エ	オ	カ

とすると

7+2+カ=12より
　9+カ=12　カ=12-9　カ=3
ウ+4+2=12より　ウ+6=12
　ウ=12-6　ウ=6
ア+4+カ=12より
　ア+4+3=12
　ア+7=12　ア=12-7　ア=5
と，解いていきます。

10 じこくの よみかた

☆ 標準レベル　●本冊→62ページ

1 ① 2じ　② 8じ
　　③ 4じ　④ 11じ

2 ① 11じはん　② 2じはん

3 ① 2じ5ふん　② 4じ10ぷん
　　③ 6じ32ふん　④ 11じ58ふん

4 ①②③④（時計の絵）

5 ① よりこさん　② ゆりさん
　　③ ごご11じ50ぷん

2 ○時と△時の間に短針がきているかを読みとることが大事です。短針が隣り合う2つの数字のちょうどまん中にあるとき○時半を示します。
初めのうちは，例えば短針が11と12の間にあれば11時半なのか12時半なのか混乱することもあると思います。生活の中で粘り強く教え，定着させていくことが，低学年では大事です。

5 時間がたっていく動きを図にかいて，長い，短いを考えましょう。

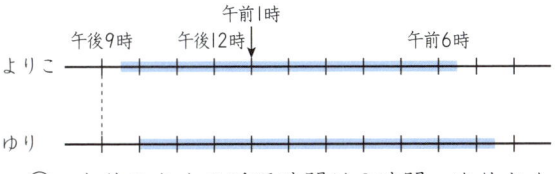

（図：午後9時・午後12時・午前1時・午前6時）

② よりこさんの睡眠時間は9時間，ゆりさんの睡眠時間は9時間半より
ゆりさんの方が30分睡眠時間が長いです。

③ よりこさんが寝た2時間後は，11時半で，お母さんが寝るのはさらにその20分後です。
30＋20＝50（分）

したがって　午後11時50分となります。
または，下のように図をかくとよくわかります。

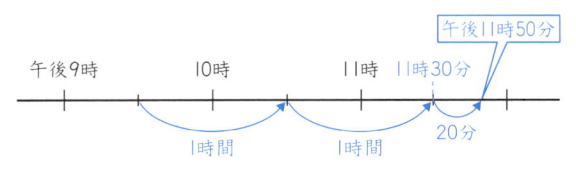

（図：午後9時・10時・11時・11時30分・午後11時50分／1時間・1時間・20分）

☆☆ 発展レベル　●本冊→64ページ

1 ① ごご4じ10ぷん
　　② ごぜん7じ55ふん
　　③ ごご8じ48ふん
　　④ ごぜん3じ37ふん

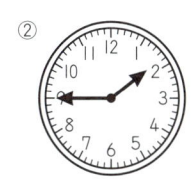

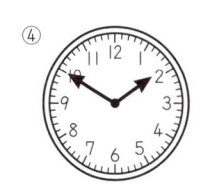

2 ①②③④（時計の絵）

3 ①②③④（時計の絵）

4 ① 火よう日　② 7じかん
　　③ 6じかん10ぷん

1 時計から，時刻の読み取りをしっかり行いましょう。小さい1目盛りは1分，大きい1目盛りは1時間ということをしっかりと理解しましょう。

2 分の単位の時刻について，文字盤に長針，短針をきっちりと書き込めるようにしましょう。
正時でないときの短針は，数字と数字の間にきます。

20 **10** じこくの よみかた

①は5時30分なので，5と6の間（まん中）です。
②は1時45分なので，1と2の間で，2寄り（正確にいえば1と2の間を1から4等分したものの3つ分）となりますが，このあたりはだいたいで構いません。④は4の少し手前にくることが理解できればいいでしょう。

3 ①9時25分の10分後なので，9時35分です。
②2時30分の1時間後なので，3時30分です。
③6時5分の30分前なので，5時35分です。
④3時50分の2時間前なので，1時50分です。

受験指導の立場から
○時間○分後，○時間○分前というのは，子供にとって理解しにくい分野のひとつです。これも日頃の生活の中です。
「お風呂からあがったら40分後には寝なさいよ。」
「ゲームは30分だけですよ。今からだったら，何時までやっていいのかな？」などという声かけで実体験をもって理解させるのが，低学年での学習のコツです。
また，時計の学習では5とびの数
　5，10，15，20，25，…
が言えると，非常に効果的です。
日頃の生活で定着を図りましょう。

4 ②午前8時30分の
　1時間後　午前9時30分
　2時間後　午前10時30分
　3時間後　午前11時30分
　4時間後　午後12時30分
　5時間後　午後1時30分
　6時間後　午後2時30分
　7時間後　午後3時30分
　より，7時間後です。

受験指導の立場から
24時制に慣れると，計算は楽になります。その場合，例えば，午後1時は，13時ですが，午後13時とは言わないことに気をつけましょう。

☆☆☆ トップレベル　●本冊→66ページ

1 ① 7じかん40ぷん
　② 11じかん2ふん

2 1．ちかこさん　　2．さやかさん
　3．よりこさん　　4．みどりさん
　5．ゆうみさん

3 ゆうすけくん

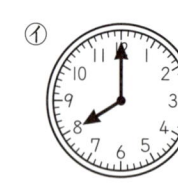

4 ①㋐　㋑
　㋒
　② 8じかん45ふん

1 ①4時から11時40分までの間です。
4時の7時間後が11時です。
その40分後なので，7時間40分です。
②5時3分から，4時5分までの間です。
5時3分の11時間後が，4時3分で，
その2分後なので，11時間2分です。

2 たくさんの情報が入り組んだ問題では，図にかきこんで一目でわかるようにしましょう。
8時になる7分前とは，7時53分のことです。
学校への到着時刻は
　ちかこさん　午前7時45分
　さやかさん　午前7時53分
　みどりさん　午前8時9分

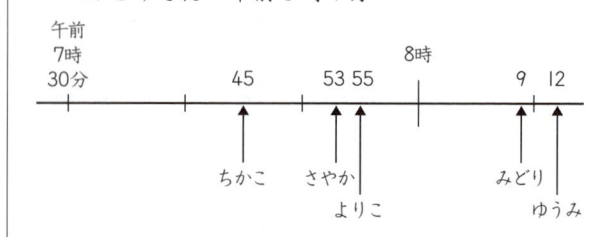

午前
7時
30分　　　　　45　　53 55　　8時　　9　12
　　　　　　　↑　　↑↑　　　　↑　↑
　　　　　　ちかこ さやか　　みどり
　　　　　　　　　よりこ　　　　ゆうみ

4 長文の中から必要なことを読み取る訓練です。
①朝起きたのは6時半
出発したのは，その1時間半後なので8時です。
遊園地についたのは，その1時間後で9時ですからその時刻を時計にかきいれましょう。
②午前8時の8時間後が，午後4時。
その45分後なので，8時間45分となります。

復習テスト3　●本冊→68ページ

① ① 90　② 155　③ 105　④ 161
　⑤ 30　⑥ 55　⑦ 28　⑧ 39
　⑨ 72　⑩ 16

② しき 46−18−13＝15
　こたえ 15こ

③ ① 74　② 59　③ 14　④ 37
　⑤ 98　⑥ 0

④ しき □＋17−8＋10＝50
　あるかず 31

⑤ 2じかん20ぷん

⑥ 23人

② 46−18−13＝28−13＝15（個）
（別解）ひく数を先にまとめてたしておくとひき算は1回ですみます。
たくやくんとしんやくんにあげた分をまとめて計算しておくと　18＋13＝31（個）
よって　46−31＝15（個残っている）

③ ① 18＋□＝92　□＝92−18
　　□＝74
② 94−□＝35　□＝94−35　□＝59
③ 28＋49＋□＝68＋23　77＋□＝91
　　□＝91−77　□＝14
④ 45−□＋28＝64−28
　　45＋28−□＝64−28
　　73−□＝36　□＝73−36　□＝37
⑤ 115−□＝17　□＝115−17
　　□＝98
⑥ □＋8＝8　□＝8−8　□＝0

④ □＋17−8＋10＝50
　□＋9＋10＝50
　□＋19＝50
　□＝50−19　□＝31

⑤ 図にすると次のようになります。
8時20分
40分　10分　40分　10分　40分
40＋10＋40＋10＋40
＝140（分）
＝60＋60＋20（分）
＝2（時間）20（分）

⑥ いちろうくんは前から
25＋13＝38より38番目，
せいじくんは，後ろから
19＋18＝37より37番目です。

98人
いちろう　　　　せいじ
38人　　　　　　37人

2人の間には　98−38−37＝23より
23人います。

11 たしざん(3)

☆ 標準レベル　●本冊→70ページ

1 ① 123　② 397　③ 177
　④ 264　⑤ 220　⑥ 311

2 ① 193　② 359　③ 332

3 ① 509　② 899　③ 1681

4 ① ア：2　イ：5　ウ：4
　　ア：6　イ：1　ウ：9
　　ア：6　イ：5　ウ：3

5 ① しき 135＋98＝233　こたえ 233こ
② しき 233＋102＝335
　こたえ 335こ
（135＋98＋102＝335でもよい）

22　⑪ たしざん(3)

6 上，下左，下右のじゅんに
　① 159, 61, 98
　② 154, 81, 73

1, **2**, **3** 筆算では，位をそろえてたて書きにし，一の位からくり上がりに気をつけて計算します。

4 逆算を使いながら虫食い部分(□の部分)を求めていきます。最後には必ずもとの□の中に入れて「たしかめ」を行いましょう。

① 　　　５ イ ２
　　＋ ア ４ ウ
　　　　７ ９ ６

　一の位：２＋ウ＝６　ウ＝６－２　ウ＝４
　十の位：イ＋４＝９　イ＝９－４　イ＝５
　百の位：５＋ア＝７　ア＝７－５　ア＝２

② 　　　２ イ ウ
　　＋ ア ０ ４
　　　　８ ２ ３

　一の位：ウ＋４＝13 ←ウ＋４＝３にはならないので
　　　　　ウ＝13－４　ウ＝９
　十の位：１＋イ＋０＝２
　　　　　↑くり上がりがあるので
　　　　　１＋イ＝２
　　　　　イ＝２－１　イ＝１
　百の位：２＋ア＝８　ア＝８－２　ア＝６

③ 　　　２ ７ ウ
　　＋ ア ８ ６
　　　　９ イ ９

　一の位：ウ＋６＝９　ウ＝９－６　ウ＝３
　十の位：７＋８＝15　イ＝５ ←くり上がる
　百の位：１＋２＋ア＝９　３＋ア＝９
　　　　　↑くり上がるので
　　　　　ア＝９－３　ア＝６

☆☆ 発展レベル　●本冊→72ページ

1 ① 1340　② 1259　③ 1050
2 ① 11708　② 6102　③ 9724
3 ① 18035　② 44465
　　③ 33003
4 1175人
5 ① 343　② 882　③ 23　④ 4

1 ①　　１ １２
　　　　４１８
　　　　２９４
　　＋　６２８
　　　１３４０

②　　１ １１
　　　６４６
　　　２４６
　＋　３６７
　　１２５９

③　　１ １２
　　　３２８
　　　５７５
　＋　１４７
　　１０５０

4 たくろう君の学校の子どもの数は
　518＋139＝657(人)
　あわせて　518＋657＝1175(人)

5 ① ㋁＝117＋226＝343
　② ㋀＝226＋313＝539
　　　㋕＝343＋539＝882
　③ ㋘＝72－49＝23　㋖＝49－30＝19
　　　㋙＝23－19＝4

☆☆☆ トップレベル　●本冊→74ページ

1 ① 862　② 5774　③ 10320
2 ① 6718　② 4012　③ 8112
3 ① ア：３　イ：１　ウ：４　エ：４
　② ア：４　イ：９　ウ：６　エ：７
　③ ア：１　イ：５　ウ：４　エ：７
　④ ア：１　イ：７　ウ：１　エ：１　オ：５
4 ① 98205　② 147328
　③ 5023　④ 1667
5 ① ア：５　イ：６　ウ：５　エ：６　オ：９
　② ア：３　イ：７　ウ：３　エ：９　オ：７
　③ ア：５　イ：６　ウ：４　エ：３　オ：８
6 ① 250円　② 3とおり

1 ① 174   ② 785   ③ 5379
   +688   +4989   + 4941
    862   5774   10320

3 ① ｱ85ｴ
    +2ｲ93
     60ｳ7
   一の位：エ＋3＝7より　エ＝7－3　エ＝4
   十の位：5＋9＝14　なので　ウ＝4
   百の位：1＋8＋イ＝0はできないので
          ↑
          くり上がるので
          1＋8＋イ＝10　　9＋イ＝10
          イ＝10－9　　イ＝1
   千の位：1＋ア＋2＝6より　3＋ア＝6
          ↑
          くり上がるので
          ア＝6－3　　ア＝3

5 ①   57ｳｴ2
    +ｱ936ｵ
     11ｲ931
   一の位：2＋オ＝1はできないので
          2＋オ＝11
          よって　オ＝11－2　　オ＝9
   十の位：1＋エ＋6＝3はできないので
          ↑
          くり上がるので
          1＋エ＋6＝13より　　7＋エ＝13
          エ＝13－7　　エ＝6
   百の位：1＋ウ＋3＝9より　4＋ウ＝9
          ウ＝9－4　　ウ＝5
   千の位：7＋9＝16より　イ＝6
   一万の位：1＋5＋ア＝11　　6＋ア＝11
           ア＝11－6　　ア＝5

6 ① 川田駅から山田駅，山田駅からさと山駅の
   それぞれ最も安い方法は，
      電車→地下鉄なので
      120＋130＝250(円)
  ② 　バス→バス
      160＋150＝310(円)…300円をこえる
      バス→地下鉄　160＋130＝290(円)
                  (300円をこえない)
      電車→バス　120＋150＝270(円)
                  (300円をこえない)
      電車→地下鉄　250(円)　(300円をこえない)
      よって，3通り。

⑫ ひきざん(3)

☆ 標準レベル　　●本冊→76ページ

1 ① 142   ② 244
  ③ 135   ④ 73
2 ① 1241   ② 5034
  ③ 1779   ④ 228
  ⑤ 279   ⑥ 479
  ⑦ 242   ⑧ 63
  ⑨ 244
3 ① 176   ② 45
  ③ 25   ④ 18
  ⑤ 200   ⑥ 322
4 ① ア：3，イ：4，ウ：7
  ② ア：1，イ：0，ウ：7，エ：5
  ③ ア：4，イ：2，ウ：9
  ④ ア：7，イ：5，ウ：5，エ：8
5 ① 595   ② 188
  ③ 537   ④ 5278
  ⑤ 5357   ⑥ 5983
  ⑦ 8964   ⑧ 9098

3 2回ひく計算を筆算でする場合は，次のように
します。
① 198   ② 1⁹0̸5   ③ 1¹¹2̸0
  － 15   － 37   － 83
   183   68   37
  － 7   － 23   － 12
   176   45   25
（別解）ひき算部分を先にたしておいて，ひき
算を1回ですませる方法もあります。（スーパー
レジ方式。本冊P91参照）
① 15   198   ② 37   105
  ＋ 7   － 22   ＋23   － 60
   22   176   60   45

4 虫食い算のひき算もたし算のときと同様に逆算
を用いて，もとの □ の中の数を求めていきます。
必ず，答えをもとの □ の中に入れて，「たしかめ」
を行って，チェックしておきましょう。
一の位から順に考えます。

24 ⑫ ひきざん(3)

① 　ア 3 ウ
　－ １ イ ６
　　　１ ９ １

一の位：ウ－6＝1　　ウ＝1＋6　　ウ＝7
十の位：3－イ＝9はできないので
　　　　13－イ＝9　　イ＝13－9
　　　　　　　　　　　イ＝4
百の位：くり下げたので　ア－1－1＝1
　　　　　　　ア－2＝1　　ア＝1＋2　　ア＝3
　　　　　　　↑
　　　ひくものを先にたしておく

② 　６ イ １ エ
　－ ア ３ ４ ２
　　　４ ６ ウ ３

一の位：エ－2＝3より　エ＝3＋2
　　　　　　　　　　　エ＝5
十の位：1－4＝ウはできないので
　　　　11－4＝ウ　　ウ＝7
百の位：くり下げたので　イ－1－3＝6
　　　　イ－4＝6　　イ＝6＋4
　　　　イ＝10であるが入るのは1けたの
　　　　数なので　イ＝0
千の位：くり下げたので　6－1－ア＝4
　　　　5－ア＝4　　ア＝5－4　　ア＝1

☆☆ 発展レベル　●本冊→78ページ

1 187　しき 187＋378＋235＝800

2 ① 176　　② 336　　③ 277
　　④ 3528　⑤ 4895　⑥ 3415

3 1736円

4 ① 上，下右のじゅんに 59，141
　　② 上，下左，下右のじゅんに 166，
　　　2696，2530

5 ① 237センチメートル
　　② 127センチメートル
　　③ 128センチメートル

3 先に買ったものの値段をまとめてたしておけば，ひき算は1回ですみます。（スーパーレジ方式）
　　1890＋858＋228＋120＋168
　　＝3264（円）

5000－3264＝1736（円）

4 ① 下右：800－659＝141
　　　　上：200－141＝59
　　② 下左：9224－6528＝2696
　　　　下右：6528－3998＝2530
　　　　上：2696－2530＝166

5 お互いの関係が，複雑に入り込んでいるときは，式を整理して，ひき算をできるだけ少ない回数でできるようにします。
4人の身長をあいさんをあ，いちろうさんをい，うららさんをう，えいたさんをえとします。
あ＋い＋う＋え＝492（センチメートル）
あ＋い＋う　　　＝365（センチメートル）
　　　　　う＋え＝255（センチメートル）
です。
① あ＋い＝492－255＝237
　　　　　　　　　　（センチメートル）
② 492－365＝127（センチメートル）
③ 365＋255－492＝128（センチメートル）

☆☆☆ トップレベル　●本冊→80ページ

1 ① 378　　② 74
　　③ 36　　　④ 217
　　⑤ 104　　⑥ 317
　　⑦ 177　　⑧ 75

2 ① 5166　　② 2209
　　③ 1090　　④ 585
　　⑤ 75　　　⑥ 88

3 ① 5618　　② 11396
　　③ 18949

4 2820円

5 ① 1023　② 3120　③ 2097

6 イ：1，ウ：2，エ：8，オ：6
　　カ：7，ク：5

1 くり下がりに気をつけて計算します。
①　　　６ １１
　　　　７ ２ ６
　　－　３ ４ ８
　　　　３ ７ ８

②　　　６ １２
　　　　７ ３ ２
　　－　６ ５ ８
　　　　　７ ４

2 たしかめをする習慣をつけましょう。

③
```
    3 ³4̸ 8 9         たしかめ   ¹1 0 9 0
  −  2 3 9 9              +  2 3 9 9
  ─────────              ─────────
    1 0 9 0                  3 4 8 9
```

🐻 **受験指導の立場から**

4けたどうしのひき算で,出てきた答えが3けたか2けたになると少々お子様はとまどわれると思いますが,そんなときこそたしかめをするようにしましょう。

4 4500−1680=2820(円)

```
  ←──────── 4500円 ────────→
  ←── ちょ金 ──→←── 1680円 ──→
```

5 ① 上の位に小さい数を置いた方が数は小さくなります。ただし,0は,最も上の位には置けないことに注意します。

② 大きいものから並べると,
3210, 3201, 3120, …となります。

③ 3120−1023=2097

6 ケ=3より,オーケ=3
すなわち オ=3+3=6
また,ア=4,キ=9 とわかっているので,

```
    4 イ ウ エ 6
  −   カ 9 ク 3
  ─────────────
      3 3 3 3 3
```

エークは,百の位からくり下げた場合,くり下げなかった場合の2通りで考える必要があります。
エークで百の位からくり下げた場合,百の位は
　ウ−1−9=3はできないので
　ウ−1+10−9=3より　ウ=3となります。
また,エークで百の位からくり下げなかった場合
　ウ−9=3はできないので
　ウ+10−9=3　ウ+1=3　ウ=3−1
　ウ=2
となり,ウは2か3となりますが,3=ケなので,
ウ=2となります。

```
    4 イ 2 エ 6
  −   カ 9 ク 3
  ─────────────
      3 3 3 3 3
```

残った数字は1,5,7,8となります。
今わかっている数から,十の位は百の位からのくり下がりはないが,千の位に一万の位からのくり下がりがあることがわかります。
したがって,上にあてはまる組み合わせは,千の位がイ=1,カ=7で,十の位がエ=8,ク=5だけとなります。

13 ながさ,ひろさ,かさの くらべかた

☆ **標準レベル**　　●本冊→82ページ

---

1 ウ→エ→イ→オ→ア→カ

2 ウ→イ→ア→エ

3 キ→ウ→カ→イ→ア→オ→エ

4 ア:2ばん　　イ:3ばん
　　ウ:4ばん　　エ:1ばん

---

1 電車の車両の数を数えて判断します。
　ア:8両　　　イ:10両
　ウ:12両　　エ:11両
　オ:9両　　　カ:7両

2 それぞれの白いビーズと黒いビーズの個数を数えて比べます。

	ア	イ	ウ	エ
白	18	20	25	16
黒	18	19	26	16
合計	36	39	51	32

3 ☐の大きさ(広さ)が同じなので,☐の数の多い方から広さが広いことに注意します。

	ア	イ	ウ	エ	オ	カ	キ
☐の数	9個	12個	16個	5個	6個	15個	17個
広い順	5	4	2	7	6	3	1

4 アとエ,イとウは底面積(底面の円の広さ)が同じです。底面積が同じときは入っている水の高さ(深さ)が大きい方が水の量は多くなります。
したがって,　アとエでは,エ>ア
イとウでは,イ>ウ
次にアとイは高さ(深さ)は同じですが,底面積はアの方が広い(大きい)。したがって,入っている水の量は,ア>イとなります。
したがって,上の結果と合わせて,
　エ>ア>イ>ウとなります。

25

⑬ ながさ, ひろさ, かさの くらべかた

☆☆ 発展レベル ●本冊→84ページ

1　10こぶん
2　エ→イ→ウ→ア
3　① 13こぶん　② 10こぶん
　　③ 10こぶん
4　① イとウ, エとカ, キとク
　　② アとウ, イとオ, エとク, エとケ,
　　　 カとキ
　　③ アとイ, イとク, ウとキ, エとオ,
　　　 エとカ

2　それぞれの図の中にある △ を動かして □ の形にあてはめ, □ の個数を求めます。
　　ア：7個　　イ：9個
　　ウ：8個　　エ：10個

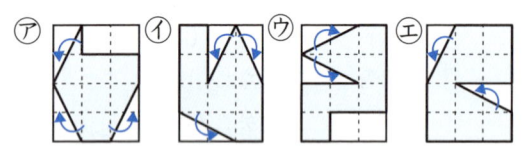

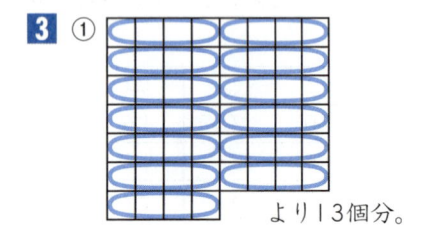

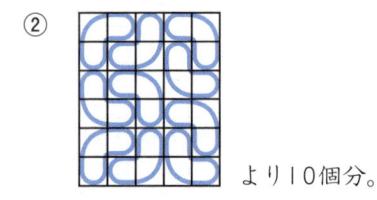

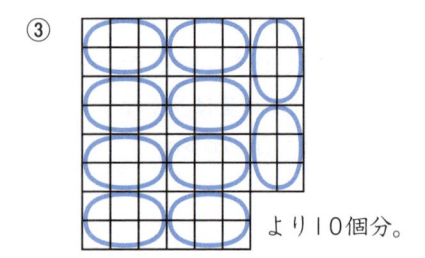

3　① より13個分。
　　② より10個分。
　　③ より10個分。

4　ア〜ケの長さは次の通りです。
　　ア：7, イ：4, ウ：3, エ：5,
　　オ：8, カ：2, キ：6, ク：1,
　　ケ：9
　① 長さがアの7になるのは,
　　7＝4＋3　→　イとウ
　　7＝5＋2　→　エとカ
　　7＝6＋1　→　キとク
　② 差がイの4になるのは,
　　4＝9−5　→　エとケ
　　4＝8−4　→　イとオ
　　4＝7−3　→　アとウ
　　4＝6−2　→　カとキ
　　4＝5−1　→　エとク
　③ ケ−キ＝9−6＝3より差が3になるのは,
　　3＝8−5　→　エとオ
　　3＝7−4　→　アとイ
　　3＝6−3　→　ウとキ
　　3＝5−2　→　エとカ
　　3＝4−1　→　イとク

☆☆☆ トップレベル ●本冊→86ページ

1　か→お→う→い→え→あ
2　① いとか　　② えとお
3　よりこさん：5本　みちこさん：1本
　　あきこさん：3本　はるこさん：1本
4　60こ
5　う→い→お→あ→え

1　底面積が同じものどうしで比べると, 水の高さ (深さ) が高い方が多く水が入っています。高さが同じものどうしで比べると, 水の入っている容器の底面積が大きい方が水が入っています。
図から　あ＜い, あ＜え, い＜う, う＞え, お＜か
問題文より　う＜お, え＜いより
　　　　　あ＜え＜い＜う＜お＜か
したがって, 多い順に, か→お→う→い→え→あ

2 方眼の1マス分の面積を1としてそれぞれの広さを数値で表すと，
あ：3，い：5，う：6，え：2，お：8
か：9，き：4，く：7となる。
① う＋お＝6＋8＝14 より
14＝5＋9　→　い＋か
② か－あ＝9－3＝6 より
6＝8－2　→　お－え

3 問題文に書かれていることを線分図などで見てわかるように表すことがポイントです。
それぞれの人の持っているペットボトルを下の線分図で示と次のようになります。

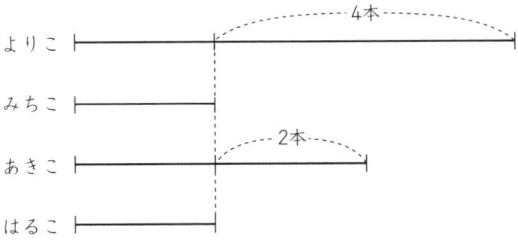

よりこ ├──────┼┄┄┄┄4本┄┄┄┄┤
みちこ ├──────┤
あきこ ├──────┼┄2本┄┤
はるこ ├──────┤

みちこさんとはるこさんの本数をもとにして考えます。10－4－2＝4 で，また，
1＋1＋1＋1＝4　であることから
みちこさんと，はるこさんの本数はそれぞれ1本ずつになります。
これより
よりこさん：1＋4＝5（本）
あきこさん：1＋2＝3（本）となります。
（4人あわせると　5＋1＋3＋1＝10
となって確かにあうことも確認しておきます。）

4 段ごとに数え上げてそれを合計します。
1段目：4＋4＋4＋4＋4＝20（個）
2段目：20（個）
3段目：20（個）
20＋20＋20＝60（個）

5 鉛筆の上と下にある玉の個数が少ない鉛筆ほど長さは長くなります。

復習テスト4

●本冊→88ページ

① ① 553　② 882　③ 143
④ 204　⑤ 497　⑥ 1249
⑦ 515　⑧ 342　⑨ 1060

② 左からじゅんに，① 399，411
② 228，165，144

③ 128まい

④ 19まい

⑤ 4はい

② まず，隣り合う2数の差をとって考えます。
① 435－423＝12　右に1つ進むと12ずつ増えます。
② 207－186＝21　右に1つ進むと21ずつ減ります。

③ よりこさんはお母さんから□枚のシールをもらったとすると，
240－168＋□＝200
72＋□＝200
□＝200－72
□＝128（枚）

④ ▭▭▭▭ をきっちりと入れるには，19枚並べればよいことがわかります。

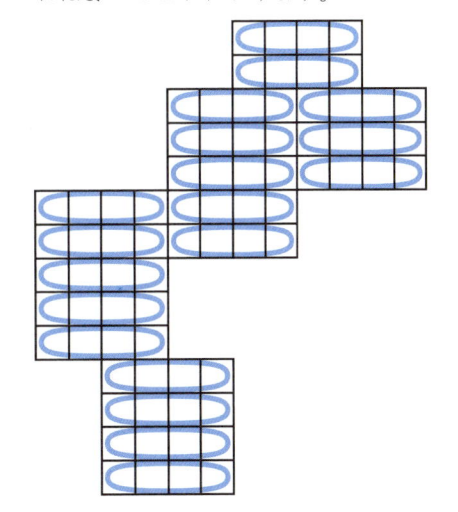

⑤ あ＝○+○+○…+○ (60ばい)
　う＝○+○+○…+○ (15はい)

したがって,
　60＝15+15+15+15 (4はい)

だから, あ＝う+う+う+う

60の中に15がいくつ分あるかを図で考える場合は, 次のとおりです。

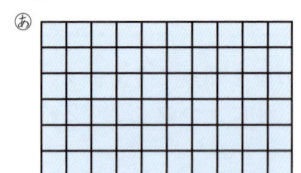

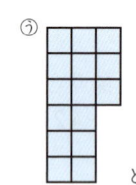

□を○とすると

あ　　　　　　　　う

　　　　　　　　　　　となるので

あ　　　　　　　　は う が 4つぶん

＜90ページ けいさんの くふう の問題の解答＞

① 2+8+6+2+2−18+45
　　 10　 10　←十づくり法
＝10+10−18+45
＝20−18+45
＝2+45
＝47

② 100−10+25−5
　　　　　　20　←これも十づくり法の1つ
＝100−10+20
＝120−10　←スーパーレジ方式
　　　　　　（たし算部分を先に計算）
＝110

③ 15+20+40−5−15−40
　　↑うちけし法
＝20−5
＝15

④ 2+30−15+10+5−32
　　　32　　　　15
＝32−15+15−32
　↑うちけし法
＝0

⑤ 200−23−38−52−67
スーパーレジ方式を用いてひき算部分をまず計算します。
ひき算部分：
　　　　　　　　　　十づくり法
23+38+52+67＝23+67+38+52
　↑
十づくり法ができそうなので, ならべかえ
　　　　　　　　　＝90+90＝180
200−180＝20

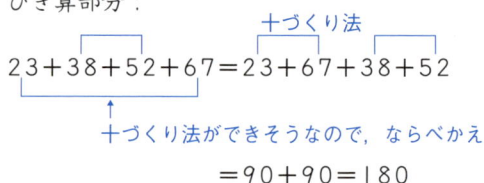

⑥ 150−31+45−27−44
たし算部分：150+45＝195
ひき算部分：31+27+44＝102
195−102＝93

14 たしざん・ひきざんの けいさん とっくん

☆ 標準レベル　●本冊→92ページ

1　① 14　② 10　③ 12
　　④ 36　⑤ 27　⑥ 98

2　上, 下のじゅんに ① 196, 348
　② 1276, 545
　③ 701, 1024　④ 1335, 536
　⑤ 137, 291　⑥ 277, 436
　⑦ 533, 416　⑧ 477, 398

3　① 28　② 101　③ 61
　　④ 104　⑤ 87　⑥ 91

4　しき 39−18−13+25＝33
　　こたえ 33こ

5　しき 13+12−18＝7　こたえ 7こ

1 たし算・ひき算の入り混じった計算はそれぞれまとめてたしておきます。(スーパーレジ方式)
① たし算部分＝8+7+6＝21
　　ひき算部分＝4+3＝7
　　21−7＝14
（別解）8+7−4−3+6＝8+6＝14
　　　　　　↑うちけし法 7−4−3＝0
② たし算部分＝18+6+7＝31
　　ひき算部分＝12+9＝21
　　31−21＝10

⑭ たしざん・ひきざんの けいさん とっくん ㉙

③ たし算部分＝23＋17＋13＝23＋30＝53
　　　　　　　　　　　↑
　　　　　　　　　十づくり法
　ひき算部分＝16＋25＝41
　53－41＝12
（別解）23－16＋17＋13－25
　＝23＋13－16＋17－25
　＝36－16＋17－25
　　　↑
　一の位が0になる　これも十づくり法
　＝20＋17－25＝37－25＝12

④ たし算部分＝18＋83＋76＝177
　ひき算部分＝49＋92＝141
　177－141＝36

⑤ たし算部分＝45＋23＋12
　　　　　　＝45＋35＝80
　ひき算部分＝38＋15＝53
　80－53＝27

⑥ たし算部分＝80＋30＋58＝168
　ひき算部分＝25＋45＝70
　168－70＝98

4 39－18－13＋25より
　たし算部分：39＋25＝64
　ひき算部分：18＋13＝31　64－31＝33(個)

5 13＋12－18より　たし算部分：13＋12＝25
　25－18＝7(個)

☆☆ 発展レベル　●本冊→94ページ

1 ① 43　② 66　③ 6　④ 46
2 ① 328　② 60　③ 111　④ 123
　　⑤ 1114　　⑥ 11
3 上，下のじゅんに ① 1351，1448
　② 536，3464　③ 2778，5561
　④ 1273，2379　⑤ 3227，2534
　⑥ 1970，789
4 しき □＋4237－1785＝8000
　あるかず 5548
5 ① □＋30＝48＋24＋9　□＝51
　② □＋21＝50＋23＋18　□＝70
　③ □＋18＋19＝32＋23　□＝18
　④ 28＋□＋43＝38＋67　□＝34
6 3474円

1 たし算部分とひき算部分を分けて計算します。
　ひき算は1回ですませます。
① たし算部分＝56＋48＋26
　　　　　　＝130
　ひき算部分＝50＋37＝87
　130－87＝43
② たし算部分＝84＋45＝129
　ひき算部分＝28＋35＝63
　129－63＝66
③ たし算部分＝92＋26＝118
　ひき算部分＝45＋48＋19＝112
　118－112＝6
④ たし算部分＝38＋53＋32＝123
　ひき算部分＝49＋28＝77
　123－77＝46

2 ① □＋447＝775より
　□＝775－447　□＝328
② 1365－□＝1305
　□＝1365－1305　□＝60
③ 557－□＝446
　□＝557－446　□＝111

4 ある数を□とおくと，
　□＋4237－1785＝8000
　□＋2452＝8000
　□＝8000－2452　□＝5548

5 ① □＋30＝81　□＝81－30
② □＋21＝91　□＝91－21
③ □＋37＝55　□＝55－37
④ □＋71＝105　□＝105－71

6 もっているお金は
　1000＋1000＋1000＝3000
　500＋500＋500＝1500
　100＋100＋…＋100＝1100　より
　　　　　11個
　3000＋1500＋1100＝5600(円)
　買ったものは
　　1029＋299＋798＝2126(円)
　であるから
　　5600－2126＝3474(円)

★★★ トップレベル ●本冊→96ページ

1 ① 305　② 80
　　③ 616　④ 330
　　⑤ 1096　⑥ 1215

2 ① 81　② 116
　　③ 326　④ 4039
　　⑤ 778　⑥ 130

3 ① 3437　② 9979
　　③ 3477　④ 3171
　　⑤ 682

4 ①
```
   2 3 9
 + 2 8 1
 ─────
   5 2 0
```
②
```
   5 4 2
 + 2 8 6
 ─────
   8 2 8
```
③
```
   4 8 6
 - 2 9 3
 ─────
   1 9 3
```
④
```
   4 3 0
 - 2 8 7
 ─────
   1 4 3
```
⑤
```
   4 8 6 5
 + 2 3 8 3
 ───────
   7 2 4 8
```
⑥
```
   8 4 3 2
 + 7 0 8 9
 ───────
  1 5 5 2 1
```
⑦
```
   3 8 0 5
 - 1 9 4 2
 ───────
   1 8 6 3
```
⑧
```
   7 0 9 1
 - 3 6 4 8
 ───────
   3 4 4 3
```

5 [しき] $634+7-115-\square=418$
　　[こたえ] 108人

---

1 ② たし算部分＝78＋19＋44＝141
　　　ひき算部分＝25＋36＝61
　　　$\square$＝141－61＝80
　⑤ たし算部分＝3246＋892＝4138
　　　ひき算部分＝738＋2304＝3042
　　　$\square$＝4138－3042＝1096
　⑥ たし算部分＝4265＋345＝4610
　　　ひき算部分＝1386＋2009＝3395
　　　$\square$＝4610－3395＝1215

4 虫食い算では，逆算で求めるか，または，$\square$ を用いた未知数を求める考え方で解きます。最後に必ず「たしかめ」を行うようにします。

①
```
    1 1
    2 3 ア
 +  イ ウ 1
 ───────
    5 2 0
```
とすると
一の位：ア＋1＝10より　ア＝10－1　ア＝9
十の位：くり上がりがあるので　1＋3＋ウ＝12
　　　　4＋ウ＝12　ウ＝12－4　ウ＝8
百の位：くり上がりがあるので
　　　　1＋2＋イ＝5より　3＋イ＝5　イ＝5－3
　　　　イ＝2

③
```
    3 1
    4 8 ア
 -  2 イ 3
 ───────
    ウ 9 3
```
一の位：ア－3＝3より　ア＝3＋3　ア＝6
十の位：8－イ＝9はできないので
　　　　10＋8－イ＝9より　18－イ＝9
　　　　イ＝18－9　イ＝9
百の位：くり下げたので百の位は3
　　　　3－2＝ウより　ウ＝1

④
```
    3
    4 ア 0
 -  イ 8 ウ
 ───────
    1 4 3
```
一の位：0－ウ＝3はできないから
　　　　10－ウ＝3より　ウ＝10－3　ウ＝7
十の位：くり下げたので，十の位の数はア－1
　　　　ア－1－8＝4はできないので百の位からくり下げて　10＋ア－1－8＝4
　　　　10＋ア－9＝4　1＋ア＝4
　　　　ア＝4－1　ア＝3
百の位：くり下げたので百の位は3
　　　　3－イ＝1　イ＝3－1　イ＝2

5 $634+7-115-\square=418$
　　$641-115-\square=418$
　　$526-\square=418$　$\square=526-418$
　　　　　　　　$\square=108$（人）

15 まほうじん（魔方陣）

☆ 標準レベル　●本冊→98ページ

1 ①
4	9	2
3	5	7
8	1	6

②
2	7	6
9	5	1
4	3	8

＜まほうじんのせいしつ＞
（じゅんに）10　2

③
8	3	4
1	5	9
6	7	2

④
6	1	8
7	5	3
2	9	4

2 ヒント（じゅんに）8　16　9

①
11	4	9
6	8	10
7	12	5

②
11	12	7
6	10	14
13	8	9

3 ①
4	3	8
9	5	1
2	7	6

②
8	1	6
3	5	7
4	9	2

1 各列の和が15と決まっているので，2数のわかっている列の空らんからうめていきます。

	ウ		2
	イ	5	ア
	エ		6

① 2＋ア＋6＝15より　ア＝7
したがって　イ＋5＋ア＝15に　ア＝7を代入して　イ＋5＋7＝15　イ＋12＝15　イ＝3
また　ウ＋5＋6＝15　エ＋5＋2＝15
となり　ウ＝4，エ＝8
これより残りの空らんをうめていきます。

② 4＋ア＋8＝15より　ア＝3
イ＋5＋8＝15より　イ＝2
ウ＋5＋4＝15より　ウ＝6
以下同様に求めていきます。

	イ		ウ
		5	
	4	ア	8

受験指導の立場から
3マス×3マスの魔方陣では，まん中の数を2回たしたものと，まん中を通る各列の両端の2数の和が等しくなります。したがって，まん中の数が5であれば，まん中を通る列の両端の2数の和は10となります。これより，各列の和は，まん中の数を3回たしたもの（3倍）となるともいえます。

2 ヒントにあるように，
まん中を通る各列の両端の2数の和＝まん中の数を2回たしたものなので

① 7＋ア＝8＋8　7＋ア＝16
したがって　ア＝16－7　ア＝9
これより，各列の和　7＋8＋9＝24
となることがわかるので，2数のわかっている列の空らんよりうめていきます。

② まん中の数が10なので，両端の2数の和が20となり，左の表の7と9がわかります。

11		7
	10	
13		9

3 ① 2＋8＝10が，まん中の数を2回たしたものです。
5＋5＝10より　まん中の数は5
これより，各列の数の和は　2＋5＋8＝15
これを用いて他の空らんをうめていきます。

② 同様に4＋6＝10より　まん中の数は5です。

☆☆ 発展レベル　●本冊→100ページ

1 ①
1	8	3
6	4	2
5	0	7

②
6	1	8
7	5	3
2	9	4

③
8	7	12
13	9	5
6	11	10

④
9	14	7
8	10	12
13	6	11

2 ① まん中 8　れつのわ 24
7	12	5
6	8	10
11	4	9

② まん中 10　れつのわ 30
13	8	9
6	10	14
11	12	7

③ まん中 6　れつのわ 18
7	2	9
8	6	4
3	10	5

④ まん中 9　れつのわ 27
6	11	10
13	9	5
8	7	12

3 れつのわ 15
まほうじんは各自でやってみましょう。

15 まほうじん(魔方陣)

1 ① まん中の数をアとすると 6+ア=3+7
より 6+ア=10 ア=4
各列の和は 4+4+4=12

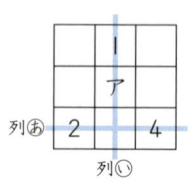

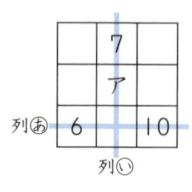

② 2+4=ア+1より
ア=5
まん中の数は5なので,
各列の和は
5+5+5=15

③ 6+10=7+アより
ア=9
まん中の数は9より
各列の和は
9+9+9=27

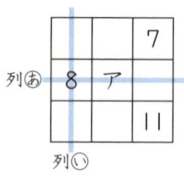

④ 8+ア=7+11より
ア=10
まん中の数は10より各列
の和は10+10+10=30

2 まん中を通る各列の両端の2数の和は, まん中の数を2回たしたものであることから, まず, まん中の数を求めます。これより, 各列の和は, まん中の数を3回たしたものとなるので, この条件から, 残りの空らんをうめていきます。

① 11+5=16 16=8+8より
まん中の数 8 列の和 8+8+8=24

② 13+7=20 20=10+10より
まん中の数 10 列の和 10+10+10=30

③ 3+9=12 12=6+6より
まん中の数 6 列の和 6+6+6=18

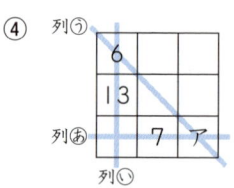

④ 列あと列いより
6+13=7+ア
19=7+ア ア=12
列うにおいて
6+ア=6+12=18
18=9+9より
まん中の数 9 列の和 9+9+9=27

3 1~9が1個ずつ入る, 3マス×3マスの魔方陣は基本的に右のものの対称形しか存在しません。

8	1	6
3	5	7
4	9	2

にくし(294)と思えば七五三(753)六一ぼうずに蜂(618)がさす。という覚え方もあります。

☆☆☆ トップレベル 本冊→102ページ

1 ①
28	21	26
23	25	27
24	29	22

②
22	29	24
27	25	23
26	21	28

2 ①
59	64	57
58	60	62
63	56	61

②
17	22	21
24	20	16
19	18	23

③
16	6	8
2	10	18
12	14	4

④
24	9	12
3	15	27
18	21	6

3
20	15	19	8
10	17	13	22
9	18	14	21
23	12	16	11

4
27	22	26	15
17	24	20	29
16	25	21	28
30	19	23	18

5
15	1	2	12
4	10	9	7
8	6	5	11
3	13	14	0

1 ① 21+29=50 75-50=25 より
まん中の数は25です。

②
イ	29	ア
	23	
		28

ア+23+28=75
ア+51=75より
ア=24
イ+29+ア=75より
イ+29+24=75 イ=22 これより
22+28=50, 50=25+25より
まん中の数は, 25となります。

2 ① まん中の数が60なので，各列の和は
60+60+60=180 となります。
② 19+21=40　40=20+20 より
まん中の数は20
各列の和は　20+20+20=60　です。
③
6+ア=12+4より
6+ア=16
ア=16-6
ア=10

これより，各列の和は　10+10+10=30 となります。
④　3+27=30　30=15+15 より
まん中の数は15
各列の和は　15+15+15=45　です。

3 8+13+18+23=62 より各列の和は62です。

4 列あと列⊙より
17+16+30
=ア+21+18
63=ア+39
ア=63-39　　ア=24
したがって，各列の和は
17+24+20+29
=90
これより　イ+ア+21+18=90
イ+24+21+18=90
イ+63=90　イ=90-63　　イ=27
また　16+25+21+ウ=90
62+ウ=90　ウ=90-62　　ウ=28
エ+29+ウ+18=90より
エ+29+28+18=90
エ+75=90　エ=90-75　　エ=15
イ+22+オ+エ=90より
27+22+オ+15=90
64+オ=90　オ=90-64　　オ=26
とします。

5 列あより
15+10+ア+0=30
25+ア=30　ア=5
列⊙より
イ+9+ア+14=30
イ+9+5+14=30
イ+28=30　イ=30-28　　イ=2
15+ウ+イ+12=30より
29+ウ=30　ウ=30-29　　ウ=1
3+エ+14+0=30より
エ+17=30　エ=30-17　　エ=13
ウ+10+オ+エ=30より
1+10+オ+13=30　24+オ=30
オ=30-24　　オ=6
入れるのは0から15までの数なので
残りの数は　4，7，8，11
列⑤は，残りの2つの空らんで
30-10-9=11
列⑤は，残りの2つの空らんで
30-オ-ア=30-6-5=19
なので，列⑤入るのは　4，7
列⑤に入るのは　8，11
列⑥は，残り2つの空らんで
30-15-3=12
列⑥は，残り2つの空らんで
30-12-0=18
なので，列⑥に入るのは　4，8
列⑥に入るのは　7，11
よって，残りの4つは
右のようになります。

復習テスト5

●本冊→104ページ

1 ① 112　② 83　③ 237

2 ① 307　② 950　③ 1084

3 ① 188　② 514
　　③ 622　④ 970

4 上, 下のじゅんに ① 1778, 4097
　　② 236, 7851　③ 9510, 4602

5 ①　　7[2]3　　　②　　4[6]3
　　　　+　5[4]　　　　　+5[8]9
　　　　　777　　　　　[1]052

　　③　　68[0]　　　④　　12[7]4
　　　　−2[7]3　　　　　− 8[9]6
　　　　　4[0]7　　　　　　3[7]8

6 ① 629　② 1653

7 ①
51	46	53
52	50	48
47	54	49

②
100	105	104
107	103	99
102	101	106

1 たし算部分とひき算部分を分けて計算してあとで合わせます。
　① たし算部分=28+65+72=165
　　165−53=112
　② たし算部分=48+98=146
　　ひき算部分=23+40=63
　　146−63=83
　③ たし算部分=382+250=632
　　ひき算部分=93+302=395
　　632−395=237

2 スーパーレジ方式で, ひき算部分を先にたし合わせておいて, ひき算を1回ですませます。
　① ひき算部分=1243+3450=4693より
　　5000−4693=307
　② ひき算部分=1834+2009+3207=7050
　　8000−7050=950
　③ ひき算部分=6408+2505+1248
　　　　　　　=10161より
　　11245−10161=1084

3 □をふくむ計算式は, まず, □以外のところを先に計算して簡単な基本形にしてから解きます。
　① 640−□+35=487　675−□=487
　　□=675−487　　□=188
　② 385+□+125=1024
　　510+□=1024
　　□=1024−510
　　□=514
　③ □+593−385=830
　　□+208=830
　　□=830−208
　　□=622
　④ 1285+685−□=1000
　　1970−□=1000
　　□=1970−1000　□=970

5 ②　　[ア]6[イ]
　　　　+　5[ウ]9
　　　　[エ]052　とすると

一の位：イ+9=2はできないので　イ+9=12
　ゆえに　イ=12−9　イ=3
十の位：くり上がりがあるから　1+6+ウ=5
　これはできないから　1+6+ウ=15
　すなわち　7+ウ=15　ウ=15−7
　ウ=8
百の位：くり上がりがあるから　1+ア+5=0
　これはできないから　1+ア+5=10
　すなわち　6+ア=10　ア=10−6
　ア=4　よって　1+ア+5=10
千の位：くり上がるから　エ=1
したがって,　　4 6 3
　　　　　　　+5 8 9
　　　　　　　1 0 5 2

　③　　　6 8 [ア]
　　　　−2 [イ] 3
　　　　　[ウ] 0 7　とすると

一の位：ア−3=7はできないので
　10+ア−3=7　7+ア=7　ア=0
十の位：くり下げたので　8−1−イ=0
　7−イ=0　ゆえに　イ=7
百の位：6−2=4　…ウ

したがって，
$$\begin{array}{r}6\overset{7}{\cancel{8}}\boxed{0}\\-2\boxed{7}3\\\hline \boxed{4}07\end{array}$$

⑥ ① 最大の数：832，最小の数：203
　　832－203＝629
　② 2番目に大きい数：830，
　　3番目に大きい数：823
　　830＋823＝1653

⑦ 各列の和は，まん中の数を3回たしたものになります。
　① 各列の和は
　　50＋50＋50＝150です。
　② 各列の和は
　　103＋103＋103＝309です。

16 いろいろな かたち

☆ 標準レベル　●本冊→106ページ

1 ① あとお，いとき，うとか，えとけ
　　　くとこ
2 え
3 ① 5こ　　② 3こ
　　③ 21こ　④ 6こ
4 ① 6こ　　② 8こ　　③ 10こ
　　④ 6こ　　⑤ 9こ　　⑥ 11こ

1 三角形，四角形，…などの多角形の特徴をしっかりととらえましょう。
あとえはともに四角形ですが，あは台形，えは正方形で形がちがいます。

2 使った棒の本数は次の通りです。

	あ	い	う	え
本数（本）	10	9	11	13

3 ① 規則性を考えると，5個になります。

	1段目	2段目	3段目	4段目	5段目
個数	1	2	3	4	5

　② 3段目…3個
　　6段目…6個より　6－3＝3（個）
　③ 1＋2＋3＋4＋5＋6＝21（個）
　④ 色をつけた積み木がかくれています。
　　したがって
　　1＋2＋3＝6（個）

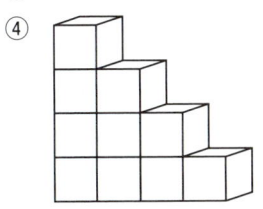

4 積み木の段数の個数は，上から段ごとに数え，かくれている部分は図にかいて考え，上から段ごとに数えます。
　① 上から1段目…2（個）
　　上から2段目…2＋2＝4（個）
　　　　　　　　↑　　　↑
　　　　　上の段の個数　上の段から増えた個数
　　2＋4＝6（個）
　② 上から1段目…1（個）
　　上から2段目…1＋2＝3（個）
　　上から3段目…3＋1＝4（個）
　　1＋3＋4＝8（個）
　③ 上から1段目…2（個）
　　上から2段目…2（個）
　　上から3段目…2＋4＝6（個）
　　2＋2＋6＝10（個）
　④ 上から1段目…1（個）
　　上から2段目…1＋4＝5（個）
　　1＋5＝6（個）
　⑤ 上から1段目…1（個）
　　上から2段目…1＋2＝3（個）
　　上から3段目…3＋2＝5（個）
　　1＋3＋5＝9（個）
　⑥ 上から1段目…1（個）
　　上から2段目…1＋3＝4（個）
　　上から3段目…4＋2＝6（個）
　　1＋4＋6＝11（個）

36 **16** いろいろな かたち

☆☆ 発展レベル　●本冊→108ページ

1 ① 11本　② 19本
2 13こ
3 ① 36こ　② 16こ　③ 20こ
4 ① 56こ　② 10こ　③ 7こ

1 三角形や四角形の個数を1つ増やしていったときの本数の増加分を見つけることが大事です。
① 三角形が1個以上のときは1個増えるごとに2本ずつ増えていきます。
三角形が4個のとき9本だから
　9＋2＝11（本）
② 四角形が1個以上のときは，1個増えるごとに3本ずつ増えていきます。
四角形が4個のとき13本だから
　13＋3＋3＝19（本）

2 △の三角形
　…1＋3＋5＝9（個）
　の大きさの三角形 
　…1＋2＝3（個） 
　の大きさの三角形 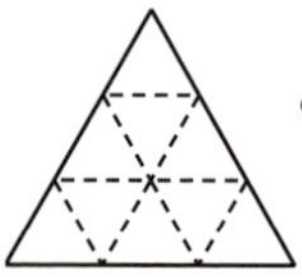
　…1（個）
したがって，9＋3＋1＝13（個）

3 ① 1＋3＋5＋7＋9＋11＝36（個）
② かくれて見えないのは，右の図の■の積み木です。 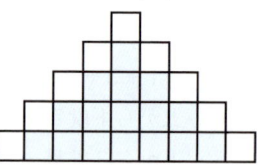
　1＋3＋5＋7＝16（個）
③ かくれて見えないのは，右の図の■をつけた積み木です。 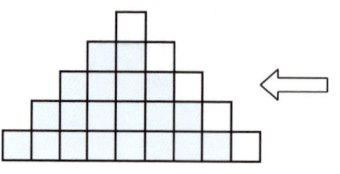
　2＋4＋6＋8＝20（個）

受験指導の立場から
① 1＋3＋5＋7＋9＋11＝36　② 1＋3＋5＋7＝16
③ 2＋4＋6＋8＝20のように
一定の数で増えていく和は両端どうしの和をたしてゆくと計算が楽になります。
① 1＋3＋5＋7＋9＋11＝36
　　（12, 12, 12）
より　12＋12＋12＝36
② 1＋3＋5＋7＝16　より　8＋8＝16
　　（8, 8）
③ 2＋4＋6＋8＝20　より　10＋10＝20
　　（10, 10）

4 ① すぐ上の段からいくつ増えたかに注意します。上の段ごとに数えていくと，
　上から1段目…1（個）
　上から2段目…1＋2＝3（個）
　上から3段目…3＋3＝6（個）
　上から4段目…6＋4＝10（個）
　上から5段目…10＋5＝15（個）
　上から6段目…15＋6＝21（個）
　1＋3＋6＋10＋15＋21＝56（個）
② 上から4段目までの積み木は，①より
　1＋3＋6＋10＝20（個）
見えている積み木は，図より
　1＋2＋3＋4＝10（個）
したがって，20－10＝10（個）
③ とりのぞいた後は，右の図のようになります。上から見たときに見えているのは，○印をつけた積み木です。 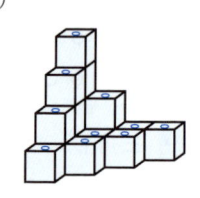
上から4段目までの積み木は
　1＋3－1＋6－2＋10＝17（個）
　　　　2段目　3段目　4段目
見えているのは
　1＋1＋2＋6＝10（個）
したがって　17－10＝7（個）

16 いろいろな かたち 37

☆☆☆ トップレベル ●本冊→110ページ

1 ① 26本　　② 64本

2 ① 55こ　　② 55こ　　③ 70こ

3 ①　②

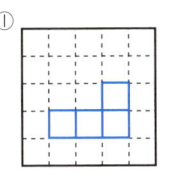

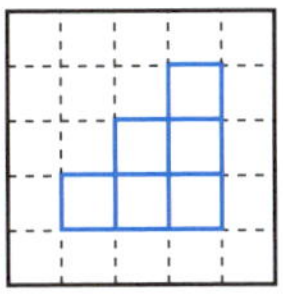

③

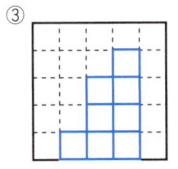

4 おおいとき：21こ　すくないとき：16こ

1 ① 上から1段ずつ数えていきます。2段目以降は、1段増えるごとに左右3本で、6本ずつ増えていきます。

上から1段目…4本
上から2段目
　…4＋6＝10（本）
上から3段目
　…10＋6＝16（本）

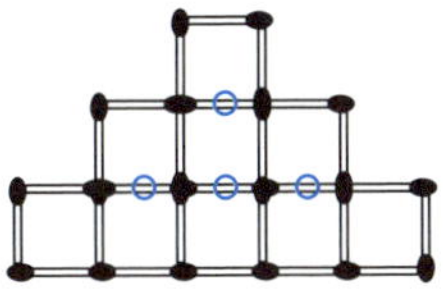

このとき、右の図の青い丸のついた4本は重複することから
　4＋10＋16－4＝26（本）

② 同様に
上から4段目…16＋6＝22（本）
上から5段目…22＋6＝28（本）
重複するのは、下の図の16本なので
　4＋10＋16＋22＋28－16＝64（本）

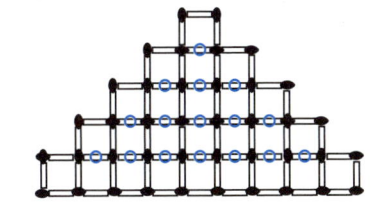

受験指導の立場から

重複する本数について
（横棒）（図の青丸印）
1段目と2段目の間　1本
2段目と3段目の間　3本
3段目と4段目の間　5本
4段目と5段目の間　7本
この本数を数えるのに
1＋3＋5＋7＝8＋8＝16　と数えられます。
　　　　　　　8
　　8

2 上から見た図で考えます。
1段目　　　2段目　　　　3段目

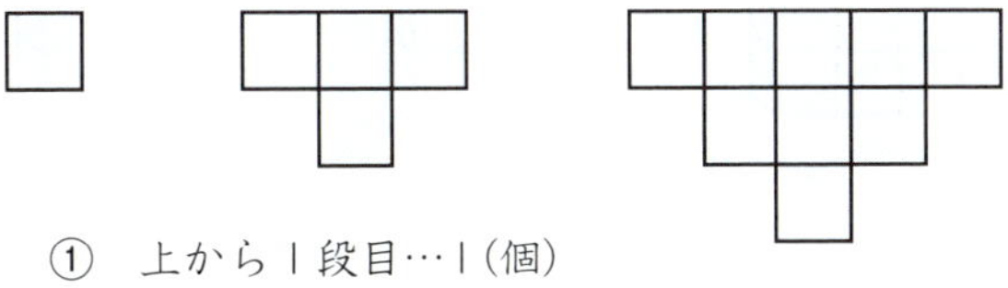

① 上から1段目…1（個）
　上から2段目…1＋3＝4（個）
　上から3段目…1＋3＋5＝9（個）
　上から4段目…1＋3＋5＋7＝16（個）
　上から5段目…1＋3＋5＋7＋9＝25（個）
より　1＋4＋9＋16＋25＝55（個）

② 1段目から6段目を上から見ると次のようになり、見えている個数は
　1＋3＋5＋7＋9＋11＝12＋12＋12
　　　　　　　　　　＝36（個）

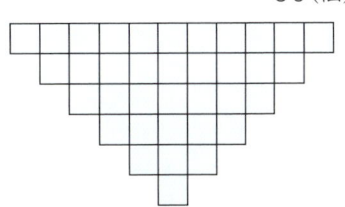

1段目から6段目までの個数は
　55＋36＝91
①より5段目　　↑
までの和　　6段目

したがって、2段目から下で見えていない部分は、
　91－36＝55（個）　となります。

③ 右から見ると図のようになります。 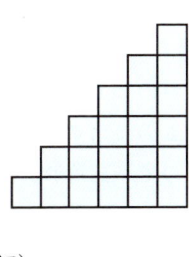
6段目までの個数は91（個）
見えている個数は
　1＋2＋3＋4＋5＋6
　＝21（個）
したがって　91－21＝70（個）

4 多いとき，少ないときを図で表すと次のようになります。

〈一番多いとき〉
手前から1列目　　2列目　　3列目

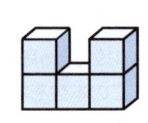

〈一番少ないとき〉
手前から1列目　　2列目　　3列目

多いとき…9＋7＋5＝21（個）
少ないとき…9＋5＋2＝16（個）

17 かたちの ある ものを きる

☆ 標準レベル　●本冊→114ページ

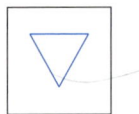

1 ⓘ，ⓒ，ⓐ
2 ⓐ：ⓔ，ⓘ：ⓞ，ⓒ：ⓚ
3 ⓐ：ⓞ，ⓘ：ⓚ，ⓒ：ⓔ
4 （正三角形の図）

1 球を平面で切るとき，どこを切っても円になります。中心を通って切ったときが最も大きく，これを**大円**といいます。

2 サイコロの形の立体を**立方体**といいます。
立方体を平面で切ったときの切り口は，三角形，四角形，五角形，または六角形になります。

3 ⓒは横長，ⓐは縦長の四角形です。

4 立方体のある頂点について，それと隣り合う3つの頂点を結ぶと，正三角形ができます。1年生の読者の方には正三角形の定義はわからないので，三角形が描けていればO.K.です。

☆☆ 発展レベル　●本冊→116ページ

1 ⓐ：ⓚ，ⓘ：ⓠ，ⓒ：ⓖ，ⓔ：ⓞ
2 ⓒ
3 ⓐ：ⓘ　　ⓘ：ⓘ　　ⓒ：ⓘ
　ⓔ：ⓘ　　ⓞ：ⓒ　　ⓚ：ⓐ
　ⓖ：ⓘ　　ⓠ：ⓘ

1 円柱の切り口は，長方形や円など，多種な切り口ができることに注目しましょう。
円柱を底面に垂直に切るとき（ⓐ，ⓔのとき），長方形となり，円柱の中心線に近ければ近いほど，切り口の長方形の横の長さが長くなることに注意します。
ⓘは円柱を水平（真横）に切っているので，切り口は円であるから，ⓒとなります。
ⓒの切り口は丸いが横（たて）に長くなった円になるので，ⓖとなります。

2 下の図で，折れ線を折ってできた立体は平面が4つでできた立体です。したがって，ⓐの円柱のような曲面をふくむものや，ⓘのような平面が5つからできているような立体はできません。したがって，ⓒが残ります。

実際

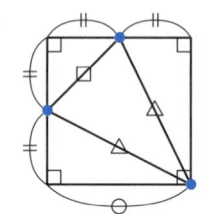

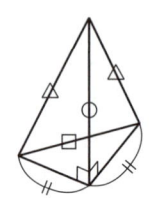

となるような三角すいになります。

🐻 受験指導の立場から

この三角すいは，上下方向に伸びる辺が底面と垂直になり，体積を求めやすいので，入試で頻出の形です。折り紙でつくってみるといいでしょう。

3 それぞれの切り口の図形は以下のようになります。最初はイメージしにくいので，本冊P112やP120の特集などを参考にしてください。

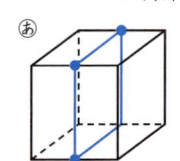

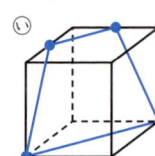

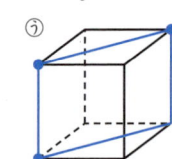

ⓐ　　　　ⓘ　　　　ⓒ

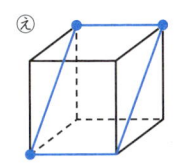

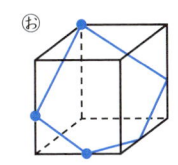

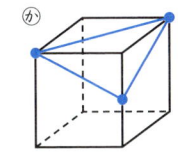

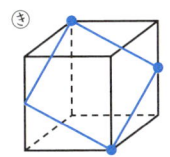

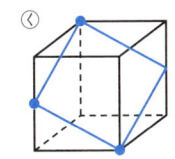

⑰ かたちの ある ものを きる ㊴

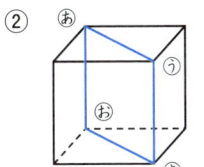

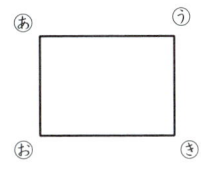

横の方が，たてより長い長方形になります。

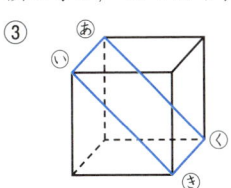

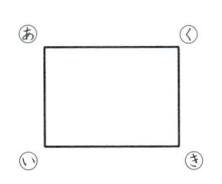

形は②と同じ長方形になります。

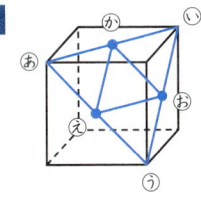

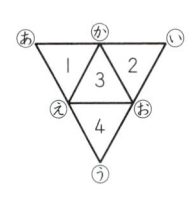

図からわかるように三角形㋐㋑㋒の大きさは三角形㋓㋔㋕の4個分になります。

受験指導の立場から
厳密には，論証が必要ですが，小1の現在では，4つの三角形が同じ形になるので，4つ分という程度の認識で十分です。（一度，折り紙などで作ってみてください。）

3 図のような切り口になります。

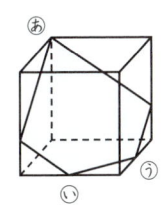

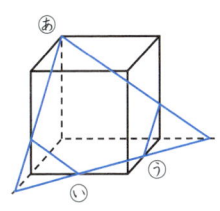

（この立体は，想像しにくいので本冊P119の特集を参考にしてください。）

図のように，辺㋑㋒を延長して，立方体の辺の延長線との交わりを考えます。その交点に㋐から線をひき，立方体の辺との交点と㋐，㋑，㋒を結ぶと，図のような切り口の五角形となります。

4 切り口が六角形のとき，右の図のようになります。

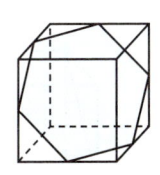

☆☆☆ **トップレベル** ● 本冊→118ページ

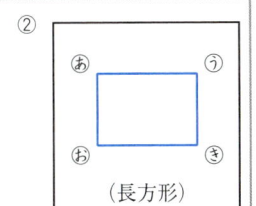

1 ①（正三角形） ②（長方形） ③（長方形）

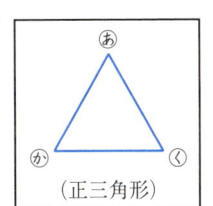

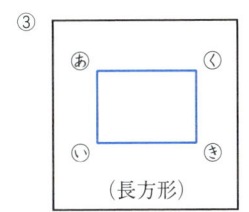

2 4こ

3 ㋒

4 こたえ：6かくけい
りゆう：サイコロを1まいのへいめんできると，サイコロのめん1つについて，1本のきり口のへんができる。サイコロは六めんあるから，さい大6かくけいになる。

1 平行な平面に1枚の平面が交わると交わったところにできる2本の直線は平行になります。3点を通るからといって，必ず三角形になるとは限らないことに注意しましょう。

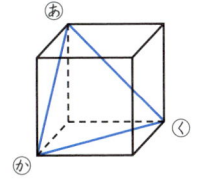

① 各辺の長さが等しいから，正三角形となります。

復習テスト❻ ●本冊→122ページ

①	① 62	② 66	③ 2744
②	① 1236	② 804	
	③ 1713	④ 124	
③	① 16本	② 42本	
④	① 24こ	② 19こ	
⑤	① ◯い	② ◯あ	

③ 数え落ちのないように, 部分に分けて考えます。対称になっている図形では, 計算を使って解いてもよいですが, 基本は数え落としのないように丹念に数え上げることが大事です。

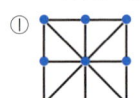

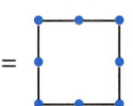

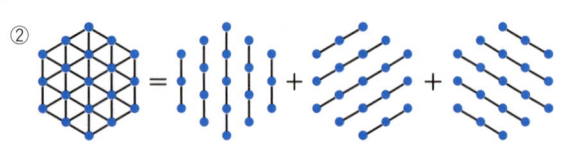

①

②

① 8+8=16(本)
② 14+14+14=42(本)

④ ① いちばん上の段を考えると,
6(個)あります。
それが4段あるので,
6+6+6+6=24(個)
② すぐ上の段から何個増えたかと考えます。
上の段…3個
中の段…3+3=6(個)
下の段…6+4=10(個)
合計は, 3+6+10=19(個)

⑤ 3つの点を通るからといって三角形 とは限らないことに要注意です。切り口は, 次のようになります。

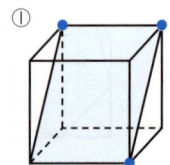

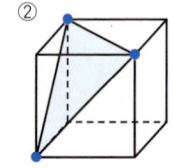

① ②

18 むずかしい もんだい(1)

☆ 標準レベル ●本冊→124ページ

1	① よしみさん	② かずこさん	
2	① 7000	② 2990	
	③ 10000	④ 9900	⑤ 9990

3 ①
```
   5 5 8
 +   4 2
   6 0 0
```
②
```
   3 8 5
 + 3 3 7
   7 2 2
```
③
```
   7 6 8
 + 2 7 6
 1 0 4 4
```
④
```
   5 4 0
 -   8 3
   4 5 7
```
⑤
```
   6 2 3
 - 2 9 4
   3 2 9
```
⑥
```
   2 5 4 7
 -   3 8 9
   2 1 5 8
```

4 ① 5本 ② 28本

1 ① 前から よしみ, あすか, ちずこの順です。
② 順序を表すとつぎのようになります。

⇐前　　　　　　　　　　　後ろ⇒
　　　　　よしみ　あすか　ちずこ
　　　とみこ　かずこ

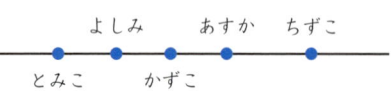

3 ①
```
     1 1
   5 ア 8
 +   4 イ
   ウ 0 0
```
一の位:8+イ=0はできないので, 8+イ=10
より イ=2
十の位:くり上がりがあるので 1+ア+4=10
ゆえに ア=5
百の位:くり上がりがあるので ウ=1+5=6

④
```
     13 1
   ア 4 0
 -   8 イ
   4 ウ 7
```
一の位:0-イ=7はできないので, くり下げて
10-イ=7 ゆえに イ=3
十の位:くり下げたので, 十の位の数は3です。
3-8=ウはできないので, くり下げて
10+3-8=ウより, ウ=5
百の位:くり下げたので

ア－1－0＝4　ゆえに　ア＝5

4 ① （よりこのグループ）
3＋3＋3＋3＋3＝15（本）
（たくろうのグループ）
3＋3＋3＋3＋3＋3＝18（本）
（飲んだ本数）15＋18＝33（本）
（残った本数）38－33＝5（本）

② 前日余った5本があることから，次の日も33本飲むには　33－5＝28（本）必要です。

受験指導の立場から
掛け算を学ぶと　3×5＝15，3×6＝18とします。
一見，たし算ばかりの式はまどろこしいですがたし算←→掛け算の訓練に小1の段階で十分習熟することで，掛け算への移行が楽になります。

☆☆ 発展レベル　●本冊→126ページ

1 ① たかしくん　② よりこさん
2 ① 金よう日　② 日よう日
3 ① 5661　② 234　③ 13801
4

	よりこ	ゆうみ	あすか	みちこ
(1)	4こ	3こ	3こ	3こ
(2)	3こ	4こ	3こ	3こ
(3)	3こ	3こ	4こ	3こ
(4)	3こ	3こ	3こ	4こ

1 ① 数直線上に表すと，次の通りです。

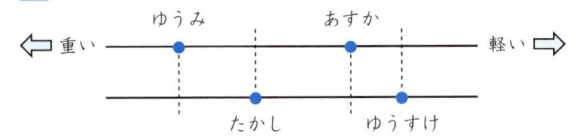

⇐重い ────ゆうみ────あすか──── 軽い⇒
         たかし   ゆうすけ

したがって，2番目に重いのはたかしくんです。

②

⇐重い ────みちこ──よりこ──── 軽い⇒
       いちろう　たくろう

2 大きいバスケット…28＝6＋6＋6＋6＋4
　　　　　　　　　　　　月　火　水　木　金
小さいバスケット…13＝2＋6＋5　となるから
　　　　　　　　　　　　金　土　日

① 食べはじめるのは，金曜日。
② ぜんぶ食べ終わるのは日曜日。

3 順に書き出していきましょう。最も上の位には0がこないことに気をつけます。
① いちばん大きい数…9740
いちばん小さい数…4079となります。
9740－4079＝5661
② 9740，9704，9470，…となるから
9704－9470＝234
③ 小さい順につくっていくと，
4079，4097，…　なので
2番目に小さい数は　4097
2番目に大きい数は9704なので
9704＋4097＝13801

4 何個かを必ず配るという問題では，先にその個数ずつ配っておきます。そこへ，追加での配り方を考えましょう。
3＋3＋3＋3＝12（個）　　13－12＝1（個）
残り1個を誰に配るかで，4通りの配り方が出てきます。（順番はこの通りでなくても構いません。）

☆☆☆ トップレベル ●本冊→128ページ

1 たかし：18こ　　いちろう：7こ
　　ゆうすけ：20こ

2 ○

3 ① 青いろ：2こ　きいろ：3こ
　　② 2こ　　　　③ 6こ
　　④ いちばん すくない：9こ
　　　 いちばん おおい：12こ

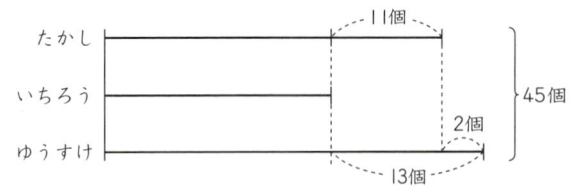

1 線分図にすると上のようになります。
　45－13－11＝21（個）
より，いちろうくんの3人分の個数がわかります。
21＝7＋7＋7より，
　いちろうくんの個数は　7個
これより　たかしくん　7＋11＝18（個）
　　　　　ゆうすけくん　7＋13＝20（個）

2 重い，軽いを不等号で表して，比較します。
左から3番目の図から，
△△＞☆☆だから　△＞☆となります。
2番目の図から，□＞△△
1番目の図から，○＞□□ 　○＞□＞△＞☆
したがって，一番重いのは，○となります。

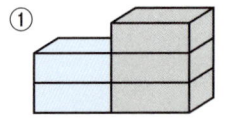

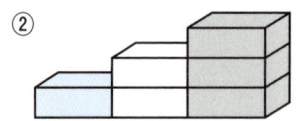

3 図のようになります。
① ②
③ 上の図より，6個です。
④ 少ない場合，多い場合の積み方はそれぞれ次のようになるので，最も少ないときで9個，最も多いときで12個です。
少ないとき　　　　多いとき

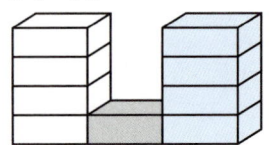

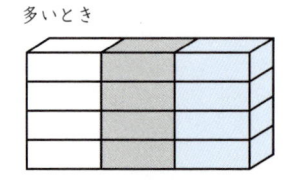

19 むずかしい もんだい（2）

☆ 標準レベル ●本冊→130ページ

1 ① 22まい　　② 293円

2 ① 74本
　　② よりこさん…37こ
　　　 ちずこさん…10こ

3 ① 28こ　　② 16こ
　　③ 18こ　　④ 34こ

4 ① 6とおり　② 24とおり

1 ① 5＋5＋5＋5＋5＋5＋5＋5
＝10＋10＋10＋10＝40（円）
より　80＋40＋8＝128（円）
150－128＝22（円）…1円玉22枚
② 100＋100＋100＋5＋5＋5＋1＋1＋1＋1＋1＋1＋1＋1＝323（円）…はらった金額
10＋10＋10＝30（円）…おつり
323－30＝293（円）

2 ① 30＋30＝60（本）　60＋14＝74（本）
② 他のものと比較するために，もとの数を基準に線分図をかいて考えましょう。

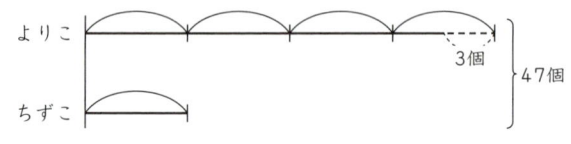

47＋3＝50（個）
…ちずこさんのはこ5はい分のとんぐりの数
50＝10＋10＋10＋10＋10
　　　　　5個
したがって，ちずこさん…10個
よりこさん…47－10＝37（個）

3 サイコロなどを段重ねで積んでいく問題では，上から下へ何個増加するかということを考えます。
① 上から1段目…3個
　　　　2段目…3＋7＝10（個）
　　　　3段目…10＋5＝15（個）より
3＋10＋15＝28（個）

19 むずかしい もんだい(2) 43

② 上から1段目…1個
　　　　2段目…1＋3＝4(個)
　　　　3段目…4＋7＝11(個)より
1＋4＋11＝16(個)

③ 上から1段目…1個
　　　　2段目…1＋4＝5(個)
　　　　3段目…5＋7＝12(個)より
1＋5＋12＝18(個)

④ 上から1段目…1個
　　　　2段目…1＋5＝6(個)
　　　　3段目…6＋6＝12(個)
　　　　4段目…12＋3＝15(個)より
1＋6＋12＋15＝34(個)

4 場合の数を求めるときには，下の図のような図(**樹形図**という)で表しながら場合の数を求めます。

①
よりこ ─┬─ ゆうみ ─┬─ ちずこ ─── さやか
　　　　│　　　　　　└─ さやか ─── ちずこ
　　　　├─ ちずこ ─┬─ ゆうみ ─── さやか
　　　　│　　　　　　└─ さやか ─── ゆうみ
　　　　└─ さやか ─┬─ ゆうみ ─── ちずこ
　　　　　　　　　　　└─ ちずこ ─── ゆうみ

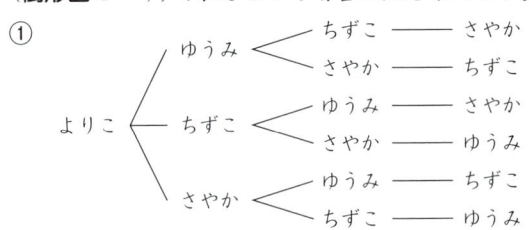

したがって，6通り。

② 1番目がよりこのとき…6通り
　同様に　ゆうみのとき…6通り
　　　　　ちずこのとき…6通り
　　　　　さやかのとき…6通りであるから
6＋6＋6＋6＝24(通り)

☆☆ 発展レベル　●本冊→132ページ

1 左からじゅんに ① 79, 85, 91
　　② 30, 40, 52　　　③ 5, 8
　　④ 16, 32, 64
2 (ず1)：17こ　　(ず2)：56こ
3 ① 40こぶん　② 66こぶん
4 ① 77
　② 5だんめの8れつめ

1 どんな規則で増えたり減ったりしているかに着目します。
① 右へ1つ進むと6ずつ増えています。

② 差は2，4，6，8，…となっています。
③ 左2つの和がその右隣りの数になっています。
0＋1＝1，1＋1＝2，1＋2＝3，
ゆえに，2＋3＝ 5 ，3＋5＝ 8
④ 左の数の2倍(2回たしたもの)が右の数です。
1＋1＝2，2＋2＝4，4＋4＝8より
8＋8＝ 16 ，16＋16＝ 32 ，32＋32＝ 64

🐻 受験指導の立場から

③のような数列を**フィボナッチ数列**といいます。入試によく出る特殊な数列なので覚えておきましょう。
④も難しいですが，2の累乗数に慣れておくことは大事なことです。

2 上の段からの増加分に着目しましょう。
上の段から数えて
図1：1段目…2個
　　　2段目…2＋3＝5(個)
　　　3段目…5＋5＝10(個)より
2＋5＋10＝17(個)
図2：1段目…1個
　　　2段目…1＋3＝4(個)
　　　3段目…4＋1＝5(個)
　　　4段目…5＋4＝9(個)
　　　5段目…9＋3＝12(個)
　　　6段目…12＋13＝25(個)より
1＋4＋5＋9＋12＋25＝56(個)
(別解)上から見たときの個数を考えます。
(図の中の数字は，何個つんであるかを表します。)
図1　3＋3＝6(個)
　　2＋2＋2＝6(個)
　　1＋1＋1＋1＋1＝5(個)より
6＋6＋5＝17(個)

図2　5＋5＋5＝15(個)
　　3＋3＋3＋3＝12(個)
　　2＋2＋2＝6(個)
1は13個あるので，
6＋15＋4＋12＋6＋13＝56(個)

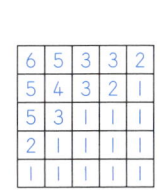

44 ⑲ むずかしい もんだい(2)

3 細かい部分の長さは次のようになります。(青い文字の部分は自分で考えるところです。)
★のところから左まわりに考えます。

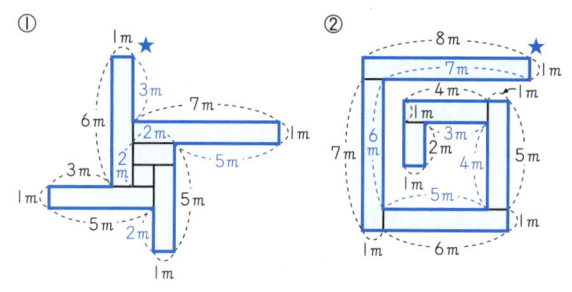

① 1+6+3+1+5+2+1+5+5+1+7+3
　=40(m)　40mは1mの40個分

② 8+1+7+1+6+1+5+1+4+1+2+1
　+2+3+4+5+6+7+1=66(m)
　66mは1mの66個分

4 下の図のようになります。

	1れつめ	2れつめ	3れつめ	4れつめ	5れつめ	6れつめ	7れつめ	8れつめ	9れつめ
1だんめ	1	4	9	16	25	36	49	64	81
2だんめ	2	3	8	15	24	35	48	63	80
3だんめ	5	6	7	14	23	34	47	62	79
4だんめ	10	11	12	13	22	33	46	61	78
5だんめ	17	18	19	20	21	32	45	60	77
6だんめ	26	27	28	29	30	31	44	59	76
7だんめ	37	38	39	40	41	42	43	58	75
8だんめ	50	51	52	53	54	55	56	57	74
9だんめ	65	66	67	68	69	70	71	72	73

したがって、① 77 ② 5段目の8列目
となります。

受験指導の立場から
1段目は1, 4, 9, 16, …というように
(列の数)×(列の数)=(平方数)がならぶことに気づきます。
小1の段階では、順に入れていって、数が合えばOKです。

☆☆☆ トップレベル ● 本冊→134ページ

1	① 1と3	② 5と8
2	① 31こ	② 56こ
3	① 100本	② 400本
4	① 71てん	② 79てん

1 ①　1+2+3+4+…+10=55
　55−10−11−13−17=4
　4=1+3(○)
　4=2+2(×)　←同じカードはないから
したがって、あすかは1と3

② 次のような場合が考えられます。
だいすけ
13= ⎧ 3+10　←あすかが3をもらっているのでだめ
　　 ⎨ 4+9
　　 ⎨ 5+8
　　 ⎩ 6+7

ぶんた
10= ⎧ 1+9　←あすかが1をもらっているのでだめ
　　 ⎨ 2+8
　　 ⎨ 3+7　←あすかが3をもらっているのでだめ
　　 ⎩ 4+6

ちか
11= ⎧ 1+10　←あすかが1をもらっているのでだめ
　　 ⎨ 2+9
　　 ⎨ 3+8　←あすかが3をもらっているのでだめ
　　 ⎨ 4+7
　　 ⎩ 5+6　←問題文に5と6は両方もらえないと書いてあるのでだめ

えり
17= ⎧ 7+10(○)
　　 ⎩ 8+9

以上から10をもらっているのが、えりしか考えられないので、えりは、7と10とわかります。
5と6を両方もらった人はいないと問題文にあるので　ちか→2と9　ぶんた→4と6　だいすけ→5と8と決定されます。
いろいろと場合に分けて候補を考えて試行錯誤しながら消去していきましょう。少々骨ありです。

2 ①

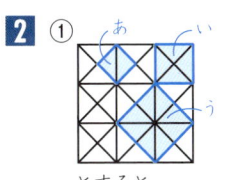

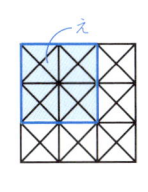

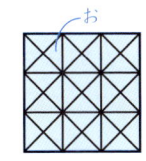

あ…2+3+2+3+2=12(個)
い…3+3+3=9(個)
う…2+1+2=5(個)
え…2+2=4(個)
お…1個
したがって，12+9+5+4+1=31(個)

②

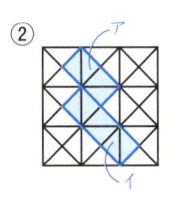

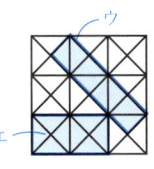

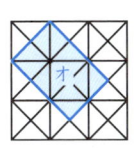

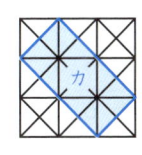

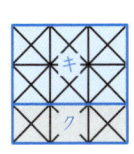

アの形のものは　2+4+2=8(個)
　垂直方向の対称形も考えて　8+8=16(個)
イの形のものは　2+2=4(個)
　同様に　4+4=8(個)
ウの形のものは　1+1=2(個)
　同様に　2+2=4(個)
エの形のものは　2+2+2=6(個)
　縦長のものも考えて　6+6=12(個)
オの形のものは　2個
　垂直方向の対称形も考えて　2+2=4(個)
カの形のものは　1個
　垂直方向の対称形のものも考えて
　1+1=2(個)
キの形のものは　横長2個，縦長2個なので
　2+2=4(個)
クの形のものは　1+1+1=3(個)
　縦長のものも考えて　3+3=6(個)
したがって
16+8+4+12+4+2+4+6=56(個)

3 ①

1番目	2番目	3番目	4番目	5番目
4本	16本	36本	64本	100本
	12	20	28	36

したがって，100本。

②

5番目	6番目	7番目	8番目	9番目	10番目
100本	144本	196本	256本	324本	400本
	44	52	60	68	76

したがって，400本

4 ①

2回目の得点は，1回目と3回目のまん中の点数です。74-68=6　6=3+3より
2回目の得点は　68+3=71(点)

② 図にすると，次のようになります。

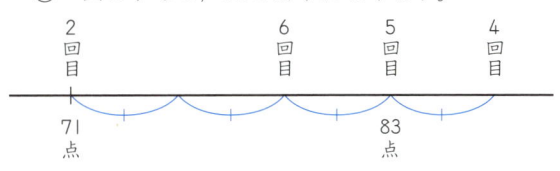

83-71=12　12=4+4+4より
6回目は　83-4=79(点)

20 むずかしい もんだい(3)

☆ 標準レベル　●本冊→136ページ

1 ① 86　② 24　③ 42と46と48
　④ 26と46と86　⑤ 82

2 28, 26, 20

3 ① 7人　② 12人

4 ① 19こ　② 60こ　③ 64こ

2 3番目に大きい数をもとにして考えます。

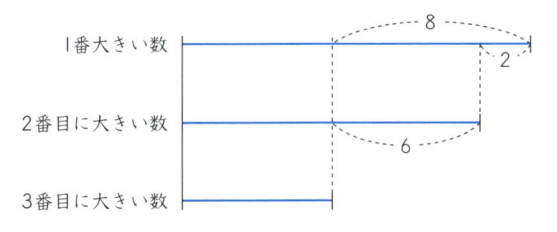

74-(6+8)=60
60=20+20+20なので
　3番目に大きい数…20
　2番目に大きい数…20+6=26
　1番大きい数…20+8=28

46 ⑳ むずかしい もんだい(3)

3 これくらいの人数の問題なら実際に図をかいて考える方が得策です。〜から，〜までの言葉はそのものを含むことに注意しましょう。

① 男の子…5人
女の子…2+2+2+2＝8(人)です。図のようになるので5+8-6＝7(人)となります。

●…男の子　●…女の子
←前　　　　　　　　　　　後ろ→
●●●●●｜●●●●●●●●｜
　　　　　　　7人

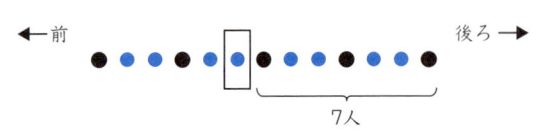

② 図のようになるので3+3+3+3＝12(人)
←左　　　　　　　　　　　右→
　　　　　3+3+3+3＝12(人)

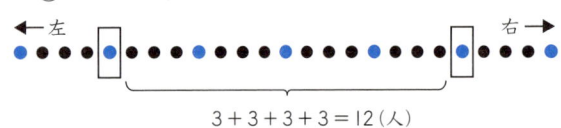

4 ① 段数を上から見た図で表します。
3+3+3+3+3＝15(個)
1+1+1+1＝4(個)
15+4＝19(個)

3	3	3
3	1	1
3	1	1

(別解)下から1段目…9個　2〜3段目…10個
10+9＝19(個)

② 5+5+5+5＝20(個)
4+4+4+4＝16(個)
3+3+3+3＝12(個)
2+2+2+2＝8(個)
1+1+1+1＝4(個)
より　20+16+12+8+4＝60(個)

5	5	5	5	4
4	4	4	3	3
3	3	2	2	2
2	1	1	1	1

(別解)下から1段目…5+5+5+5＝20(個)
2段目…5+5+5+1＝16(個)
3段目…5+5+2＝12(個)
4段目…5+3＝8(個)
5段目…4(個)
20+16+12+8+4＝60(個)

③ 6+6＝12(個)
4+4+4+4+4+4+4+4
＝32(個)
2+2+2+2＝8(個)
7+12+5+32+8＝64(個)

7	6	4	4
6	5	4	4
4	4	2	2
4	4	2	2

(別解)上から3段部分のはみ出した部分を下から3，4段部分の欠けたところにうつすとちょうど4個×4個が4段の立方体の形になります。
4+4+4+4＝16(個)
16+16+16+16＝64(個)

4	4	4	4
4	4	4	4
4	4	4	4
4	4	4	4

🐻 受験指導の立場から

サイコロの段重ねの問題では，段ごとに数えていくことがポイントですが，③の別解の考え方のように動かして考えることも，今後の学習で大事になっていきます。

☆☆ 発展レベル　●本冊→138ページ

1 ① くろい石　② 18こ　③ 20こ

2 ①
```
  3745
+ 5958
  9703
```
②
```
  9042
- 3479
  5563
```

3 4

4 ① 23人　② 30人　③ 13人

5 ① 40グラム　② 8グラム
　　③ 4グラム

1 規則性の問題では，くり返しの個数に目をつけることが大事です。本問は5個ずつ白黒白白黒の繰り返しになっています。

○●○○●　○●○○●　○●○○●…

① 5+5+5+5+5+5＝30
5個ずつの繰り返しの最後の石なので黒です。

② 30＝5+5+5+5+5+5なので，繰り返しは6回です。1つの繰り返しの中に白石は3個あるから，
3+3+3+3+3+3＝18(個)になります。

③ 50＝5+5+5+5+5+5+5+5+5+5なので，50個の中には繰り返しは10回あります。1つの繰り返しの中に黒石は2個あるから，
2+2+2+2+2+2+2+2+2+2＝20(個)

20 むずかしい もんだい(3) 47

2 ①
```
   ア 7 4 イ
 +  5 9 ウ 8
 ─────────
   9 エ 0 3
```
一の位：イ＋8＝3 はできないので
　　　　イ＋8＝13 したがって イ＝5
十の位：くり上がりがあるので
　　1＋4＋ウ＝0 これはできないので
　　1＋4＋ウ＝10 したがって ウ＝5
百の位：くり上がりがあるので
　　1＋7＋9＝エ エ＝17になるが，2けたになった場合くり上げるので エ＝7
千の位：くり上がりがあるので 1＋ア＋5＝9
　　よって ア＝3

②
```
    8  3
   9 ア 4 イ
 -  3 4 ウ 9
 ─────────
   エ 5 6 3
```
一の位：イ－9＝3はできないので，くり下げて
　　　10＋イ－9＝3 ゆえに イ＝2
十の位：くり下げたので，十の位の数は3となって
　　　3－ウ＝6 これはできないので，くり下げて
　　　10＋3－ウ＝6 ゆえに ウ＝7
百の位：くり下げたので，百の位の数にも注意して
　　ア－1－4＝5 ア－5＝5 これはできないので
　　10＋ア－5＝5 ゆえに ア＝0
千の位：くり下げたので，千の位の数字は8になるので
　　　8－3＝5 …エ

3 上の面の数字は次のようになります。

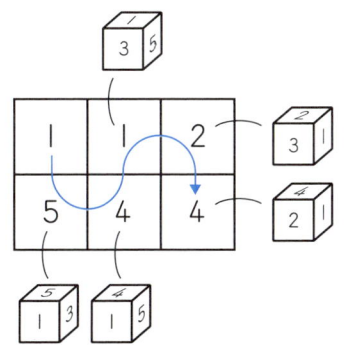

（図：サイコロと3×2マスの盤面 1 1 2 / 5 4 4）

4 ① ももを配った人数の合計は，はじめのももの数になるから，㋐＋㋑＝23になります。
② くだものの数は合計
　23＋20＋17＝60（個）
ひとりに2個ずつ配ったから，子どもの人数は
　30＋30＝60より 30（人）
③ ㋑＋㋒はりんごの個数になるから，
㋑＋㋒＝17
したがって ㋐＝30－17＝13（人）

5 ① 大2個と小2個の重さの合計は，大1個と小1個の重さの合計の2つ分になります。
20＋20＝40（グラム）
② 大2個と小5個で64グラム，大2個と小2個で40グラムです。
64－40＝24（グラム）

○ ○　○ ○ ○ ○ ○ 　64グラム

○ ○　○ ○　　　　　40グラム

上の図からわかるように，この差の24グラムが小のおもり3個分の重さになります。
8＋8＋8＝24より 小のおもり1個分の重さは8グラム
③ 大1個の重さは 20－8＝12（グラム）
したがって 12－8＝4（グラム）

🐻 受験指導の立場から

このような問題を**消去算**といいます。同じ数にそろえて，消し合えるものを消していく方法で解いてきます。

48 20 むずかしい もんだい(3)

☆☆☆ トップレベル ● 本冊→140ページ

1 12とおり
2 ① 64日　② 162日　③ 223日
3 ① 22まい　② 36まい
　　③ 7しゅるい　④ 10しゅるい

1 図のように，ア～オの線を決めると，一筆描きの線の順番は，次のようになります
アからはじめた場合

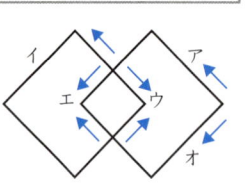

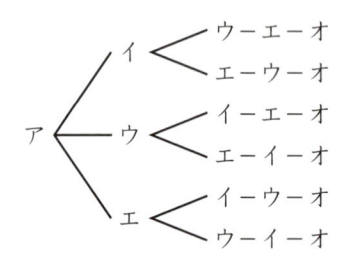

```
        ┌ イ ┌ ウ－エ－オ
        │   └ エ－ウ－オ
ア ─────┼ ウ ┌ イ－エ－オ
        │   └ エ－イ－オ
        └ エ ┌ イ－ウ－オ
            └ ウ－イ－オ
```
　　の 6 通り

オからはじめても，同様に 6 通りあるので
6＋6＝12（通り）

2 ① 7月以外には，7日，17日，27日の計3日，7月中には，計31日あるので
3＋3＋3＋3＋3＋3＋3＋3＋3＋3＋3＋31
　　　　　　　　11回
＝33＋31＝64（日）

② 10月は31回，2月と10月以外の月は
1～10日の計10日と20日，30日の計2日より
あわせて
　10＋2＝12（日）
2月は1～10日の10回と20日の計11日より
31＋12＋12＋12＋12＋12＋12＋12
↑10月
　＋12＋12＋12＋11
　　　　　　　↑2月
＝31＋120＋11
＝162（日）

③ すべてに1がつく月，31日がある月，31日のない月にわけて考えます。
(1) すべてに1がつく月

1月	10月	11月	12月	計
31	31	30	31	123日

31＋31＋30＋31＝123（日）
(2) (1)以外で31日まである月
1日，10～19日，21日，31日の計13日。

3月	5月	7月	8月	計
13	13	13	13	52日

13＋13＋13＋13＝52（日）
(3) (1)以外で31日がない月
1日，10～19日，21日の計12日

2月	4月	6月	9月	計
12	12	12	12	48日

12＋12＋12＋12＝48（日）
したがって　123＋52＋48＝223（日）

🐻 受験指導の立場から
カレンダーの問題は中学受験頻出の問題です。
31日までない月は　246911　にしむくさむらい
（さむらいは，武士の士より，十一の文字を縦に重ねたもの）として覚えます。

3 各数字の枚数は次の通りです。

数字	1	2	3	4	5	6
枚数	5	11	11	8	11	12

① 11＋11＝22（枚）
② 8＋11＋12＋5＝36（枚）
③ 1～6の数字について，16枚になる組合せは5枚＋11枚か，8枚＋8枚のどちらか。
5枚＋11枚…「12」「13」「15」「21」「31」「51」の6種類
8枚＋8枚…「44」の1種類なので
　6＋1＝7（種類）
④ 23枚は，11枚＋12枚か，
5枚＋5枚＋5枚＋8枚のどちらか。
11枚＋12枚…「26」「36」「56」「62」「63」「65」の6種類
5枚＋5枚＋5枚＋8枚…「1114」「1141」「1411」「4111」の4種類
したがって　6＋4＝10（種類）

復習テスト7

●本冊→142ページ

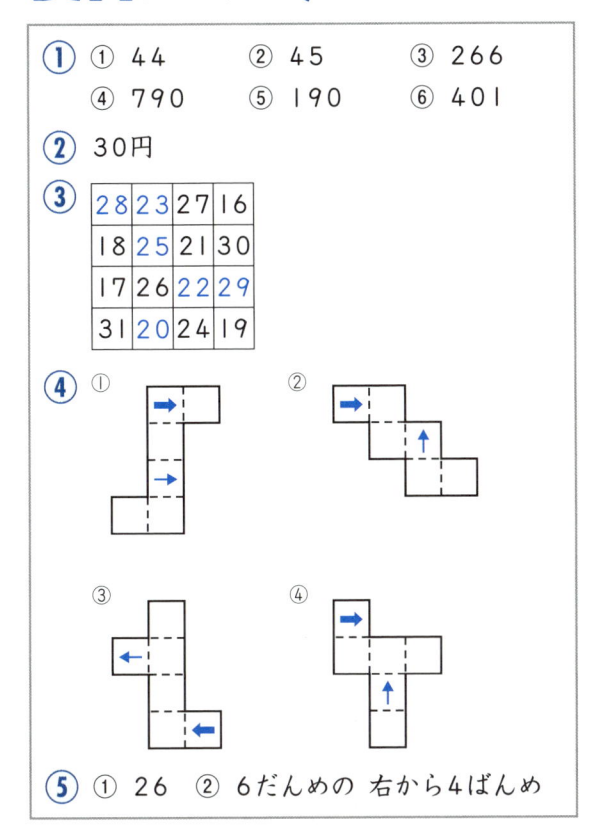

① ① 44 ② 45 ③ 266
  ④ 790 ⑤ 190 ⑥ 401

② 30円

③
28	23	27	16
18	25	21	30
17	26	22	29
31	20	24	19

④ ① ② ③ ④

⑤ ① 26 ② 6だんめの 右から4ばんめ

---

② 買い物の金額を線分図で表すと,次のようになります。

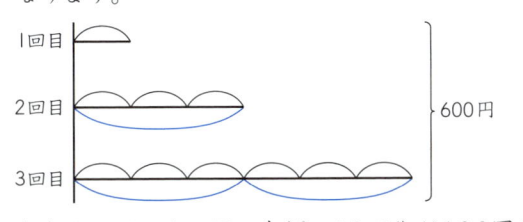

（線分図）600円

したがって,1回目の金額の10回分が600円に相当します。

600＝60＋60＋60＋60＋60＋60＋60＋60
　　　＋60＋60

なので,1回目の買い物の金額は60円。

これが,ガム2個分の値段なので

30＋30＝60（円）

よって,ガム1個分の値段は　30円。

③ 16＋21＋26＋31＝94より,各列の和は94になります。

④ 向かいあう（平行な）面で矢印が同じ向きになる3つの面がつながった展開図は,下の4通りです。

　同じ向き　　向かい合う　　逆向き
　↑　↑　　　↓　↓　　　→　←　　←　→

1つの辺を切りはなしてちがう辺をくっつけることで,上のどれかの形をつくります。

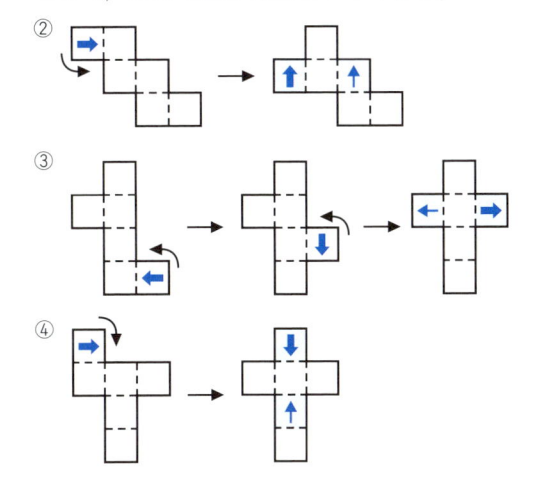

② → → ↑ ↑

③ → → ↓ → ← ←

④ → → ↓ ↓

受験指導の立場から

頭の中で,図形を動かす訓練ができているかどうかは,今後の高学年の学習で大変大事になってきます。難しいときには実際の模型を作って実際に展開図をかいてみることも大切なことです。

⑤ まずは,実際に書き出して直接求めてみることが大事です。

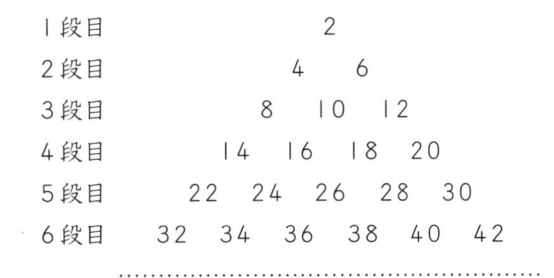

1段目			2		
2段目			4	6	
3段目		8	10	12	
4段目	14	16	18	20	
5段目	22	24	26	28	30
6段目	32	34	36	38	40	42

実力テスト1 ●本冊→144ページ

① ① 128　② 93　③ 360
　④ 1151　⑤ 46　⑥ 46
　⑦ 221　⑧ 269

② 14－11, 8－7, 4－10, 9－6, 5－1（線結び）

③ ① 78と67　② 48と36と49
　③ 59と64

④ ① 1と2と5と6　② 1と3と4と2
　③ 6

⑤ じゅんに ① 48, 51, 60, 63
　② 96, 87, 84, 81
　③ 228, 222, 204, 198

⑥ しき 150－□－28－78＝0
　こたえ 44まい

⑦ ① 3と5　② 2とおり　③ 2とおり

⑧ しき □＋40＋18＝82－16
　こたえ 8こ

⑨ 15とおり

⑩ ① 5じ　② 3じ　③ 1じ

④ ① 1の裏面は6, 2の裏面は5です。できれば，頭の中でさいころを動かす訓練をします。わからなければ，実際に模型をつくってみます。

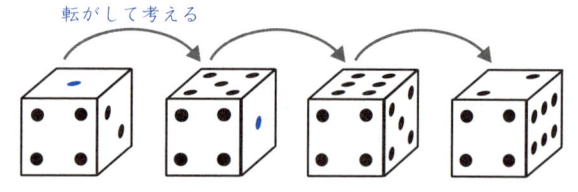

転がして考える

③ さいころ㋐は，2の裏面の数，さいころ㋑は，6の裏面の数を考えればいいので，それぞれ5と1です。したがって 5＋1＝6

⑤ 数列の問題では，まず隣り合う2数の差をとって規則性を考えましょう。右へ1つ進むと
① 3ずつ大きくなっています。
② 3ずつ小さくなっています。
③ 6ずつ小さくなっています。

⑥ 150－□－28－78＝0
　150－28－78－□＝0
　44－□＝0
　　　□＝44

⑦ ② 0と4, 1と3の2通りです。
　③ 0と6, 1と5の2通りです。

⑧ □＋40＋18＝82－16　□＋58＝66
　□＝66－58　□＝8（個）

⑨ 10円玉と，1円玉が3枚ずつあるから，払えるお金を書き出していくと，
1円, 2円, 3円, 10円, 11円, 12円, 13円, 20円, 21円, 22円, 23円, 30円, 31円, 32円, 33円となります。したがって，15通りです。

⑩ 長針と短針の位置関係から求めます。特に，短針の指している位置に注意します。

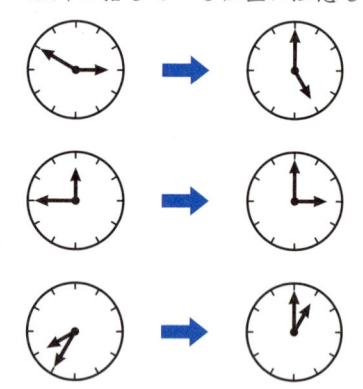

実力テスト2 ●本冊→148ページ

① ① 2とおり　② 60円

② ① 20, 21, 22
　② 27, 28, 29, 30
　③ 20, 21, 22, 23
　④ 26, 27, 28, 29, 30

③ 6とおり

④ ① 132　② 41　③ 33
　④ 22　⑤ 15　⑥ 80

⑤ ① 10　② 27　③ 18
　④ 17　⑤ 12　⑥ 120

⑥ 74さい
⑦ 52まい
⑧ 30円
⑨ ① ア 21 イ 28
  ② ウ 10
  ③ エ 7 オ 8 カ 9 キ 14
    ク 16 ケ 22
⑩ ① ○   ② 6こ   ③ 14こ
⑪ ① ねん土の玉：24こ　木のぼう：44本
  ② 76本

⑤ ① 23+□＝33
  ② 69+□＝96
  ③ 77−□＝59
  ④ □+65＝82
  ⑤ 53＝65−□
  ⑥ 127＝□+7

⑥ 図にすると次のようになります。

たくや　9才
お父さん　31才
おじいさん　34才

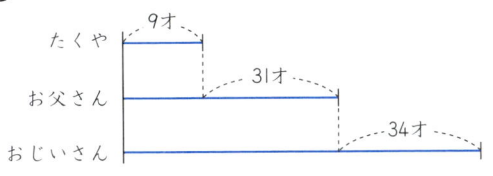

お父さん　9+31＝40（才）
おじいさん　40+34＝74（才）

⑦ 図にすると次のようになります。

みきこ　13まい
たろう
たかし

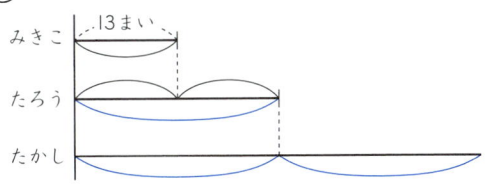

たろう＝13+13＝26（まい）
たかし＝26+26＝52（まい）

⑧ 図にすると次のようになります。

160円
たくや 60円　はなこ 40円　いちろう 60円

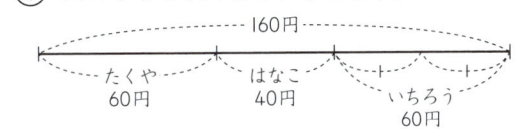

いちろうくんの買ったおかし2つの値段は
　160−60−40＝60より　60円
いちろうくんはおかしを2つ買っています。
　60＝30+30より　30（円）

⑩ ○△□◎○△｜○△□◎○△｜○△□…
　　6個　　　　　6個

以上のような，6個の繰り返しになっています。
① 34＝6+6+6+6+6+4　なので
6個の繰り返しの中のはじめから4つめと同じ
形です。したがって　○
② 40＝6+6+6+6+6+6+4
より，6個の繰り返しが6回と，残り4個です。
6個の繰り返しの中に◎は1個入っています。
繰り返しのはじめ4個の中に◎はないから
　1+1+1+1+1+1＝6より　6個

① ① 10円の作り方に，
10円玉1枚の場合と，5円玉2枚の場合の2通
りあることに注意します。したがって，
（10円玉，5円玉，1円玉）の順に
（1, 1, 3），（0, 3, 3）の2通りがあります。
② 1円刻みで払うことができます。全部使っ
て払える金額は
　30+5+5+5+5+5+4＝59（円）
これまでは1円刻みで払えるので，最初に払え
なくなる金額は60円となります。

② 20から30までなので，20と30は含みます。
① 4+19>□より　23>□
　　　□＝22, 21, 20
② 26<□より　□＝27, 28, 29, 30
③ 42−18>□より　24>□
　　　□＝23, 22, 21, 20
④ 28−3<□　25<□
　　　□＝26, 27, 28, 29, 30

③ 次のような図（樹形図）をかいて求めるように
すると数え落としなく数えられます。

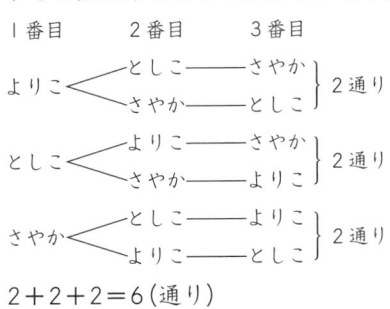

1番目　2番目　3番目
よりこ　としこ──さやか ｝2通り
　　　　さやか──としこ
としこ　よりこ──さやか ｝2通り
　　　　さやか──よりこ
さやか　としこ──よりこ ｝2通り
　　　　よりこ──としこ

2+2+2＝6（通り）

③ ②と同様，6個の繰り返し6回と，残り4個です。○は，6個の繰り返しの中に，2個あります。
残り4個の中には○は2個あるので
2＋2＋2＋2＋2＋2＋2＝14（個）

⑪ サイコロ形のものの個数が1つ増えると，粘土の玉と木の棒が何本増えていくかという規則性に注目します。
① サイコロ形1個では
粘土の玉8個と，木の棒12本になります。
サイコロ形1個増えるごとに
粘土4個と，木の棒8本が増えるので
サイコロ形の数と，粘土の玉の数，木の棒の数の関係は次のようになります。

サイコロ形	1	2	3	4	5
粘土の玉	8	12	16	20	24
木の棒	12	20	28	36	44

したがって粘土の玉は24個，木の棒は44本
② さらに表をつなげていくと，粘土の玉が40個になるのは，サイコロ形が9個のときで，このとき，木の棒は76本になります。

実力テスト3 ●本冊→152ページ

① ① 45, 55, 65, 75, 85, 95
② 44, 55, 66, 77, 88, 99
③ 40, 41, 42, 43, 44, 45, 50, 51, 52, 53, 54, 55
④ 46, 55, 64, 73, 82, 91
⑤ 41, 52, 63, 74, 85, 96

② 12本

③ ① 98 ② 147 ③ 33 ④ 19
⑤ 61 ⑥ 73 ⑦ 762 ⑧ 1201
⑨ 789 ⑩ 165

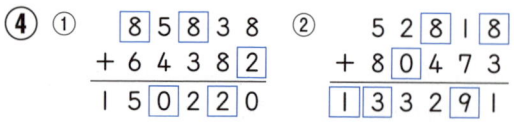

④ ①
```
  85838
+ 64382
 150220
```
②
```
  52818
+ 80473
 133291
```

③
```
  84021
- 35585
  48436
```
④
```
  85230
- 78946
   6284
```

⑤ 9人
⑥ 65こ
⑦ 4とおり
⑧ ① 975 ② 204
  ③ 504 ④ 16こ
⑨ ① 14 ② 18
  ③ 10だんめの 左から5ばんめ
⑩ ① 33cm ② 40cm

② 図のように分けて考えます。

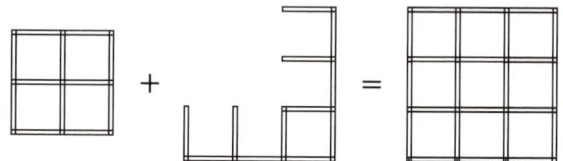

⑤ よりこさんは，前から，9＋6＝15（番目）にいます。したがって後ろには9人います。

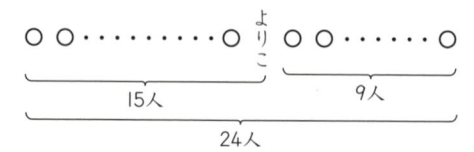

○○……○ より ○○……○
        こ
  15人   9人
     24人

⑥ よりこさんは，はじめ□個持っていたとすると □－20＋28＝73より □＝65（個）

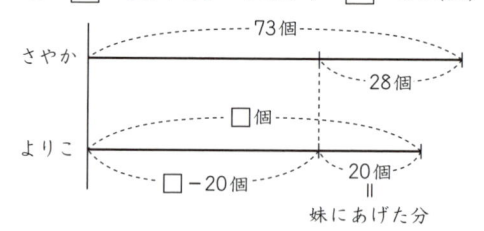

さやか ─────73個─────
              ─28個─
よりこ ──□個──
       □－20個 20個
              ＝
            妹にあげた分

⑦ 各交差点に達する道の本数は左の図のようになります。
したがって4通りです。

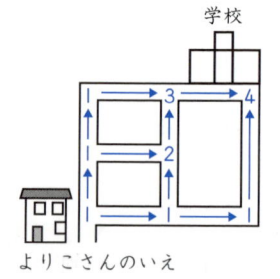

⑧ ③ 495か504かで比較します。
④ 732, 735, 736, 739,

750, 753, 756, 759,
760, 763, 762, 765,
790, 793, 792, 795 の16個です。

⑨ 続きを書きあげていきます。
```
             1 ……………… 1段目
           2  3 …………… 2段目
         4  5  6 ………… 3段目
       7  8  9  10 ……… 4段目
    11 12 13 14 15 …… 5段目
 16 17 18 19 20 21 … 6段目
```
① 図より，14
② 図より，18
③ 1段目(1)，2段目(2,3)，3段目(4,5,6)，
4段目(7,8,9,10)，5段目(11,12,13,14,15)，6段目(16,17,18,19,20,21)
7段目(22,23,24,25,26,27,28)
8段目(29,30,31,32,33,34,35,36)
9段目(37,38,39,40,41,42,43,44,45)
10段目(46,47,48,49,50,51,52,53,54,55)
したがって，50は10段目の左から5番目。
(別解) 1+2+3+4+…+9=45
50-45=5
したがって，10段目の左から5番目。

⑩ ① 9+9+9+9=36(cm)
このうちのりしろが3か所あるので，
1+1+1=3
したがって 36-3=33(cm)
② 下の図のようになります。

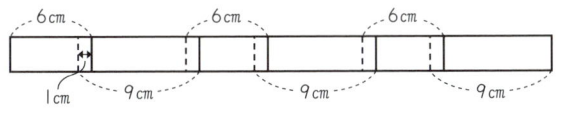

したがって
のりしろが5か所あるので
6+9+6+9+6+9-1-1-1-1-1
=40(cm)

実力テスト4

●本冊→156ページ

1 ① 105 ② 152 ③ 32 ④ 37
⑤ 880 ⑥ 408 ⑦ 900 ⑧ 453

2 ① 16 ② 8 ③ 26

3 順に① 60, 70, 90, 100
② 85, 80, 65, 60
③ 78, 80, 82, 88
④ 111, 102, 99, 96

4 ① 7 ② 11 ③ 22 ④ 7
⑤ 6 ⑥ 5 ⑦ 8 ⑧ 15

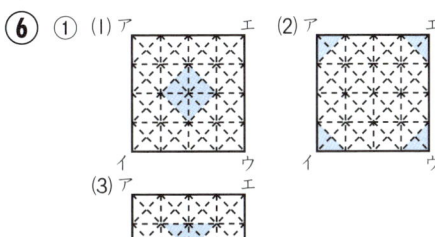

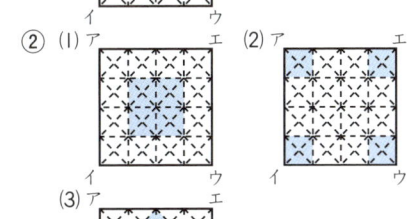

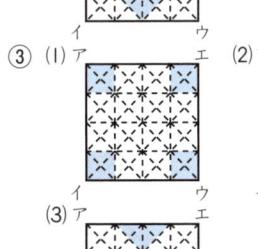

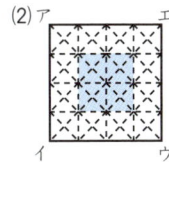

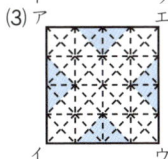

5 34こ

6 ①〜③ (図省略)

② ふしぎマシーン１号は
入れた数に10たしたものが出てきます。
2号は2を引いたものがでてきます。

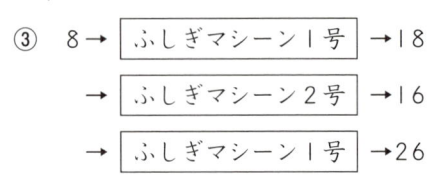

③ 8 → ふしぎマシーン１号 →18
　→ ふしぎマシーン２号 →16
　→ ふしぎマシーン１号 →26

③ 右に１つ進むと　① 10ずつ増えます。
② 5ずつ減ります。　③ 2ずつ増えます。
④ 3ずつ減ります。

⑤ 図にすると次のようになります。

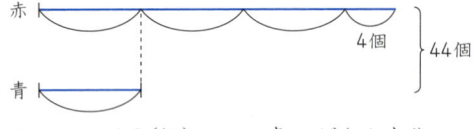

44－4＝40（個）　…青いびん4本分
40＝10＋10＋10＋10より
青いびん１本分は　10個
したがって，赤いびん１本分は
10＋10＋10＋4＝34（個）

⑥ 開くと次のようになります。

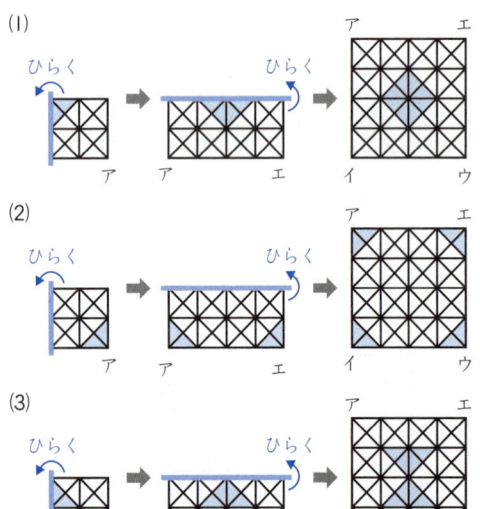

①
(1)
(2)
(3)

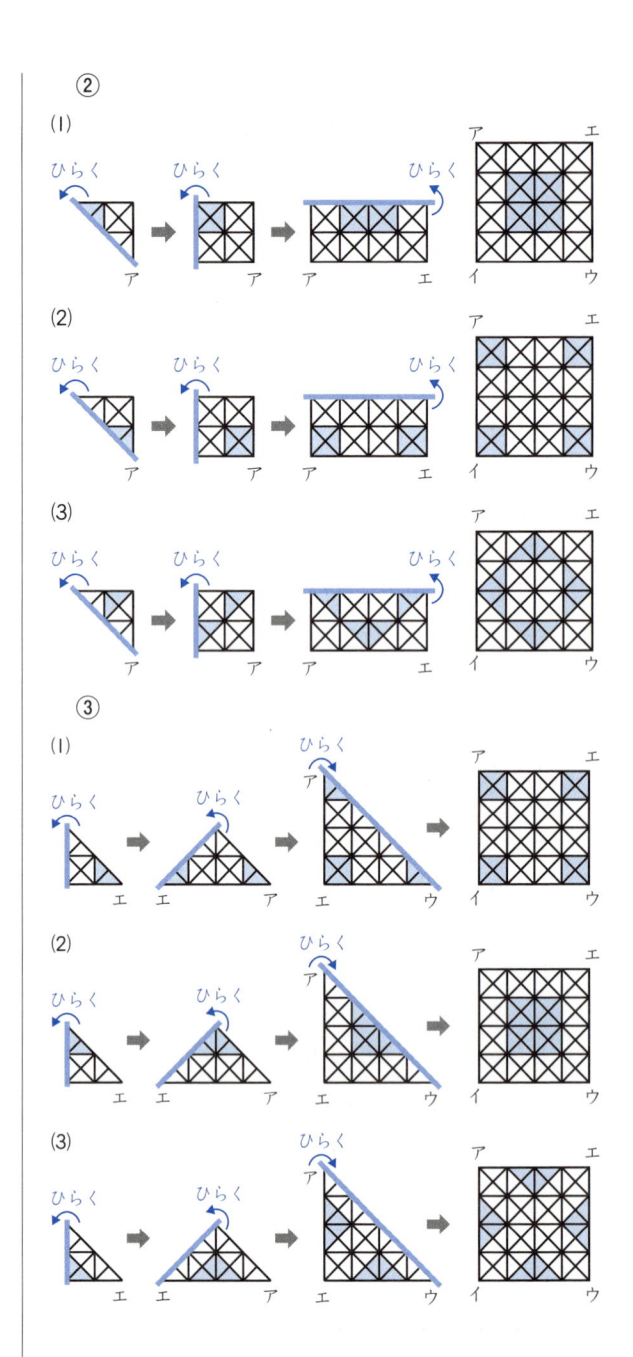

②
(1)
(2)
(3)

③
(1)
(2)
(3)

おもしろ文章題 の解答例

1 もぐらの もぐもぐ

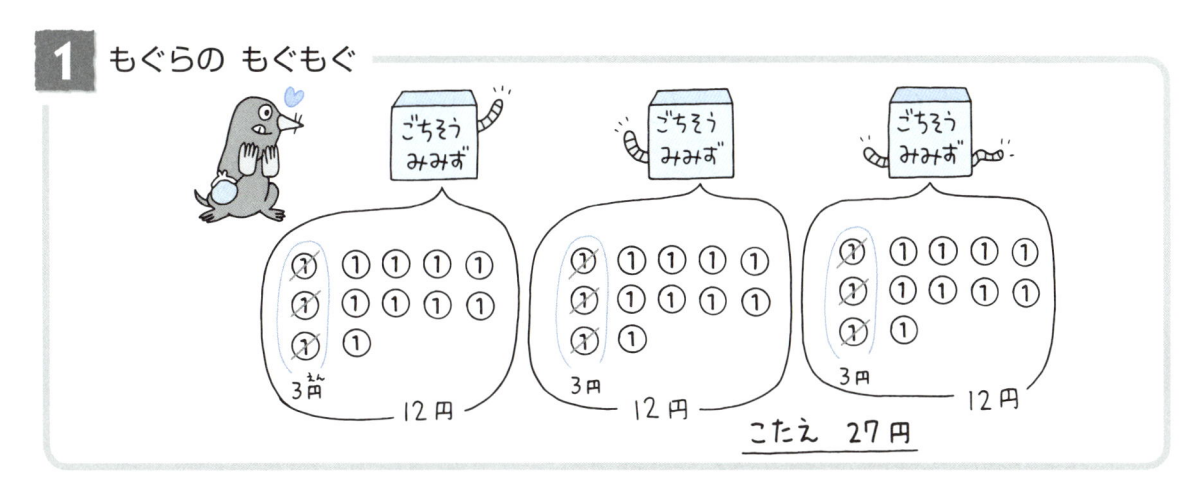

こたえ 27円

2 たいようさんと かみなりさんの かけっこ

こたえ 21しゅう

3 うみと そら

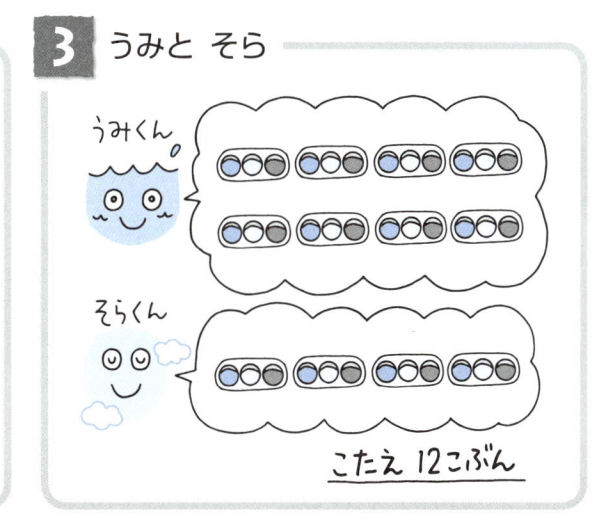

こたえ 12こぶん

4 かぜの うた

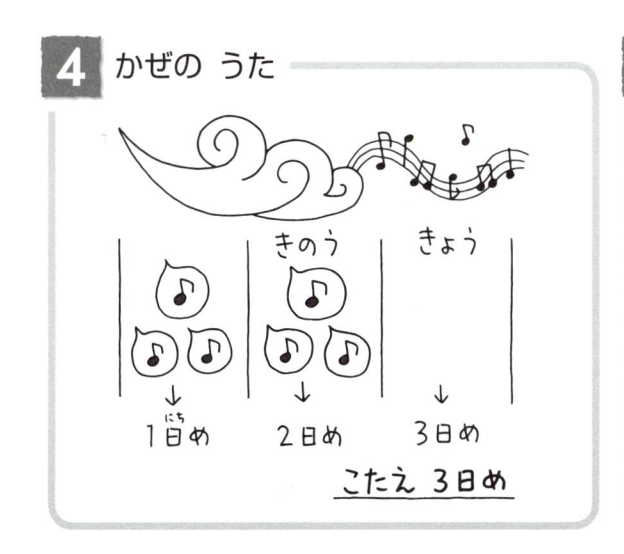

こたえ 3日め

5 にじいろの ふうせん

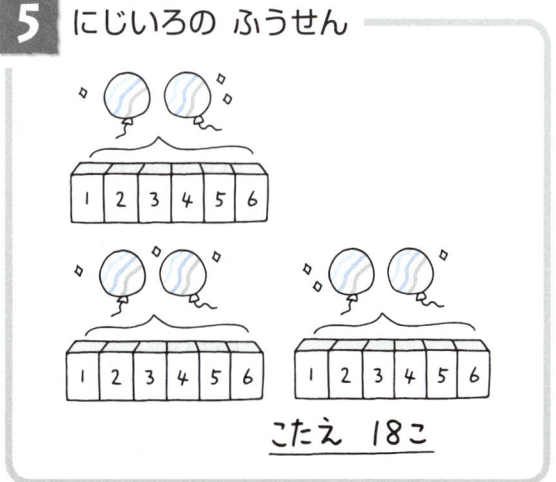

こたえ 18こ

6 金ぎょさんの ゆめ

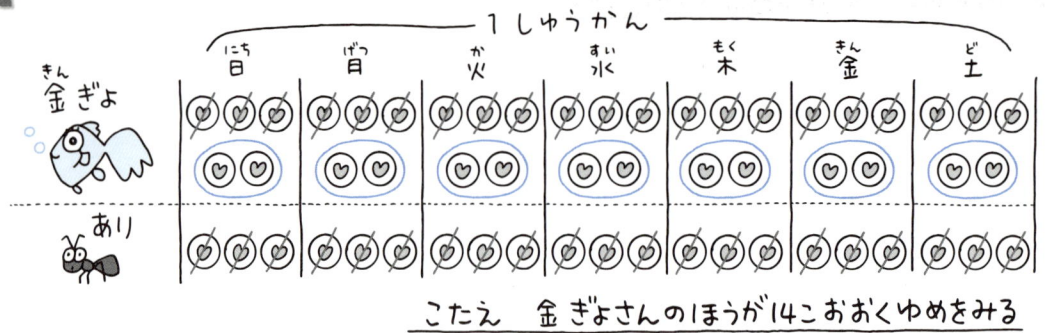

こたえ　金ぎょさんのほうが14こおおくゆめをみる

7 ねぼすけ あさがおさん

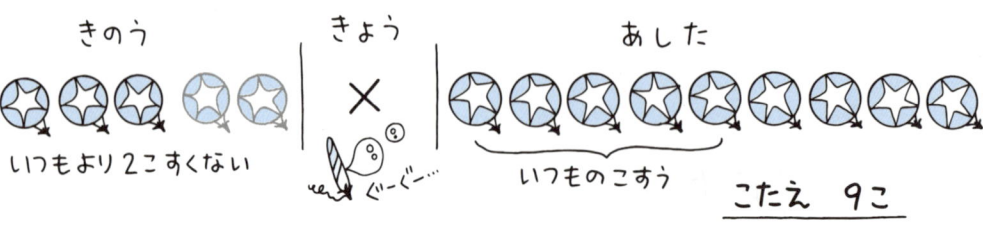

きのう　いつもより2こすくない
きょう　×　ぐーぐー…
あした　いつものこすう

こたえ　9こ

8 かみしばいの かえるくん

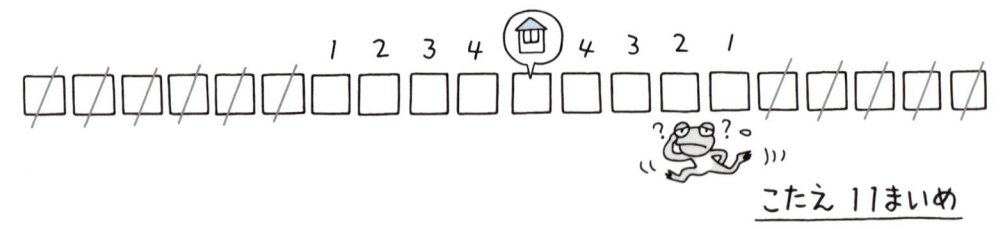

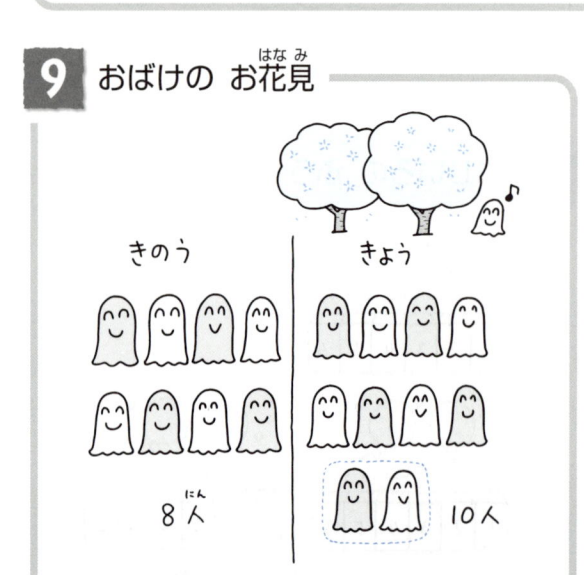

1 2 3 4 🏠 4 3 2 1

こたえ　11まいめ

9 おばけの お花見

きのう　8人
きょう　10人

こたえ　18人

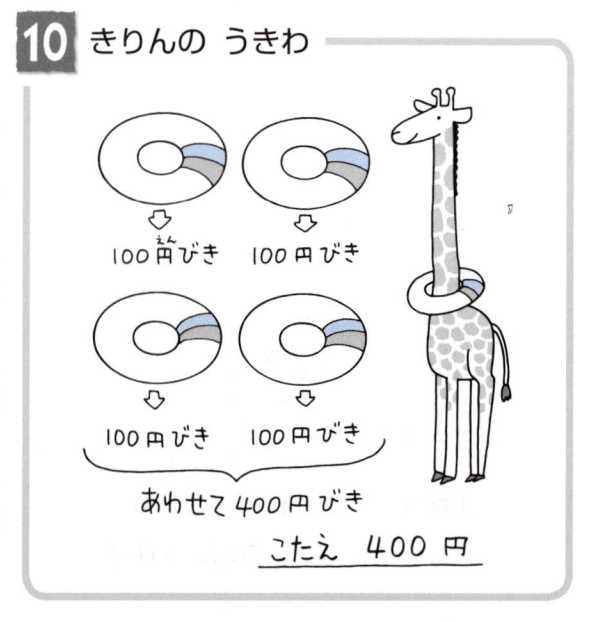

10 きりんの うきわ

100円びき　100円びき
100円びき　100円びき
あわせて400円びき

こたえ　400円

11 せみの おみせ

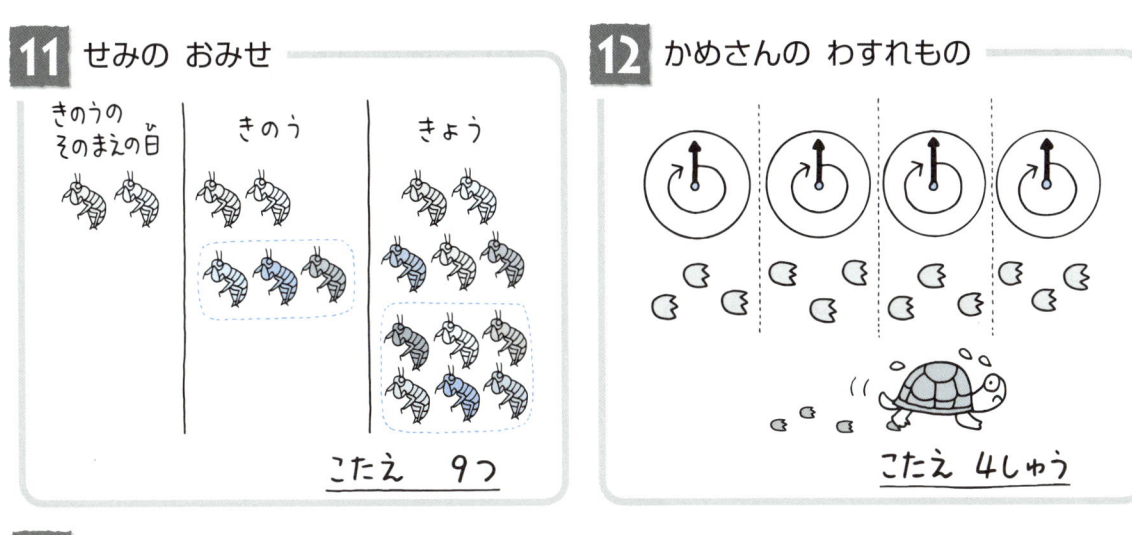

きのうの そのまえの日 / きのう / きょう

こたえ　9つ

12 かめさんの わすれもの

こたえ　4しゅう

13 のうさぎさんの れいぞうこ

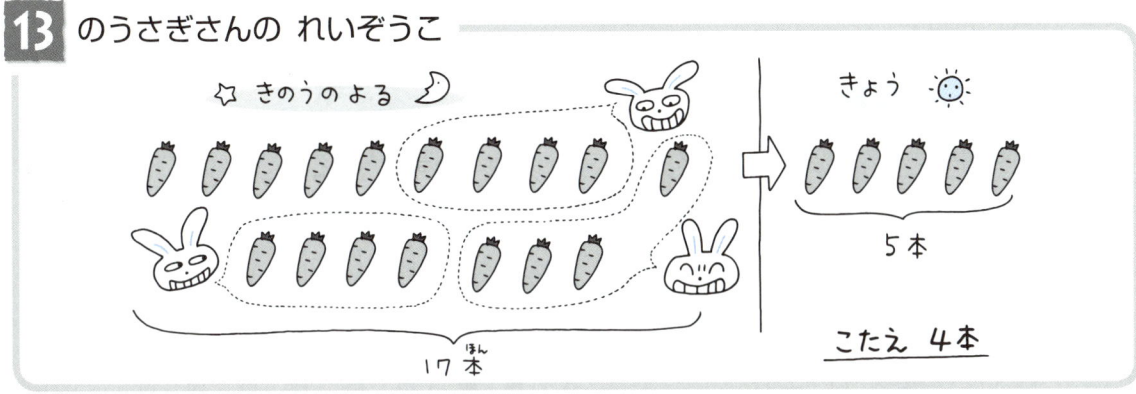

☆ きのうのよる 🌙　　　きょう ☀

17本

5本

こたえ　4本

14 シャックリー1ごうと シャックリー2ごう

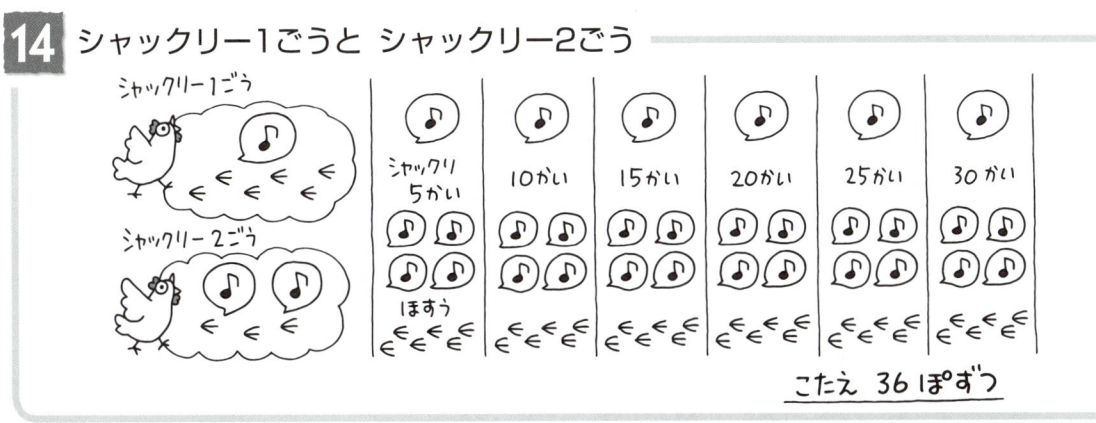

シャックリー1ごう
シャックリー2ごう

シャックリ 5かい / 10かい / 15かい / 20かい / 25かい / 30かい

ほすう

こたえ　36ぽずつ

15 ろうそく名人

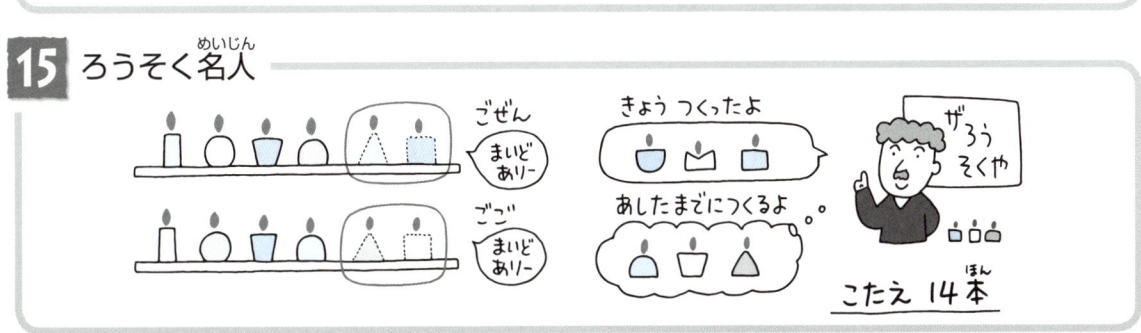

ごぜん　まいどあり〜
ごご　まいどあり〜

きょう つくったよ
あしたまでにつくるよ

ざろうそくや

こたえ　14本

16 大きな 口で わらう わに

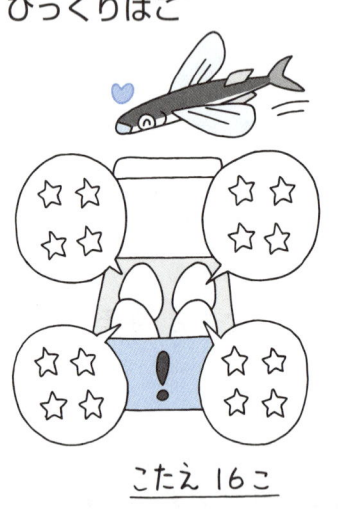

こたえ 12本

17 げん気な げんごろう

1かいめ　2かいめ　3かいめ　4かいめ

こたえ たんぽぽ10かいぶん

18 とびうおが すきな びっくりばこ

こたえ 16こ

19 べんきょうずきの ぺんぎんさん

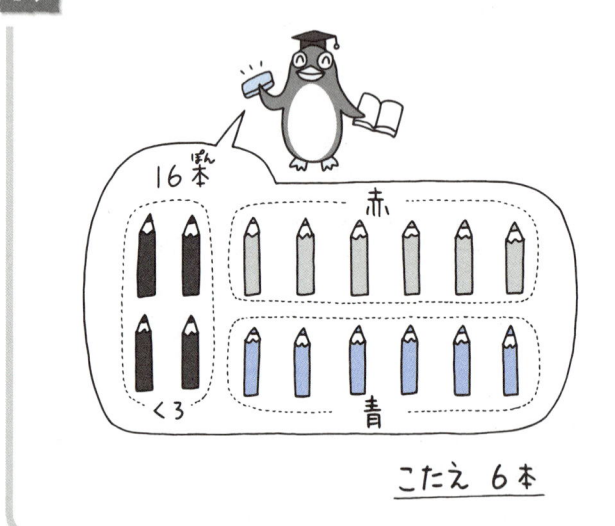

16本
くろ
赤
青

こたえ 6本

20 ざせきの ざりがに

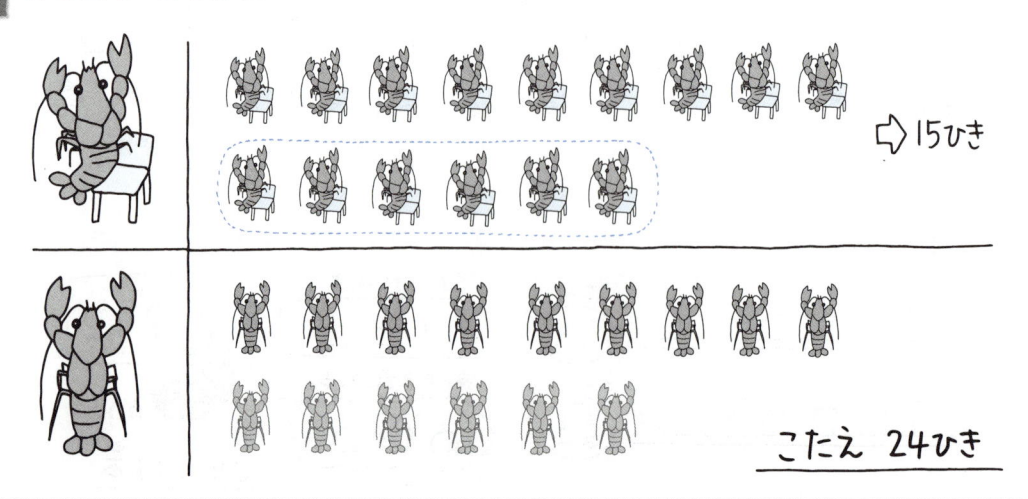

⇨ 15ひき

こたえ 24ひき

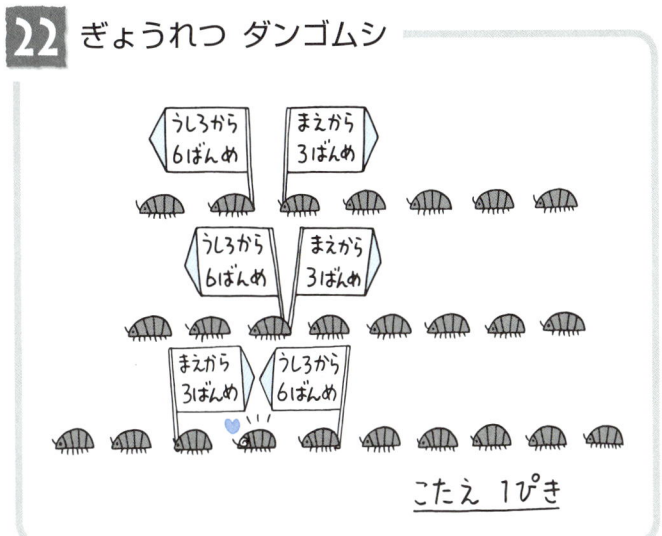

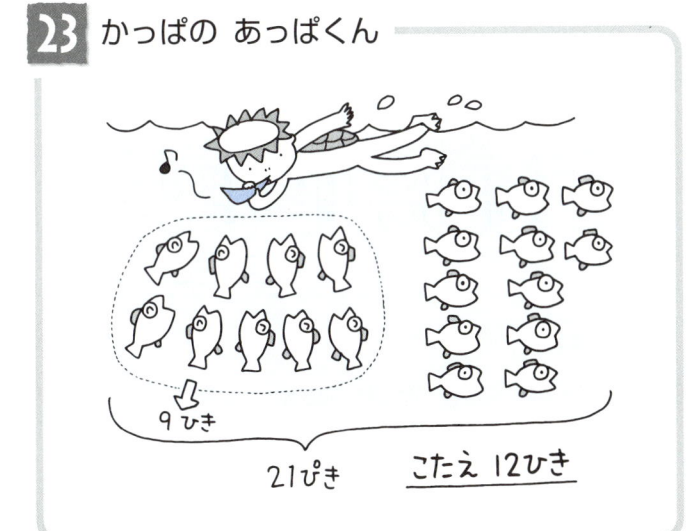

21 ずるすずめ, ひますずめ あわてすずめ

こたえ 3こ

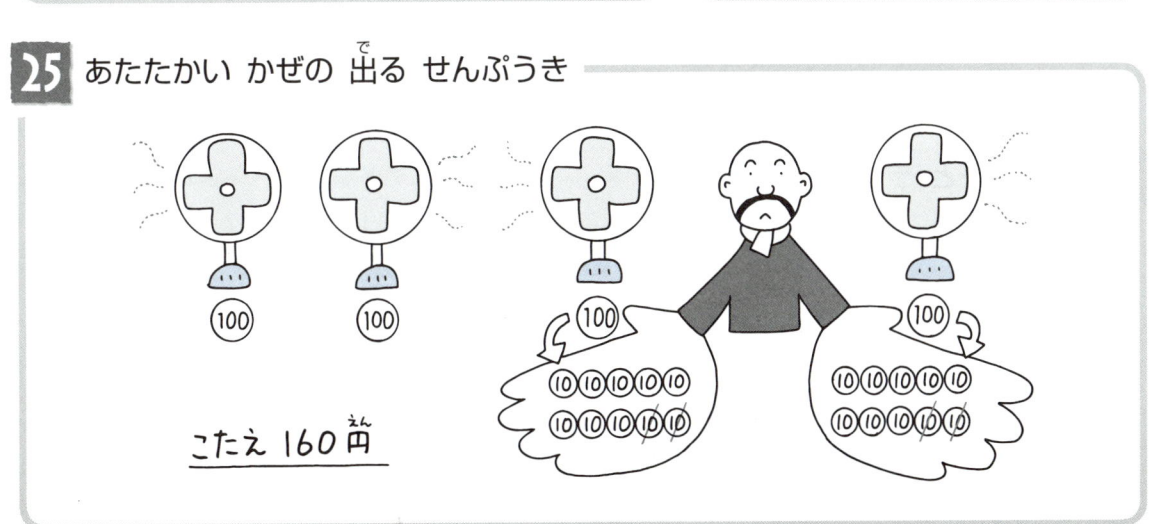

22 ぎょうれつ ダンゴムシ

うしろから 6ばんめ / まえから 3ばんめ
うしろから 6ばんめ / まえから 3ばんめ
まえから 3ばんめ / うしろから 6ばんめ

こたえ 1ぴき

23 かっぱの あっぱくん

9ひき
21ぴき
こたえ 12ひき

24 車の タイヤ

おじいちゃん
おとうさん
おかあさん
17
こたえ 17こ

25 あたたかい かぜの 出る せんぷうき

こたえ 160円

26 しっぽに てっぽう

こたえ 24 1ほ

27 かめさんと かえるさん

こたえ 23 びき

28 空とぶ どんぐり

1ぱん	2はん	3ぱん	4はん	5はん
1	2	3	4	5
6	7	8	9	10
11	12	13	14	15

こたえ 3こ

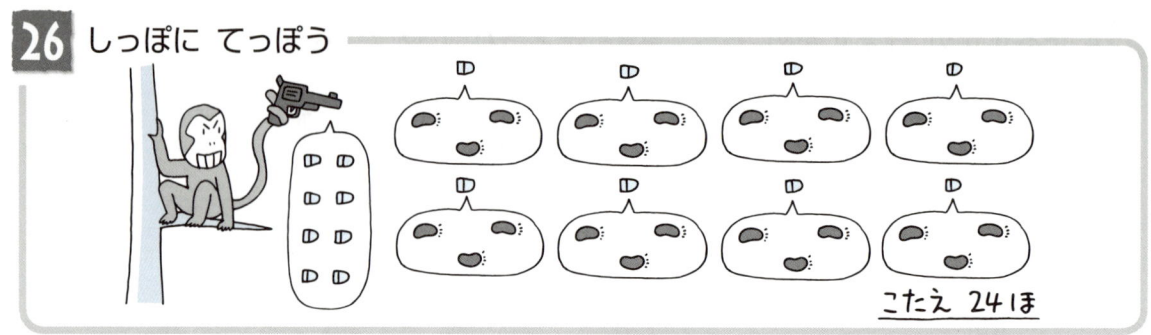

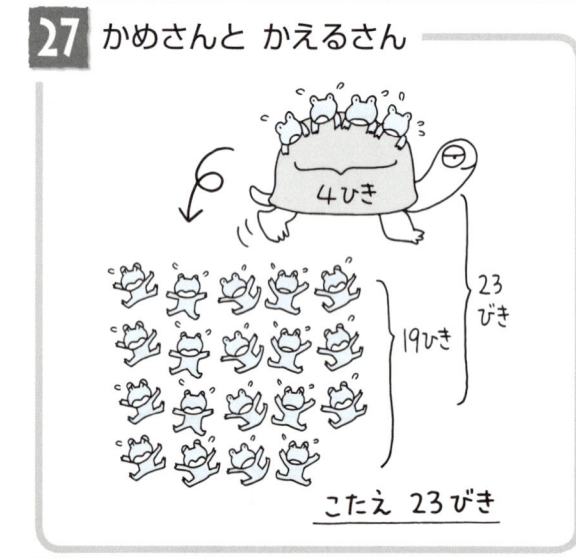

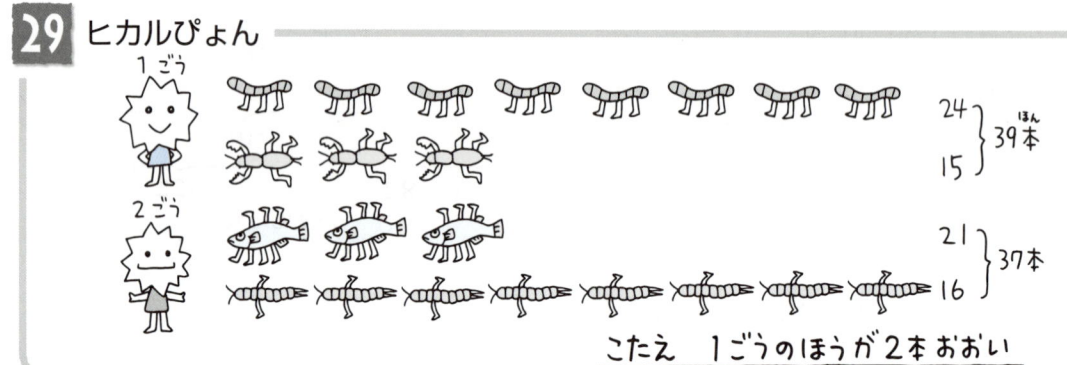

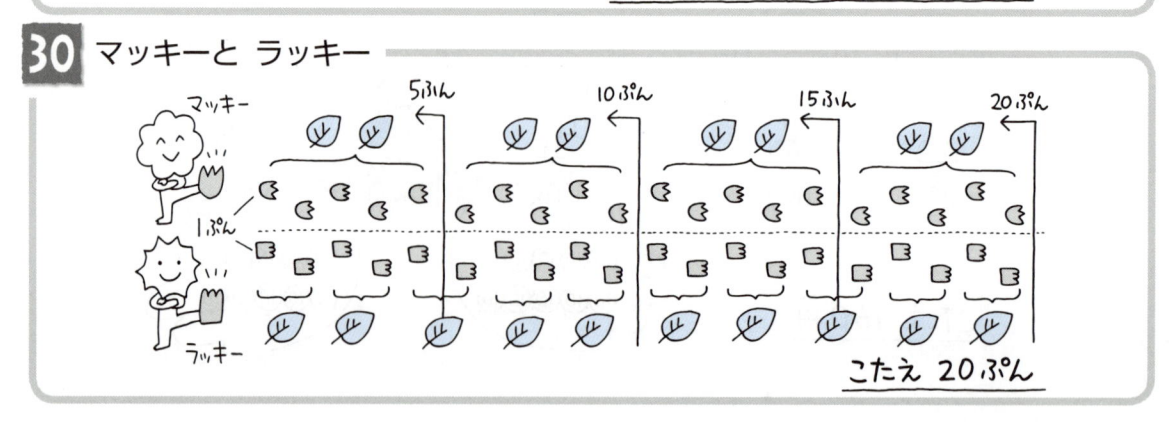

29 ヒカルぴょん

1ごう 24, 15 39本
2ごう 21, 16 37本

こたえ 1ごうのほうが 2本 おおい

30 マッキーと ラッキー

こたえ 20 ぷん

31 みのむし小学校

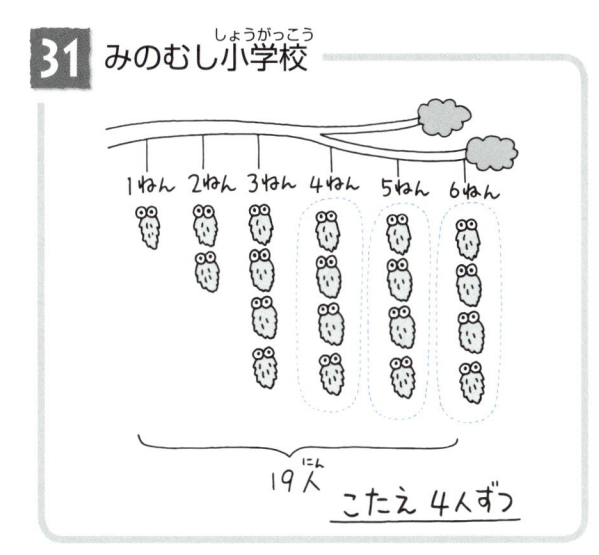

19人　こたえ 4人ずつ

32 きょ大ハムハムと ふつうハムハム

12ひき　こたえ 8ぴき

33 フンコロガシ

こたえ 12こ

34 カメむしはなこさんと おおカマキリこさん

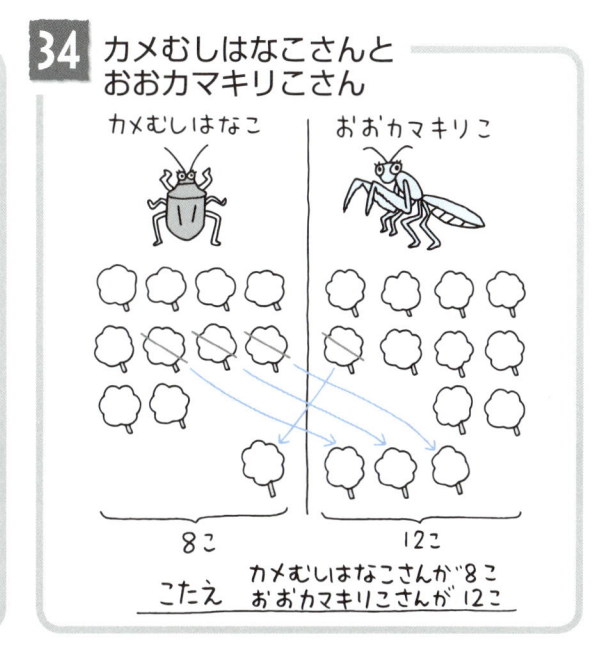

カメむしはなこ　おおカマキリこ
8こ　12こ

こたえ　カメむしはなこさんが 8こ
おおカマキリこさんが 12こ

35 テントウムシ小学校

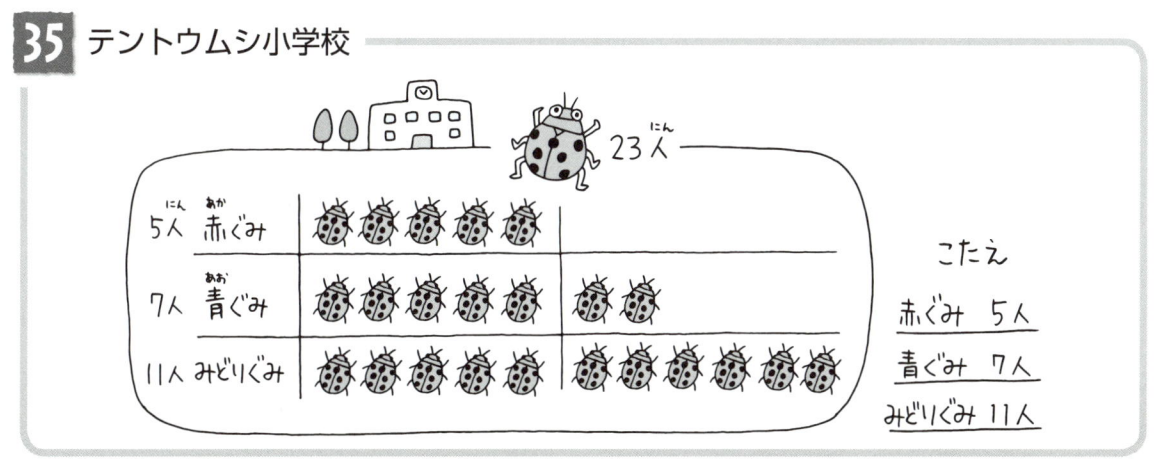

23人

5人 赤ぐみ
7人 青ぐみ
11人 みどりぐみ

こたえ
赤ぐみ 5人
青ぐみ 7人
みどりぐみ 11人

36 ミミズの ニョロ

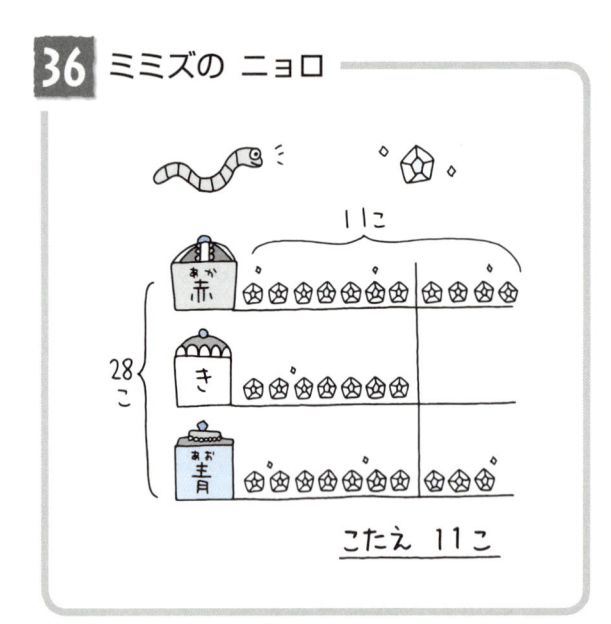

こたえ 11こ

37 ぜんこくたからさがしの 日

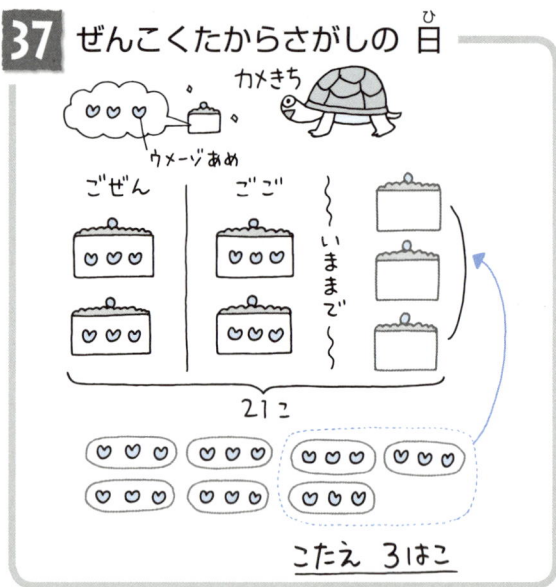

こたえ 3はこ

38 アリンコ小学校の うんどうかい

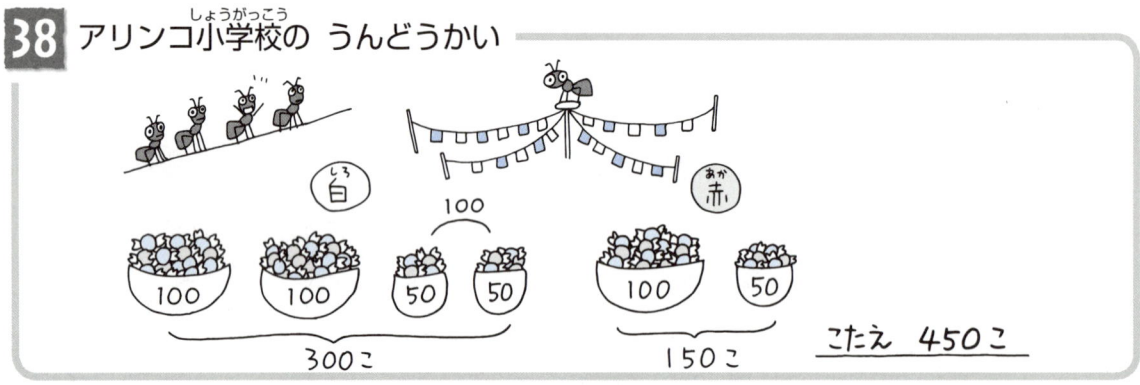

こたえ 450こ

39 ピョンピョン, バサバサ, パタパタ

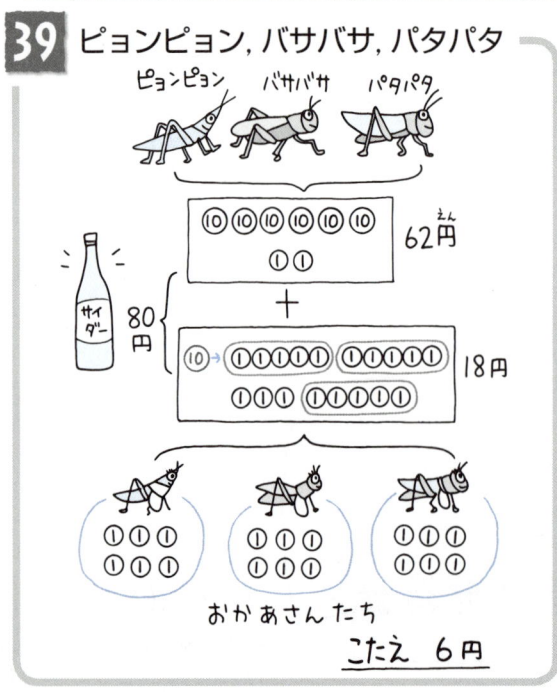

こたえ 6円

40 マフラーと ハラマキ

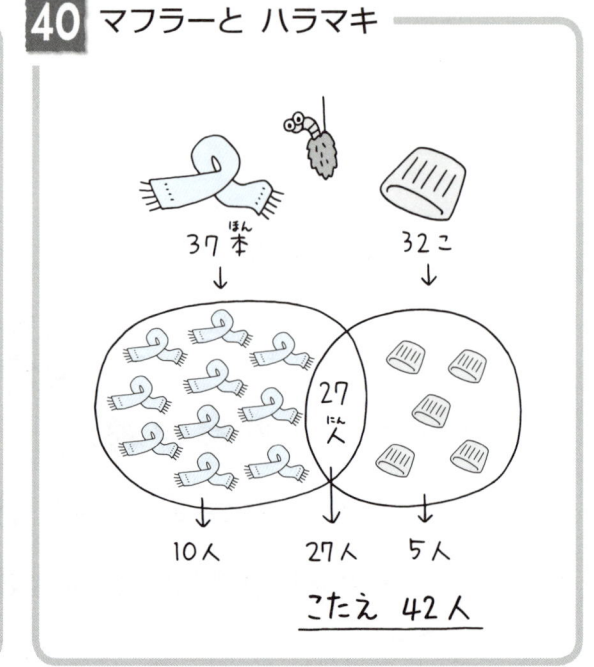

こたえ 42人

B